湯浅赳男

# 文明の中の水

人類最大の資源をめぐる一万年史

新評論

# まえおき

このままでゆくと人類の存続が脅かされてくる。人間の生命は水の中に生まれ、水の中で育ったものである。人は水に抱かれてこそ、人間らしい生活ができるのである。人間が脅かされているということは、この水が人間に背を向けようとしていることである。

何故このようなことが起こっているのか。文明が水を利用するのを通り越して、水を酷使し、水を弄んだからである。例えば、漢族の支配する国、中国を見てみよう。黄河は中国文明の誕生の場となった河である。それは青海《チンハイ》の高原（ティベット高原東縁部）の河上から甘粛《カンスー》を通り、北行して寧夏《ニンシャ》からオルドスに入り、陰山山脈にぶつかって南下し、黄土高原を横切って秦嶺山脈に当面し、流れを左（東）に向ける。その後、洛陽《ルオヤン》や鄭州《チョンチョウ》から東側の華北平原に入るのであるが、この平原そのものが黄河の洪積地であり、沖積地である。山東山地を挟んで、その北麓および南麓の間をしばしば河道を変えて流れたが、その河幅は海のように広く、洋々と流れてきた。そしてしばしば洪水となって、人間に狂暴に襲いかかってきた。

この長大な河は黄土高原の黄土を流れの中で溶かし込み、河水を黄濁させて黄河の名を得たのであるが、平原に入ると流れの速さが緩んで、含んでいた黄土を沈殿させながら河底を急速にせり上げ、たちまち天井川になって堤を決壊させた。かくて平原はたちまち大海となるのであるが、この尨大な水塊が今や息たえだえとなっている。それはこの河の西岸から農業用水や工業用水が取り入れられ、流れに従って心細くなり、河として当然に河口まで至ることが正常であるにもかかわらず、年間の長期にわたり水が中断されるという、いわゆる断流が生じているからである。

この事態はこれまで歴史上なかったことである。明らかにそれは、北京の水道水となる地下水の水位の低下とともに、この地域における水分の減少を指し示すものである。この傾向が続くとき、やがて破局がくる。華北平原は砂漠となるかもしれない。もちろん、対策が講じられてはいる。その一つは、まだ水量の豊富な揚子江（長江）の水を運河によって北に送るという案である。しかし、これがいかに危険なものかは、エジプトのアスワン＝ハイダムの例を見てもわかる。それは大河の様相をすっかり変え、その流域に深刻な影響を及ぼすことになるのである。

これはほんの一例でしかないが、人類がこれまで、とりわけ二〇世紀において水をいかに乱暴に取り扱ったかを示すものである。また一方では、水は人類にとって最も親しみの持てる環境であり、意にかけぬほど密着した対象でもあった(1)。

バシュラールによれば、この水のあり方はあらゆるところに見てとることができるが、そのとき水のイメージは、人間の生に極めて密接なものとして現れるという。彼によれば、水はいくつもの顔を持っているが、人間の心とも深いつながりがあるのである。春の小川はさらさら流れるわけであるが、それはあらゆる季節に軽やかに、いつもいつも流れているわけではない。しかし、その底に詩人たちは、「生々とした水、みづから再生する水、変化しない水、消すことのできないしるしを自己のイマージュに捺す水、世界の一器官、流動する諸現象の糧(2)」を見るのである。この陽画を反転させると、そこに深い水がある。それは実体としての水である。「水は生命の喪失であるところの速度の喪失に似たものを実感するのであり、生と死の間の有形の調停者となる(3)」のである。

もちろん、水は単独に流れ、渦巻いているばかりでなく、他のものと心やすく結びつくものでもある。ゆるゆると混ぜ合わされ、捏ね粉になる。それはあらゆるものの母胎であるという意味で、母性なのである。水は芽を膨らませ、泉を溢れさせる。水は抑えきれぬダイナミズムをもって盛り上がってくる誕生であり、持続の象徴である。それは後から後からたえまなく押し流す。しかし、その中にあるものは純粋で清澄なものである。一切を浄化する倫理なのである。それだけに、時いたれば怒る。いかにも押しとどめようもなく激怒する。それは暴力をふるう荒れる河なのである。

この水のイメージは、人類の長い経験が意識の底、心の洞察において、ひめやかに着実に蓄積してきたものであるが、これらのいくつかは今や平板なものになろうとしている。心と水は疎遠なものとなり、携帯電話の会話のように気ままであやういものとなっている。何故こうなったのであろうか。それは自然が変わったというより、人間が自分の行動によって作り出した結果である。人類は水に親しさを越えて甘えるあまり、これを酷使してしまったのである。文明を手に入れたばかりの人類はまだまだ神妙であった。親しき中にも礼儀があった。それは、東では尭舜時代の漢族による治水開国伝承、西ではノアの箱船の神話のように、基本的には人間が全力で向き合わなければならないものであった。しかし、やがて水は飼いならされ、水道によってどこにでも導くことができるものとなり、ついには蛇口をひねればいつでも手に入るものとなった。いやいや、天下の自然の名水であっても、ミネラルウォーターと称してペットボトルにつめ込まれ、ガブ呑みされている始末である。こうしたミクロの次元での水のお手軽な商品化の対極において、マクロの次元での水と人間との関係は、極めて緊迫したものになろうとしているのである。

# 文明の中の水／目次

## 文明と水をめぐる本書の構造図

**問題提起**

●まえおき
- 水は資源だが石油のようにはストックできない
- 水なくして生命なし。この水が21世紀に危機に瀕する

**生物としての人類にとって水はどのような存在か**

●第１章　生命を支える水
- 生物としての人類にとって、水（淡水）の存在は生活の大前提だった（泉、水溜まり、流れ、河、溜め池、井戸、カナート）

▼下部構造(使う水)

**文明の基盤としての水／生産―農業**

●第２章　生産のための水
- 農耕の大規模化にまず必要だったのは、降雨の結果の水、流水管理だった
- 管理の二つの方法→直接型の水管理
  - (1)　迫りくる水を馴致する（西のメソポタミア）
  - (2)　水路によって農耕地を作る（東アジアの水流のほとり）

●第３章　天水農法の展開
- 山野に降った水分による農耕→間接型の水管理
  - (1)　２年の雨を１回の収穫に使う（二圃制／地中海周辺）
  - (2)　水の問題は森林の問題として（三圃制／アルプス以北）
  - (3)　葦原の水田化（水田の経済理論化の必要あり。家畜、とくに水牛、犂／モンスーン地域・インドシナ～江南～日本の河の流域）

▼上部構造（使う水）

**文明の成果としての水／生活―都市**

●第４章　都市の水
- 人間が生きてゆくためには水の分別が必要になってくる
- 多くの人が集まる都市では、浄水と汚水を区別しなければならない
  - (1)　汚れていない水を配水（上水）
  - (2)　汚水やごみを居住地の外へ排出（下水）
  - (3)　19C 以降の化学産業による新しい需要（工業用水）

●第５章　水によるアメニティ
- 水は心のふるさとである
  - (1)　庭園（噴水、泉水、池）
  - (2)　水浴（冷水浴、サウナ、温水浴）
  - (3)　料理（オーブン、せいろ）

▼再生産構造（使われる水）

**特殊な資源としての水／生産・生活―農業・都市**

●第６章　利用される水
- 水の利用の多様な変態
  - (1)　エネルギーとしての利用（水車、水力発電）
  - (2)　水の滑性の利用（船、運河、消火）
  - (3)　貯蓄される水（溜め池からダムへ。灌漑用、多目的用）

**今後の展望**

●第７章　現段階の水問題
- 水は資源だが、毎年、太陽光線のように気候によって不均等に降りそそぐので、その配分は、埋蔵物である石油のようには簡単でない
- この水がローカルではなく、グローバルに配分されるときがきた

【本書の分析手法】

人類の存在の場は有限である。このことを確認するため、本書では、人類とその生活は水の諸様態から映し出されることが明らかにされる。生きるための食料も水の一つの姿である。生活のさまざまな局面も水のあり方である。その運動はエネルギーとして使われ、その滑らかさは交通のために利用され、必要なときに使うために貯蓄されることもあるが、根本的には季節のリズムの中で雨として地球に供給される。人類はこの枠組から脱け出ることはできない。

# 文明の中の水

——人類最大の資源をめぐる一万年史

水が人間に背を向けようとしている。

第1章

# 生命を支える水

## 生命と水

惑星としての地球ができたのは四六億年前。これが現代の定説のようである。まず海ができ、その中で生命が誕生した。地球が生まれて六億年後のことである。以来、今日まで四〇億年たったが、生命はその九〇パーセントに当たる三六億年間を海中で過ごして進化してきた。そして四億年前に生命はようやく陸に上がり、水陸両方で生きることができる両生類（カエルなど）から、爬虫類、鳥類、哺乳類に分化する。この哺乳動物から霊長類が生まれ、その多様な進化の結果として今日の人類（ホモ・サピエンス）も存在するのである。

生物がこのように発展できた前提条件はいろいろあるが、その根本にあるのは、地球には水があったということである（そして大気、酸素が）。そもそも生命は、地球の大部分を蔽っている海という水の中で生まれた。しかも生命は、その周りの環境だけでなく、生命自体の内部にも水を持っていなければならないのである。とはいえ、水と生命はそのままで調和してきたわけではない。上陸した生物の進化の第一歩は、海水という塩分を含んだ水と別れることから始まった（クジラなど、陸上動物として進化した後、再び海に帰った一群もあるが、魚に祖先帰りしたわけでも、哺乳類としての生活をやめたわけでもない）。もっとも、生物として水が必要なことに変わりはないので、特殊に進化したグループは別にして、ほとんどの陸上の生物は多かれ少なかれ塩分を含まない淡水を求め続けることになる。

このことは霊長類（人類もその中から出てきた）についても変わらない。ハンス・クマーは彼らについて次のように述べている。サルの類は水を必要とするが、一方で安全のために川の危なさを警戒している、と。

「多くの森林性の種は流水をまったく飲まず、葉の表面の雨水と、食物に含まれた水分で要求を満たしているが、砂漠のヒヒたちは、そのもう一方の極端であって、年間かなりの長期にわたって、水気の乏しい食物をとっている。かれらは日に数回飲む水に頼っているのだが、乾季には、河床の砂地にわずかに残った水穴すらあたたまり、藻だらけになっていて役に立たない。こういう時にヒヒたちは、よく新鮮な水を求めて、表流水のまったく干上った淵のそばや流れのすじにそって、河床の砂地を掘る。掘った穴の中には、冷たくきれいな水がしみ出て、深さ一フィート［約三〇センチメートル］近くまでたまる(1)」。

陸上の動物が生きてゆくためには絶対に海水でない水が必要なのである。どのように際どい環境にあるものでも、それが生きていられるのは、水分が獲得できているからである。逆に、いかなる生きものもいないということは、そこでは水分が得られないということである。もちろん、ただ水分があれば生きてゆけるわけではない。水分とともに食物、エネルギー源もまた必要である。しかし、食物とは結局は植物か動物のことであるからには、これらも水分なしには存在できないだろう。この意味で、水は人類の生存の究極的な条件と言っても過言ではないように思われる。

### 「新石器革命」

霊長類の中から進化した人類も、当然に水を必要としてきた。ただし、他の生物種と違っている点がある。他の種は、千変万化する地球上の多様な環境に適応することで自らを進化させ、種ごとにそれぞれ棲み分けているが、人類の場合は、一つの種として、事実上（南極を例外として）地球のあらゆる地域に進出し、生活してきたのである。早くからユーラシア大陸とアフリカ大陸では、繰り返し人類の新しいタイプが生まれて、移動してきた。そして、おそらく五万年ぐらい前にオーストラリア大陸に移住し、さらにベーリング海峡を渡って、約一万五〇〇〇年前までにアメリカ大陸の最南端、テラ・デル＝フエゴに到達している。その後も、太平洋のほとんどすべての孤島にまで移住をとげている。

かくして人類は、極寒のツンドラ地帯から熱帯まで、からからに乾いた砂漠から湿潤な森林まで、地上のほとんどすべての環境下で生存しうる唯一の生物種となったのである（もちろん、人間の家畜となったイヌや、人間にまとわりつく微生物も同様であるが）。

## 文明の前段階の水

このあまりに多様な環境の中で唯一なくてはならぬものが水なのである。しかもエネルギー源としての植物も動物も、同じく水分なしには生存することができない。この条件を確保するために、人間はさまざまな努力、時にはすごいハナレワザさえやってのけた。一般的には、自然を循環する水の流れのいくつかの局面を、その環境ごとに定められた方法で利用していった。それが河の流れであり、泉の湧き水であった。

地球は太陽の惑星の中で、生物が生きられる形で水が存在する唯一といってよい星である。水分があっても、それが気体（水蒸気）や固体（氷）の形だけではダメである（文化は霧を水滴化し、氷を融かすことを可能としたが）。太陽系の惑星の中では、地球より太陽に近い金星や水星にも水分はあった。ただし水蒸気の形だったので、ほとんど宇宙に飛び散ってしまった。液体の形では、わずかだが火星においても水分があり、河の流れた跡らしきものが残っているようだが、これまでの調査では生物は一切いないとされている。その外側の木星、土星、天王星、海王星、冥王星は低温であるため、水は氷としてしか存在することができない。

液体の水があることこそ、地球の特権的な特徴なのである（それが生物を発生させた）。その形成の由来は、地球のマグマから噴出した水蒸気が大気の冷却によって液状になったのがほとんど

（九三パーセント）らしい。もちろん、この噴出物からできた物質は水だけでなく、さまざまな原素を含んでおり、その中でよく水に溶け、他の金属と化合する塩素の中から塩化ナトリウム、塩化カリウム、塩化マグネシウムなどが生まれ、水中の塩分となるのである。この水と塩分（ほぼ三・五パーセント）によって海水ができ、その中で生命が誕生する。ただし、この海水の塩分（とくにナトリウム）はだんだんと濃くなってゆく傾向を持ち、ある段階から生物に有害なものとなっていった。そこで、すでに海水魚は過剰なナトリウム＝イオンを排出する機能を身につけるに至った。(2)

一方、かなりの生物は地上に上がることによって、この塩分の害を避けることができたが、だからといって水から逃げられたわけではなかった。むしろ水を追い求めなければならなくなった。その水はどこにあるか。今やマグマの水蒸気ではなく、太陽の光によって蒸発した海水の水分が雨になって降る。この雨の一部が地上に降ってくる。つまり、この水分が海に流れ込むまでの間、塩分のない水としてとどまることになる。生物のほとんど（進化の中で海中に帰った種を除いて）は、この雨水によって生きることになったのである。

しかし、雨をしばらくのあいだ受けとめる地上の地形と気候は、場所によって極度に違っている。生物にとって最も都合のよい地表は、雨がある程度の面積と高度のある土地（山）に降り、それが森林という最も豊かな生態系をくぐり抜けて地中にしみ込み、さらに地表に出現して泉となり、それから流れて河となっているところ、あるいは森林がなくても山に降った雨や雪が水となっているところにある。また、それが伏流水となって地表に出現するところもそうである。あるいは、それらの水が一時的に堰き止められている水溜り、オアシス、沼、湖にも見出せる。一般的に、人類はこれらの水を飲んで生存してきたのである（最近、エネルギー源＝石油が豊富なところでは、海水を蒸溜して真水を作ることも大規模に行われている）。

## 悪条件と人間

その他、孤島や船上のように雨を滲み込ませる余地のないところでは、人間は雨水を直接に受けとめて飲んだ。また、水蒸気はあるが雨になりにくいところでは、温度差によって結露した水滴を飲んだ。雨が数年にわたって降らない砂漠でも、人間は何とか水を手に入れてしぶとく生きてきた。

人間以外の生物はどうか。植物では、サボテンのように長期にわたり水分を蓄えておけるのもあるし、数年に一度の雨が降ると、それまで眠っている種が芽ぶいて、たちまち発芽、生育して開花し、結実する種も多い。動物では、もっぱら結露で生きている虫もあるし、貯蓄した脂肪を分解して水とし、数十日間も水なしで活動できるラクダのような種もある。人間も、液体の水のない極地では、イヌイットのように雪を火で融かして飲料とした。また、西南アフリカのカラハリ砂漠のコイサン族のように、砂漠でもまた、生きてきた人たちがいた。カラハリ砂漠には短かい雨季はあるが、一年の大部分はほとんど雨のない地域である。田中二郎は次のように述べている。

「カデ地域では、雨季の降雨直後の短期間だけできる水溜り以外には、飲み水はまったく見られない。水溜りができるのは、年間を通じて三十日から六十日にすぎず、一年のうちの三百日以上の間、彼らは水なしの生活をしなければならない。その間、必要な水分を彼らは一〇〇パーセント、動植物性の食物に依存して生活するのである。動植物性といっても、前者は動物の血液が主なもので、獲物の入手そのものが小規模で量も少ないから、食物の場合同様、水分についてもその摂取をもっぱら植物の方に頼らざるをえない(3)」。

植物としては〈ナン〉と呼ばれるメロン類、さまざまな植物の根、〈コル〉と呼ばれるアロエの類にまで手を出さないわけにはゆかない。もちろん、これらは舌に心地よいものではないようで、前に見たヒヒのやっているように、砂の下の伏流水を探し出し真水を求めることもし尽くすのである。

このブッシュマンとも呼ばれるコイサン族はなお狩猟採集で生きているのであるが(少なくともこの間までそうだった)、こうした生き方を守っていたため農耕民によってより好条件の土地から追われてきたようだ。今は彼らの言葉と同様の言葉を語る人たちが農耕民化し東アフリカに点在していることから、彼らの祖先はより緯度の少ない条件のよい地域に住んでいたものと見られる。二〇世紀に至るまで極地や砂漠といった悪条件のもとで生存している人たちが、いずれも狩猟採集で生きているところを見ると、それはこれらの地域で農耕が不可能であることに先立って、彼らが狩猟採集という生き方にこだわってきたためと思われる。

もっとも、オーストラリアのアボリジニーが悪条件の土地に住むことになったのは、自ら狩猟採集を選んだからではない。彼らがそうなったのは、人類の大勢が農耕生活への移行の道を選んいるときに、この大陸が交通的に孤立して、他の大陸の情報を得ることができなかったためである。また、一八世紀にヨーロッパ人がこの土地に入植し、農業、牧畜業を営み始めてからは、そのための適地から追い払われ、その他の土地で狩猟採集を余儀なくされたためである。このことは同時に、彼らが水の入手で苦労せざるをえないことを物語っている。オーストラリア大陸での水の入手の問題について、アラム・イェンゴヤンはおおむね次のように整理している(4)。

彼は降雨量が植生のあり方を決定するとし、オーストラリアの場合、年間雨量は地域により二～三インチ(約五〇～八〇ミリ弱)から一五〇インチ(約三八〇〇ミリ)の格差があるとしている。大陸の中心が最も乾燥しており、海岸に近づくに従って雨量が増える。ただ、地表での水供給を決めるのは必ずしも年間雨量だけというわけではなく、他の地域の雨を集めた河川が土地をうるおしている例も多い。オーストラリアでは、かなり雨の降るところでも植生が砂漠となっているところが多いが、それは土壌中の微量元素として、亜鉛と銅が充分にないためであるとイェンゴヤンは分析している。

また降雨後の蒸発量も多いので、この大陸では若干の降雨林があるものの、大陸の七六パーセントは生物成育期が四カ月以下しかない。その結果として、アボリジニーの多くにとって水の利用は困難な仕事である。まず、水源とそこに行く道を明確にしておくことが必要となる。道は一つの水源からもう一つの水源とを結びつけているが、それは季節によって違ってくる。水源は、岩穴、雨、井戸、粘土質の窪地、ダム、樹木の根元などいろいろあるが、それらはアボリジニーにとっては重要な儀礼的、社会的役割を担っているので、トーテム信仰の対象ともなっているらしい。

### 井戸の掘削

このように、いかに困難な条件のもとにあっても、人類は苦心して必ず水を見つけ出し、それによって生存してきた。この水から見た人類史の第一の飛躍は、土器の製造であり、井戸の掘削である。いずれも旧石器時代の終末期（農耕開発前夜）のことである。土器の製造は水を遠くに運搬するのを可能とした。また、井戸の萌芽は、すでに原始人が砂地の浅い伏流水を利用したところに見られるものである。ただ旧石器時代の打製石器では井戸を掘るのがむつかしかったので、それを可能とする磨石器が使われた。ウッドバンは、東アフリカの狩猟採集民ハツアピ族について、水の運搬が無理なく可能な距離は三〜四マイル（約五〜六キロメートル）、通常は水源から一マイル（約一・六キロメートル）以内にキャンプが張られていると伝えているが[5]、まさにこうした状況を改善する道が開かれたわけである。

水の考古学について、森浩一は次のようにまとめている。すなわち、旧石器時代には、人間は水源に身体を動かしてゆき、貝殻などで直接水源から水をすくって飲まなければならなかった。その利用についてはほとんど痕跡がなく、せいぜい地中に散布している石器類によって、居住地の近くの泉や川が利用されていたと推定されるぐらいである。土器が製造されるようになると、遠距離から水を運ぶことができるようになる。その光景は今日なお低開発国で見ることができる。その次に井戸が集落内部に掘られ始める。水利用の証拠としては、すでに土器片によって確かめられているが、最近では水利のために大地を加工した跡さえ見出すことができる。それは極めて印象的な遺構なので、歴史は井戸以前と井戸以後に二分できるのではないかと彼は述べている(6)。

この井戸も、当初は泉を改修したり、窪地や崖下を掘った程度のものであった。やがて地上から地下水を探り出して穴を掘削するようになり、深いものになると穴を大きく螺旋形に掘ったり、階段を使って底の水まで下りるようになる。このカタツムリに似た井戸を東京都下の多摩では「まいまいず井戸」と呼び、今でも深さ一〇メートル、周囲六〇メートルのものが残っている。この形の井戸は世界中にあるが、その中でとくに有名なのがオルビエト(ローマ北西部)の聖パトリックの井戸である。しかし、やがて井戸は竪孔状になる(竪井戸)。これも始めは手掘りであったが、やがて機械を使って掘り、深いものとなってゆく。

このうち、手掘りでも可能な井戸を浅井戸と呼び、機械掘りでなければならないものを深井戸(掘抜き井戸)と呼ぶが、それは単なる深度による区分ではなく、地下水の性格によるものである。つまり、浅井戸で汲み上げられる水は不圧地下水と呼ばれ、とくに周囲から圧力を受けていない水である。これに対し、深井戸が汲み上げる水は被圧地下水と呼ばれ、地質構造から圧力を受けており、そのため地形によっては自噴することが多い。この深井戸はエジプトでは今から四〇〇〇年前から掘られていたというが、有名なのは一一二六年にフランス北部のアルトワ（Artois）で初めて掘られたものである。掘抜き井戸のことをアーテジアン・ウェルと英語で呼ぶ由縁はここにある。また、オーストラリア中部でも、自噴する掘抜き井戸の多い地帯をグレート＝アーテジアン盆地と呼んでいる。

図1　カナートの概念図

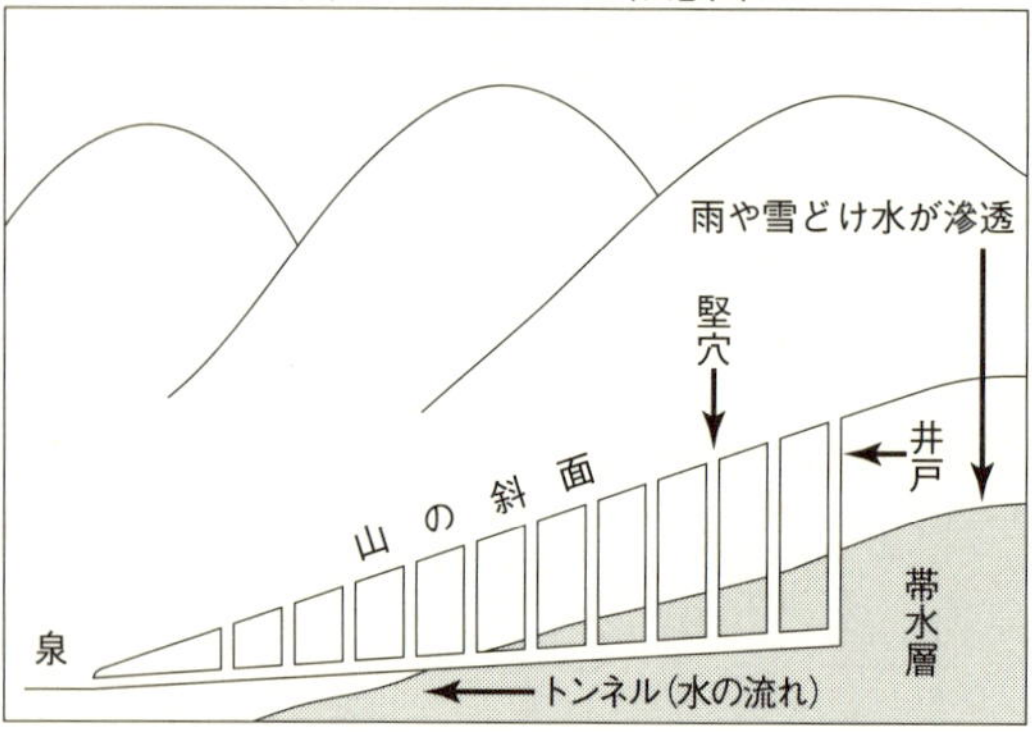


## カナートとは何か

井戸と言われるものの中で特異なものは古代ペルシアから始まったカナートであろう[7]（図1）。これは主として乾燥地帯に見られるトンネル式の集水井戸である。中央アジアからイラン高原まで森林は不足しているが、山地に降った雪や雨は地中に滲み込んでいる。カナートはこれを掘り出し泉を作るもので、いわば人工オアシスと言ってよかろう。まず山麓の地下水を含んでいる地層（帯水層）にまで井戸を掘り、そこから目的とする地点にまで水が流れる勾配をつけたトンネルを掘り進める。このトンネルは水を流すとともに集水するのであるが、水路の上からところどころに竪穴を掘って、トンネルを掘ったためにできた土をそこから引き上げ排出口とする。そして、目的地あたりでトンネルは地上に現れて、水を流し出し、泉ができるのである。

この方法は水の蒸発を押さえて遠距離に送水することができる利点を持つが、最初の母井戸の深さは五〇メートルに達するものもあり、トンネルは五ないし一〇キロメートルを送水することができた。山麓で可能なこの方法は、東はトルキスタン、アフガニスタンに及んでカレーズと呼ばれ、西は北アフリカに拡がって、リビアではフォガラシと呼ばれている。そしてこの方式は、これらイスラーム圏からイベリア半島、そこから新大陸のメキシコ、チリの砂漠地帯にまで伝わっている。日本では三重県の鈴鹿山麓、奈良県の葛城扇状地、淡路島に存在し、〈まんぼ〉と呼ばれ、今も水田灌漑に使われている。

### 溜め池

河川や泉、井戸やカナートに期待することができないところでは、溜め池が利用されている。これは規模の大小を問わないならば、現代の貯水池を含めて世界中に広く存在している。歴史的には、まず地中海の東部沿岸、シリア、レバノン、パレスティナあたりでしばしば見られる。この地帯は冬季に雨が集中し、その他の季節にはほとんど降雨がないので、この間の用水は冬の雨水を溜める貯水池が一般的に活用されている。あの『死海文書』（第二次世界大戦後に出土した古代の資料）が発見されたクムラン教団の根拠地（死海北岸）の生活を可能としていたのは、まさにこの種の溜め池であった。また、トルコのイスタンブールでは地下にある巨大な貯水槽が有名な観光ポイントになっている（一八五頁参照）。

インド亜大陸、セイロン島（スリランカ）でも溜め池が多数利用されている。インドは雨量が雨季に集中し、また地域によって気候が多種多様を極めているので、地形に手を加えて、降雨水や流水を集める溜め池が広く見られる。セイロン島においては大河がないため、もっぱら貯水施設が一般的に利用されている。これはアジアの中におけるこの島の特徴を作り出しているものである。日本においても全国的に溜め池が見られ、とくに瀬戸内海沿岸、なかでも香川県に集中している。ただし、南、東アジアにおける溜め池は西アジアにおけるような生活用水のためというより、後述する生産用水のためのものが中心である。このアジアの東西における溜め池のニュアンスの違いは、ともに生活用水と生産用水に使われるにしても、土台において年間降水量に大差があって、東が多く、西が少ないことから生じるものであろう。

第2章

# 生産のための水

これまで見たように、水が人類の生活にとって必要なことはホモ・サピエンスが誕生してから変わらない。都市＝文明が成立してからも変わらない。人間が欲望を自覚し、それを目的意識として手段を考えるようになってからも変わらない。この手段がいわゆる文化であって、人類のさまざまな部分のすべてとは言えないが、かなりの部分において共有できるものである。

しかし、この生活も生産によって支えられているのである。生活と生産は切っても切れぬ必然性によって結びつけられている。したがって、この生活の場と生産の場は原初的に結合していたのであるが、やがて乖離を開始する。定住したとはいえ、焼畑など移動耕作を取り入れた農耕が主流だった頃、この二つは緊張をはらんでいたが、都市の成立とともに乖離の決定的な一歩が踏み出されるのである。生産はその取る形態に従って固有の構造を持つようになり、自律的なルールによって営まれ始める。この自立的なルールは水の供給の様態と量、そして水を受けとめる地表の形態によって決まる。

## 降雨の様態とその利用法

すでに見たように、地球上の淡水のほとんどは、地表面の三分の二を占める海水が太陽光によって水蒸気となり、大気の上層で冷却されて、水滴となって落ちてくる雨からできる。この雨がどこにどのように降るかを決めるのは、水蒸気（→雲）を大量に作り出す気温と、雲を動かす風の流れである。言うまでもなく、海水を水蒸気に大量に変えるのは気温の高い赤道附近であり、雲を吹き飛ばす気流の中で最も強いのが、地球の自転によって起こる赤道西風である(1)。その他、貿易風、中緯度偏西風などが重要であるが、これらは後に触れることにする。

この赤道西風はおそくも一万年前（氷河期以後）にはユーラシア大陸の南を大西洋からインド洋へ、そして東アジアの縁辺をすでに通っていただろう。それは、インド洋上で水蒸気を含み込み、インドのガーツ山脈の麓にぶつかって北上し、次にヒマラヤ山脈にぶつかり東進して南シナ海を通り、東アジア縁辺から日本にまでやってくるモンスーン（季節風）である。このモンスーンが東アジアの文明に大きな影響を与えるのである。

東側のモンスーン地帯は古代からほぼ現状と等しく、せいぜい古代には黄河流域にまでしばしば及んでいた程度の違いはあったようだが、ユーラシアの西側ではより複雑である。なかでも西アジアのレバノン山脈やザグロス山脈（イラン）の谷間は、高山の雪どけ水が流れ、氷河時代から後氷期にかけても水が豊富なところであったが、一方では気候の変化による環境の激変が人間に大きな影響を及ぼすところでもあった。ここではほぼ一万年前に氷河時代が終わり、気温が上昇し始めると、それまで狩猟採集していた人間が農耕を採用し始める。(2) この移行の原因の説明はまだ固まっていないが、五万年前に人類が獲得した言語が経験の蓄積を加速化し、その論理が構造化されて、環境の変化のひと押しで農耕というシステムを実現した、という私の推測だけにとどめておこう。

細部を見ると、一万年前の気候の温暖化は、北アフリカと西アジアを例外として、一般的には乾燥化に向かわせ、現代よりも気温の高いヒプシサーマル期を八〇〇〇年前に経験し、五〇〇〇年前にそのピークに達したが、この頃までに北アフリカと西アジアでは初期農耕や牧畜が勢いよく拡大することになった。しかし、農耕は気候によって大きな変化を強いられるものである。それは多少とも農耕一般にも言えることだが、とくに北アフリカから西アジアにおいては劇的な環境の変化を経験しなければならなかった。

その変化とは、北アフリカの乾燥化=砂漠化に端的に示されたものである。五〇〇〇年前から気候は寒冷化=乾燥化に向かい始め、ヒプシサーマル期は終わる。そしてこれと併行して赤道西風の南下が起こっている。すなわち、ヒプシサーマル期にはアフリカの北辺を通っていた赤道西風のルートが南下して、サハラ砂漠の南、中央アフリカを通過するようになる。それとともに前線もまた南下し、北アフリカにまで北上していた前線のもたらす降雨が後退して、サハラ砂漠からエジプト、イラン高原、インダス河流域が急速に乾燥していった。この過程が最終的に行くところまで行くのはまさに紀元前第二千年期であるが、この赤道西風のルートの南下による乾燥地域の急拡大は、農耕牧畜を拡大しつつあった地帯の環境に鋭角な屈折をもたらしたのである。

砂漠化するサハラ、アラビア、イラン高原などの地域の人たちは、まずステップ（大草原）化した地域では遊牧民となったり、砂漠化を逃れてなお水があるナイル河、ティグリス＝ユーフラテス河の流域に逃げ込んだと思われる。大河の流域ではすでに農耕が営まれていたが、多大の人口の流入によって、それまでの方法では不充分となり、新しい技術の導入が必要となっていった。それが水との関係を新しくした人工的な灌漑の取り入れである。灌漑で農地を拡大させることによって、大量の収穫とともに、都市化＝文明化という巨大なエネルギーをもたらしたのである[3]（図2）。

図2　灌漑農業が始まった4カ所

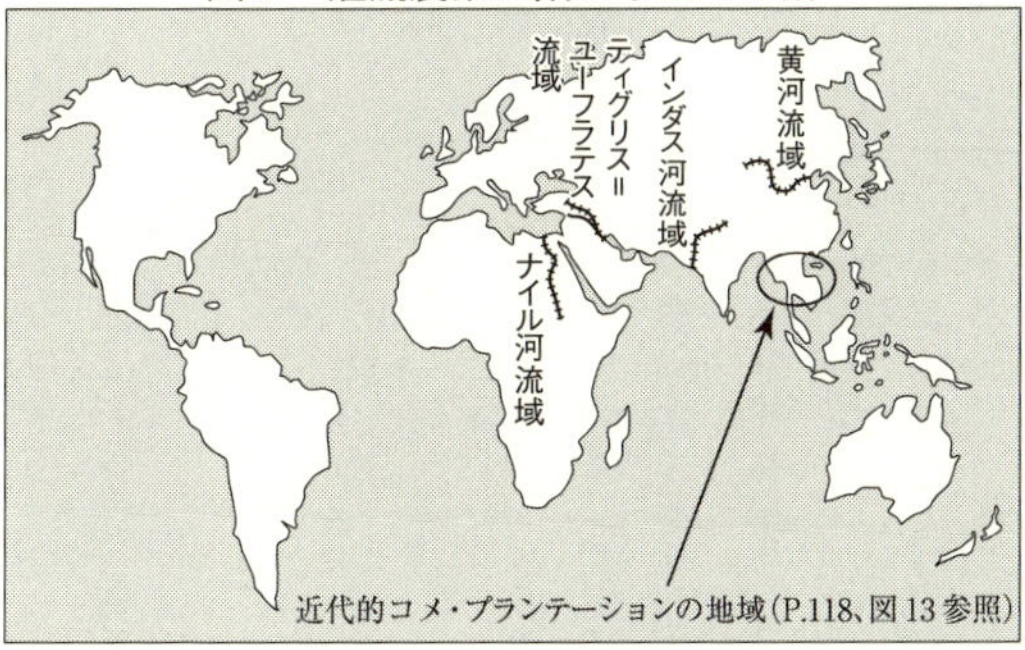


　この生産のための水使用の高度化は、人類の間でそれぞれが持つ突出した部分をはっきり眼に見えるようにした。しかし、世界各地における同種類の人間の努力は一見同じように見えても、さまざまな差異を持つものとなったのである。同じオリエントでもメソポタミアとエジプトは違う。同じアジアでも西アジアと東アジアは違う。新大陸のマヤ、アステカ、ペルー海岸地域と旧大陸とでは違っている。

　かつてK・A・ウィットフォーゲルは灌漑農業に基づく社会を「水力社会」hydraulic society と総称した[4]が、この概念を実体化して、その土台の上に類似した社会を描くことには慎重でなければならない。その理由をとりあえず、ユーラシア大陸の西側と東側における穀物栽培（麦作と稲作）を対照することによって見てみよう。

## 1　西アジアにおける灌漑

あえて図式化するならば、ユーラシアの西側においては、砂漠とすぐ接触するエジプトを例外として、農耕は牧畜と共存している。これは乾燥地域における泉＝オアシスに始まり、それがもたらす構造を系譜的にいつまでも保持している。大河のほとりへの接近も乾燥地域において農耕を拡大するためのものである。この中にあるシステムは、農耕が天水農耕を可能とする地域へ拡大するとともに、農地を造成する場を〈草原と森林〉の接点に求める方向へと発展させ、両者をひとしく開墾していったのである。

これに対し、ユーラシアの東側では、乾燥地帯での灌漑も行われるが、基本的には黄河流域における乾地農耕と、稲作および水産が共存しているモンスーン地帯の水田農耕とに拠っている。後者は湿潤地域における谷間＝水辺に始まるが、それがもたらす構造は西アジア農耕と対極的位置にある。それは一方では南方へ、ビルマ（ミャンマー）やタイ、ヴェトナムの大河のデルタ地帯に拡がり、他方では、北方へ、日本列島へと拡がっていったが、作物＝水稲が中心をなし、農地＝水田は〈森林と水面〉の接点に求められるため、その拡大は限られるのである。

## メソポタミアの灌漑

西アジアにおける農耕は、大ムギ、小ムギを中心として一万一〇〇〇年前頃から始まり、八〇〇〇年前のヒプシサーマル期に拡大するが、ヒプシサーマル期が終わる五〇〇〇年前には収縮してゆく。

メソポタミアではすでに、八〇〇〇年前のジャルモ（イラク中部の集落）に初期農耕遺跡が見られる。また、七五〇〇年前から四三〇〇年前にはエリドゥ文化が成立したが、それは砂漠台地と湿地帯＝氾濫原との接点に見出されている。ヒプシサーマル期がピークに達しようとする六三〇〇年前から五五〇〇年前にかけてのウバイド文化においては、初めて人工水路が出現する。この時期にはすでに神殿が社会の中心となっており、治水灌漑はその一つの機能として維持管理されていたと思われる。おそらく広い草原の河川に沿って点在する農耕集落は、それぞれに取水口を持ち、それぞれに排水していたのである。

この水準をいっきょに飛躍させたのが五五〇〇年前から四七〇〇年前にかけてのシュメール初期王朝である。そこでは犂《すき》が出現しているほか、〈自然の水量に従った灌漑〉から〈水量の増減を管理する灌漑〉へと発展してきている。つまり、トルコのアナトリア高原に降った水によってティグリス＝ユーフラテス河の水量は一一月から増水し始め、次の年の四〜五月に最高水位に達し、九月に最低水位に帰るのであるが、水量の増減を管理する灌漑によって、四〜五月の高水位を利用する

図3　オリエント全図

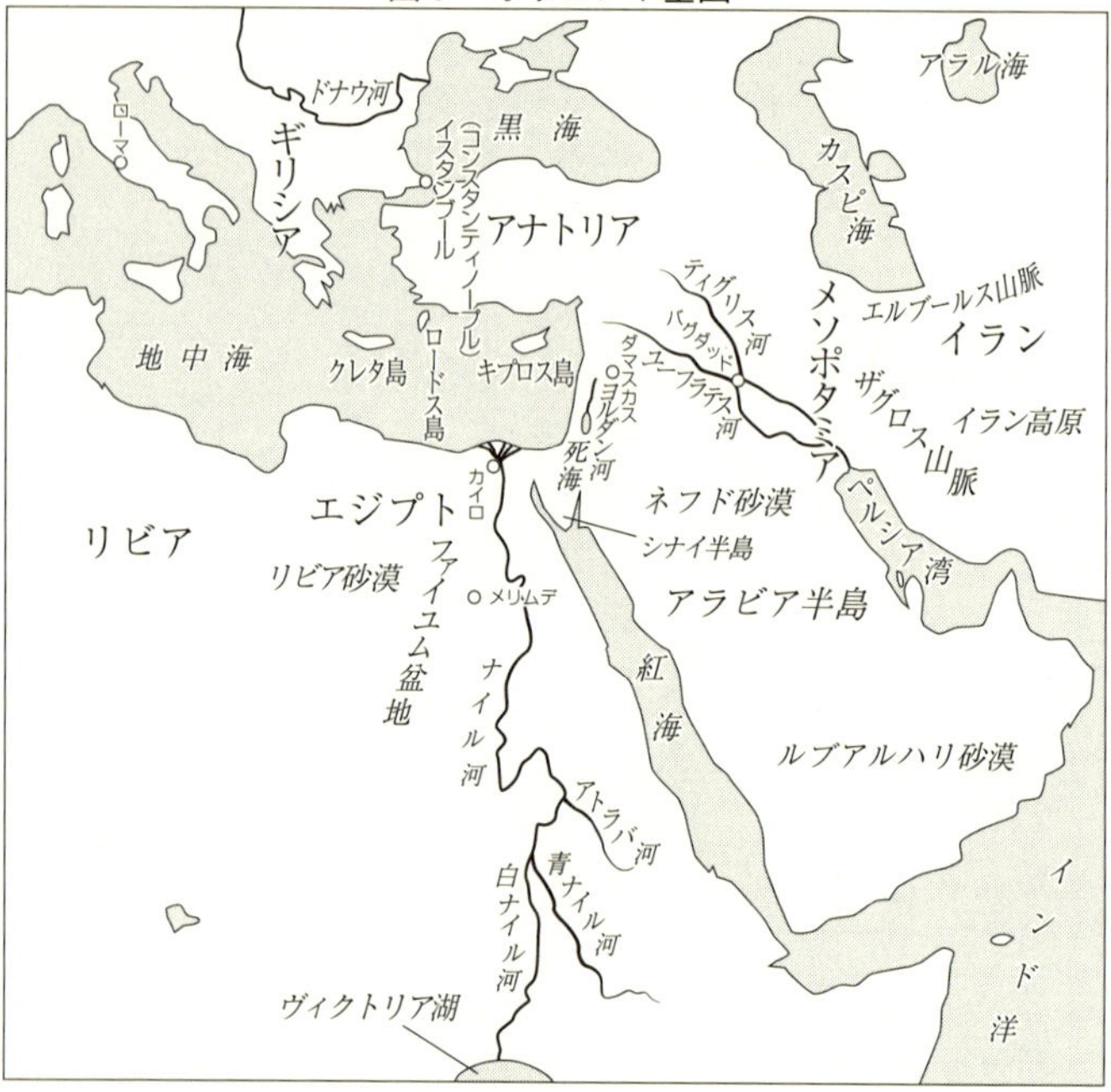


かつての夏作耕作から、一一月からの増水を利用する冬作耕作へと変わっていったのである[5]。

六〜七月の灌漑の準備作業→七〜八月の除草→八月の犂耕の準備→九月の犂耕と砕土→九〜一〇月の播種→一一〜一二月の灌水作業→三〜四月の刈り入れ→五月の脱穀の準備→五〜六月の脱穀→六月の選穀。

もはや水位のリズムには乗っていない。水を農耕の論理に従わせている。もちろん、このステップは収穫量を飛躍的上昇させるとともに安定させるのである。これを実行するために必要なものは治水灌漑の作業のための労働力であるが、それは農耕による人々の自然増とともに、新しい人口の流入、とりわけヒプシサーマル期の終了を告げる乾燥化によって、農地や草原の収縮・消滅に追われた農耕民と牧畜民が流入し始めることでまかなわれたと思われる。

かくしてシュメール人の多くの都市国家、すなわち、エリドゥ、ウル、ウルク、ラルサ、イシン、ラガシュ、ウンマ、ニップール、キシュ＝マリなどが成立していった。これらのシュメール人の都市はそれぞれ独立し、あい争っていたが、紀元前二三七〇年頃（約四四〇〇年前）、北方より興ったセム族系のアッカド人のサルゴン王によっていずれも撃ち破られ、それまでのシュメール人の王朝に取って代わって、アッカド王朝がメソポタミアの統一を成し遂げる。しかし、紀元前二二三〇年頃、アッカド王朝が倒れることで、南のシュメールの都市国家が独立を回復し、シュメール人の最初で最後の統一国家、ウル第三王朝が成立するのである。

アッカド王朝のサルゴン王から始まる統一の過程は乾燥化が本格的に進行した時期であって、この時期からメソポタミア全体の灌漑ネットワークが形成され始め、ウル第三王朝のもとで完成する。この頃の幹線水路は幅が約二五メートル、深さが二～三メートルであるが、そこから幅七～一四メートルの支線水路がたくさん枝分かれしていた。これら水路を通してユーフラテス河の流泥を沈澱させてから耕地に灌水したため、水路には泥土がたちまちにして堆積した。それ故、この水路の沈泥を掘り下げて浚渫する必要が生まれた。(6)

ウル第三王朝が紀元前二〇〇〇年頃に遊牧民によって打倒されると、灌漑ネットワークも機能しなくなる。しかし、紀元前一九〇〇年頃、セム族系のアモリ人がバビロン第一王朝を成立させると、メソポタミアの中心を北に移して、灌漑施設は再建される。この再建で注目すべきは、ユーフラテス河のみならず、ティグリス河でも水の本格的な利用が始まったことである。ティグリス河は水量が多くて（ユーフラテスの五倍）流れが速く、季節的変動も激しいために、それまでほとんどの水はユーフラテス河のみに求められていたが、この頃に至るとティグリス河の水も同様に利用されるようになったのである。

バビロン第一王朝のハムラピ王（在位、前一七九二～前一七五〇）の時代は古代メソポタミア文明の最高潮の時期で、ウル第三王朝のウルナム王の時代に完成した専制官僚制が最大限に開花した時期である。ハムラピ王の『法典』でも治水灌漑が重要視されており、この農法の問題点についても気づかれ始めている。それは灌漑地の塩化である。王の業績で有名なのは、首都バビロンの北のユーフラテス河とティグリス河が接近しているところで、ティグリス河の水をユーフラテス河に落とす施設が造られたことである。これは農地に灌水するばかりか、残留水を排水して農地の塩化を防ごうとするものである。この施設は成功し、今日もなお機能して農地を肥沃に維持し続けている。(7)

この古代の灌漑農業の最後の繁栄は、紀元前第一千年期前半のアッシリア帝国の時代である。この王朝の諸王はティグリス河の水を東岸に導き、そこに耕地を広く開発している。この時代には水路や水路橋に石が使われ始めているし、地下水を暗渠で引くカナートの技術も取り入れられている。しかし、この時代は古代オリエント文明の落日の時代でもあった。それは、一つには長期の灌水によって農地が塩化し、農作物が減少したこと、二つには水路に沈澱した泥（シルト）が詰まって水が流れにくくなったことによるだろう。(8)

## エジプトの灌漑

メソポタミアの灌漑農法が農法の内部のメカニズムによって衰退したのに対して、エジプトの灌漑農法はそれとは違ったシステム、すなわち外部の原因である気候の変動のもとで、水面を下向させるなどの危機に瀕することがしばしばあった。

エジプトの農耕はヒプシサーマル期とともにシナイ半島経由の冬雨天水農耕から始まったと思われる。初期の遺跡であるナイル・デルタ西縁のメリムデとモエリス湖畔のファイユム盆地を見るとオアシス農耕であった。ところが紀元前四〇〇〇年から紀元前三〇〇〇年にかけて農民たちはナイル河の氾濫原に農地を求め、そこにいくつもの人間集団を生み出していった。しかもこの地は、ナイル河の氾濫の沈泥によって肥沃で収穫が多かったので、人口も急増した。それはナイルの河谷のさらなる利用へと向かわせ、多くの人間集団の間の激しい闘争を通じて国家としての統一をもたらすことになったのである。(9)

ナイル河は上流で白ナイルと青ナイルに分かれている。まず白ナイルの水源はケニア、ウガンダ、タンザニアにまたがる世界第二の湖、ヴィクトリア湖である。次に青ナイルはエティオピアのタナ湖から始まっている。その他、エティオピア高原のゴンダルを源とするアトバラ河も無視できないが、いずれもインド洋の水分を含んだ風が東アフリカの山脈にぶつかって降った雨を集めたものであり、尨大な水量を持っている。このナイル河の各支流の流水量の比は白ナイル二四、青ナイル四八、アトバラ河二二であるが、白ナイルの流水量が年間を通じて安定しているのに対して、青ナイルは氾濫期に異常に増水する。これはアトバラ河についても同様である。

白ナイルと青ナイルはスーダンのカルトゥームで合流、さらにアトバラ河がその少し下流で合流して一本のナイル河となってエジプトを貫流する。このナイル河において流水量が季節的に最も少ない月は五月から六月上旬にかけてである。そして増水は六月の半ば以後に、まず白ナイルの緑色の水が増すことによって始まる。続いて青ナイルとアトバラ河の赤褐色の水が増して、本格的な氾濫期が始まるのである。河水は七月に入るとナイル河谷とデルタの大地をうるおし、八月中旬から灌漑水路に流れ込んで、九月中旬から一〇月初旬にかけて最高水位に達し、以後徐々に減水してゆく。

エジプトの治水灌漑農法の特徴はこのナイル河の氾濫水を利用するところにあるが、水路から水を汲み上げて散水するメソポタミアの方法との違いはここにある。上流のエティオピア高原から流れてくる豊富な栄養物を含んだ河水が堤防の取水口から給水路を通って耕地に流れ込む。そして四〇〜六〇日ほど耕地に湛水させて、土壌にたっぷりと水分を吸収させせつつ、河の減水が始まり水位が耕地面より低くなると、湛水していた水は給水路でもあった排水路を流れ出る。このように、給水ばかりか排水も通して、土壌は洗浄され、塩化が防がれるのである。

耕地が水面から現れると、沈泥が乾くのを待って鍬や犂で耕し、土壌の表層の毛細管組織を切断して土壌中の水分の蒸発を防ぐ。次いで播種すると土中の水分によって発芽し、成長して翌年の三月から六月にかけて収穫される。これが彼らの農事カレンダーであった。

この農法を順調に運営させるには、村落と国家がナイル河の流れを自然のままに委ねず、堤防によって自然と耕地を区切り、取排水路を使って耕地に水を適切に配分する必要があった。そしてとくに天文学的知識とナイロメーター（水位計）等によってナイル河の水量の変動を予知し、農作業の日程と手順を明らかにする必要があった。これらの仕事を遂行するには、知識や情報の蓄積・活用、労働力の組織化、さらにそのための管理組織が不可欠であった。しかし、エジプトの耕地は不毛な砂漠に囲まれた一本のナイルの河谷とデルタでしかないので、全流域の統一は必然的な成りゆきとなり、同時に国土の環節的な同質性から統一と解体とを交互させることになったのである。

六〇〇〇年前から始まったナイル河谷の氾濫原の利用は、まずナイル流域の各部分が、ギリシア語でノモスと呼ばれる原始国家（集落の発展した古代エジプトの地方行政区画）により占拠されることから始まった。そして紀元前三一〇〇年頃、エジプトが統一国家になる前後には全土は四〇ないしそれ以上のノモスに分かれていったが、これがまずテーベ中心の上エジプト（ナイル河上流）とメンフィス中心の下エジプト（ナイル河下流）にまとめられ、最終的にはホルス部族を核とする上エジプトによって統一される。それ以後、初期王朝時代、古王国時代、第一中間期、中王国時代、第二中間期、新王国時代、末期王国時代と古代エジプトは長い歴史を持つのであるが、河水利用の

図４　シャードフ（ペルシアのはねつるべ）概念図

図５　サーキヤ（ペルシア風揚水水車）

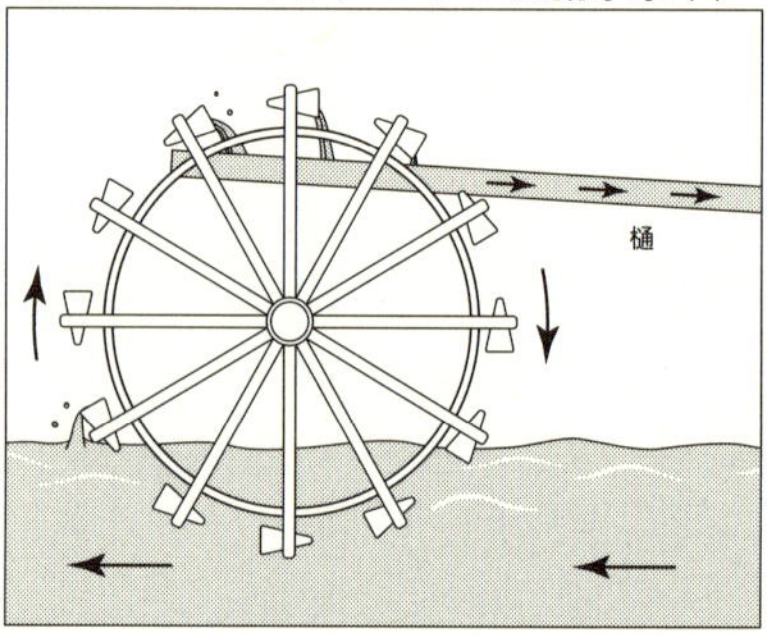


高度化が始まるのは紀元前二七〇〇年頃からの古王国時代で、このときファラオを頂点とする専制官僚制のもと生産力が高まるのである。[10] 紀元前第三千年期の中頃からは乾燥化が進み、古王国末期の第五王朝時代（前二四八〇〜前二三五〇頃）の碑からはライオンやアカシアが消えて、ナイル河の水位が最低に落ちると水が耕地に届きにくくなり、不作と飢饉をまねいた。その後再び湿潤が始まり、中王国時代（前二〇五〇〜前一七七八頃）がくるが、紀元前一五〇〇年頃から再度の乾燥期に入り、水位はまた低下する。この時期の中央アジア、西アジアは、民族移動による激動の時代である。

このようなナイルの水位の上昇下降の経験は、高水位を前提とした溢水活用の灌漑農法の限界を発見させ、低水位のときの揚水の技術の必要性を理解させた。これに応えて紀元前一五七〇年頃から導入されていったのがシャードフ（図4）と呼ばれるはねつるべである。これによって成人が一日に約三トンの水を汲み上げることができるようになったので、渇水の時代の対策のみならず、高水位の時代でも、それまでの冬作一回の営農に対して、灌漑によって冬作と夏作とを組み合わせることが可能になった。引き続いて、古代最末期、プトレマイオス時代（前三〇五～前三〇）には、サーキヤ（図5）と呼ばれるペルシアの揚水水車も導入された。[11]

## 2 東アジアの農法と灌漑

西アジアの農法に二つの系譜があるように、東アジアの農法にも二つの系譜がある。それが黄河流域の乾地農耕と揚子江流域の水田農耕である。両者の間には明確なタイプの違いがあるが、ともに西アジアの灌漑農法とは違っている。ただし黄河流域の農耕の出発は西アジアの出発と似たところがあるし、その発展の中でメソポタミア的な灌漑も一部では取り入れて、河からの水路による灌漑を行っているところもある。しかし、揚子江の流域とそれ以南では全く異質の水利用が展開された。

黄河流域の「新石器時代」（前二五～前一四世紀）を代表するのは仰韶《ヤンシャオ》文化と竜山《ロンシャン》文化であろう。これら文化の相互関係にははっきりしないところがあるが、漢族の成立という視点からすれば、北上したタイ系の農耕民の上にアルタイ系の遊牧民＝狩猟民がかぶさって、両者が接触する場所（都市）から漢族が生まれたと思われる。岡田英弘によれば、その最初の人たちは夏人で、歴史時代に実在した夏人の都市はいずれも秦嶺山脈（黄河と揚子江の分水嶺）南麓の、水系の北端の舟着き場にあった。彼らは江南から淮水《ワイ》（のちの淮河）や漢水づたいに北上して、やがて黄河の中流地域に入ったものと思われる。この夏人の国を倒して、彼らを支配したのが狩猟民である狄《テキ》の王朝、殷《イン》であり、これを打倒したのが同じ遊牧民の周や秦の王朝だったのである(12)。

## 黄河流域の農法

これらの王朝を支えた農耕について見ると、殷代（前一四〜前一一世紀）においては、河南を中心とした黄河流域の縁辺にある丘陵の河川のほとりが農地となっていた。そこは土が水分を含んでいたので、もっぱら雨水によってアワやキビを栽培していた。これに対して、周が立地したのは陝西《センセイ》、とりわけ渭水《イスイ》盆地であるが、その後、紀元前七七一年に北方遊牧民犬戎《ケンジュー》に追われて都を鎬京《コウケイ》（西安）から洛陽に移している。この周の農作物もアワ、キビが量的には多かったが、小河川を利用した灌漑地に小ムギを栽培したことは、一つの特徴をなしている。この灌漑農法はおそらく西方、中央アジアのオアシス農法を学んだものであろう(13)。

この段階にはまだ農民は黄河そのものの流域には下りていなかった。それはこの地域が危険極まりなかったからである。黄河は青海に水源を持ち、甘粛、オルドスを通り、大きく湾曲して陝西と山西の間を南渡して、やがて潼関で東に向きを変え、河南の孟県《メン》から平原に入っている。この平原は黄河自身が運んできた沖積地で、黄河の水が含んでいた黄土からなっている。黄河の水には一立方メートルに年平均三四キログラムもの土砂が含まれているが、平原に入って水流の速度がゆるむとこの土砂は沈澱し始める。そのため河底は一〇〇年に三〇センチメートルの割合で高くなり、やがて河は天井川となって、増水すると、たちまち氾濫することになり、二年に一度の洪水を引き起こし、そのたびに河道も変化させてきた(14)。

図6　中国全土

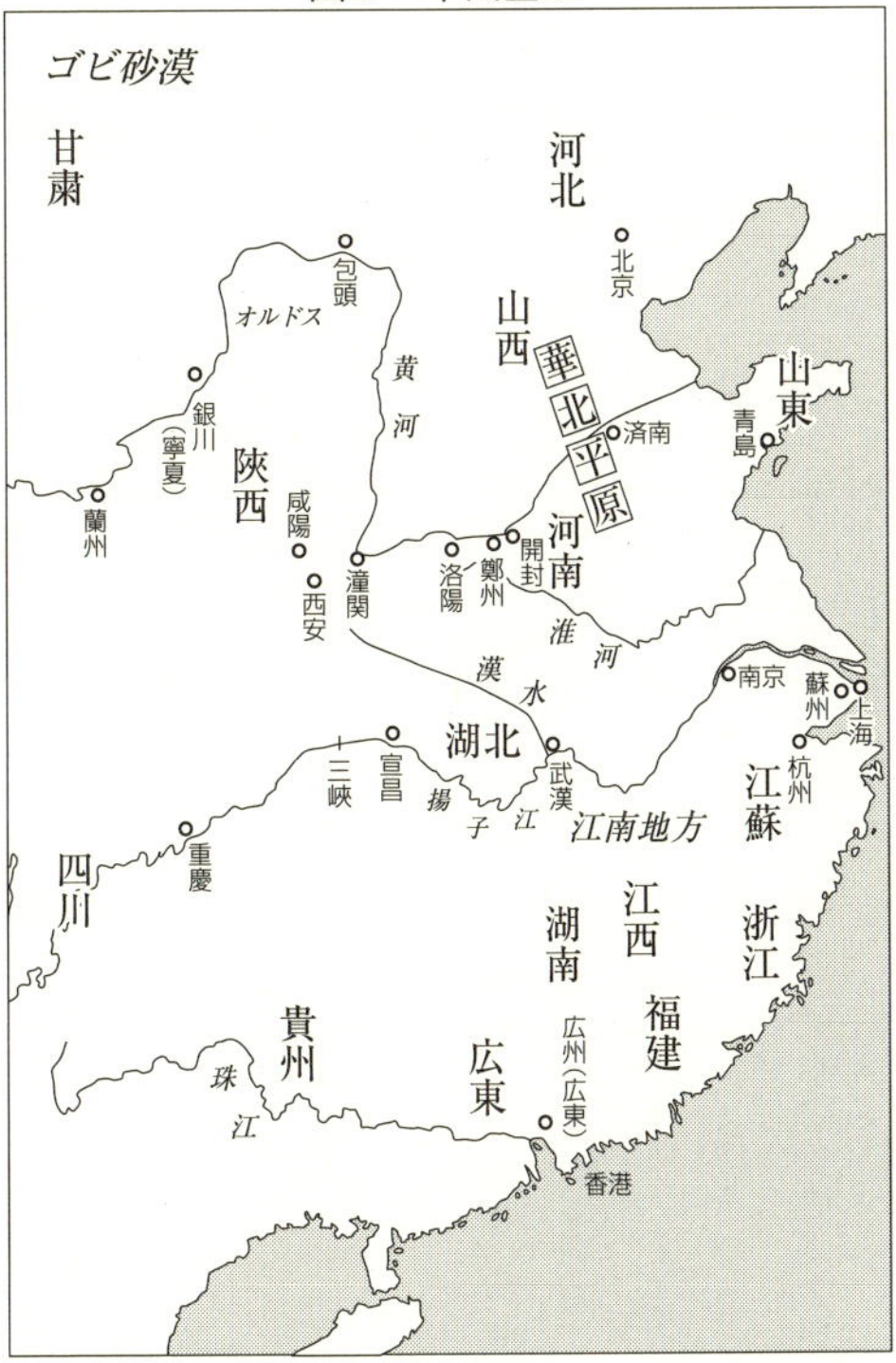


このことは、黄河下流の平原で農耕することがいかに危険かを教えている。のみならず、農耕に必要な水も決して豊富ではなかった。気候は殷代には今日より多少湿潤温暖であったが、すぐ今日と同じようになり、ステップ化したと見られる。これを農地化したのは春秋戦国（前八～前三世紀）のさまざまな技術革新の成果で

ある。その中心は、第一に鉄製農具の導入であり、第二に牛による犂耕の開発である。前者は切れ味のよい犂での深耕を可能とし、後者は畜力の利用による能率的な耕地処理を可能とした。つまり、耕起→圧土→作条→播種→覆土という地中の水分を逃がさない保沢作業による乾地農法が成立しうることになったわけである(15)。

その作業はまず収穫後にただちに秋耕を行う。これは夏の降雨によって地中になお残っている水分の蒸発を抑えるためのものである。つまり、地中の水分は刈り入れが終わると蒸発が激しくなり、毛細管現象によって地表に引き上げられてしまうからであるが、耕起によってこの現象を切断し、さらに地表にローラーをかけて圧土し、水分の蒸発を防ぐのである。そして、わずかに残っている水分に期待して春耕し、作条し、播種し、覆土するのであるが、これをいっきにやり遂げないと水分が空中に逃げてしまう。ここまでが人間の努力すべきところである。あとはモンスーンの末端の夏の降雨を待つばかりとなり、雨乞い師である天子《テンシ》の仕事になるわけである。

この乾地農法こそ、森林の被覆が密でない比較的乾燥しているステップ的な原始景観のもとで、耕地化が容易なところに成立したものである。その土壌である黄土はミネラルを豊富に含んでいるので、水が与えられると肥沃な耕地となる。この耕地に入り込むことによって、漢族は漢帝国を生産力的に支えることになったのである（漢代（前二一〜後八世紀）には六〇〇〇万の人口のうち一割が大平原に居住していた）。その気象条件を見るならば、当時にも基本的には当てはまると思われる今日のデータによれば、西安（かつての長安）の雨量は年間で五八二ミリ、そのうち夏季に二四六ミリで、気温は平均二六・七度、北京の雨量は年間で五二七ミリ、夏季には四二八ミリで、気温は平均二五・三度である。このことは謂水流域の西安ではなく、大平原の北部の北京でこそ、年間雨量は少ないながら高温の夏季に雨が集中しているので、乾地農法による天水農耕が有効であることを示している。なお、この地帯は東アジアのモンスーン地帯の北西の突端にあり、その降雨季は五月から一〇月にわたって極めて不安定、しかも一時期に降雨が集中しているため、水害・旱害を引き起こしやすいという大問題があった。

## 治水と灌漑

この大問題に対応する治水、灌漑の事業こそ漢族の創世伝説の核にある。実質的に漢族社会の出発は禹《ウ》からである。禹は夏王朝（殷に先立つとされている王朝）の初代の王で、その父は鯀《コン》と呼ばれる。鯀は帝堯（漢族の伝説的帝王）に治水を委ねられるが、失敗したので殺され、子の禹がその仕事に当たることになる。禹は一三年にわたって寝食を忘れて努力し、水路を開き、陸路を通じ、湖沼を掘り、山脈を定めることによって洪水を治めることとなった。この禹伝説は、おそらく、タイ系の夏人が黄河流域に入植したときの遠い記憶の雰囲気のもとに、戦国期（前五〜前三世紀）の状況を軸に伝承としてまとめられたものと思われる。遺跡や記録を見ると、殷代においては農耕は氾濫原を避けていたようである。それ故にか、治水は政治問題化していないが、周代（前九〜前三世紀）、とくに戦国期に至ると築堤の記録が現れる。当初の堤防は戦国諸国の境界に防衛のために設けられたと思われるが、堤防ができると、河川沿いに農地が集中し、そのために氾濫による水害が頻発するようになり、その対策として治水を王者の第一の課題とすることとなったのである。

これと並行して行われたのが、上述のように、より積極的な農地の拡大を図る灌漑である。その原動力となったのは人口の増大で、戦国期には一万戸を越える大都市が多数生まれてくる。この人口圧が食料の需要を増大させ、治水灌漑に本格的に取り組ませることになるのであるが、まだ灌漑は溜め池（陂《つつみ》）によるものであって、その多くは地形的に適応した淮水や漢水の流域に築造された。次に、掘削した水路（渠）の最初のものは、呉王夫差（前四九五〜前四七三）によって造られた揚子江と淮水を結ぶ邗溝《カンコウ》（二六九頁、図37参照）で、輸送を直接の目的としたものであるが、このタイプの水路の開発は、溜め池では充分にできなかった黄河流域その他における灌漑を可能にした。

掘削した水路として歴史的に有名なのが秦の鄭国渠《テイコク》である（前四世紀）。秦は陝西で早くから小規模なオアシス的灌漑を行っていたが、この水路を掘削することで、それまで農耕できなかった処女地に広大な農地の開拓を可能にした。鄭国渠は、まず谷口県《コクコウ》（陝西北部）の渭《イ》水の支流の涇《ケイ》水の上流を堰き止めて分水し、水路を東進させ、沮《ソ》水を利用して北東進し、洛《ラク》水に入る約一二〇キロメートルの大灌漑水路であった。この水路がカバーする地域は雨量が少ないばかりでなく、塩性の不毛地であったが、この渠水による灌漑と排水による脱塩をもって肥沃な農地とすることができたのである。造成された農地は四万頃《ケイ》（二七万ヘクタール）で、これによって秦は天下を統一するだけの経済力を身につけたのである。次の漢についても、劉邦《リュウホウ》（高祖。在位、前二〇二〜前一九五）が勝利できた理由は、この謂水盆地と灌漑用水である都江堰《トコウエン》（技術者、李冰《リヒョウ》が造成）によって農地の増えた四川を押さえていたことによるであろう。さらに漢の武帝（在位、前一四一～前八七）は鄭国渠の南に涇水と渭水とを結ぶ白渠のような灌漑用水を造成した。(16)

冀朝鼎《チチャオティン》は、K・A・ウィットフォーゲルの指導を受けて、漢族による治水灌漑の生産力は「中国」の生産力の基盤であること、その施工、維持が専制官僚の役割であること、そして、この治水灌漑が、権力、財力、威力を専制権力に一元的に集約させる体制の基盤であることを明らかにした。そして、中国史においては一貫して灌漑用水路、開墾、溜め池造成、排水および洪水統制が公共事業とされ、政治の道具とされたとして、一時代にわたってそれが集中的になされた地域を機軸経済地帯と呼び、これらの地帯を各省の地方誌から蒐集して、時代ごとにその地域を統計的に明らかにした。彼による各時代の機軸経済地帯は次の通りである。(17)

| | |
|---|---|
| 春秋戦国期（前七～前三世紀） | 河南、江蘇、浙江 |
| 秦漢帝国（前三～後三世紀） | 陝西、河南 |
| 三国、晉、南北朝（三～六世紀） | 河南から江南へ |
| 隋唐帝国（六～一〇世紀） | 陝西、山西、浙江、福建、江蘇 |
| 五代、宋（一〇～一三世紀） | 浙江、福建、江蘇 |
| 元（一三～一四世紀） | 浙江 |

明（一四～一七世紀）　　浙江、広東

清（一七～二〇世紀）　　江南、直隷、江蘇

この概観から彼が読みとろうとしているのは漢族国家の統一と分裂、諸王朝の興亡のリズムである。彼は中国史を五段階に分ける。

（1）統一と平和の第一期（秦漢帝国）
涇水、渭水、汾《フン》水および黄河流域が機軸経済地帯である時代。

（2）分裂と闘争の第一期（三国、晋、南北朝）
四川、揚子江下流が加わる。

（3）統一と平和の第二期（隋唐帝国）
江南が加わり、大運河で中原と結合。

（4）分裂と闘争の第二期（五代、宋、遼、金）
江南のさらなる発展。

（5）統一と平和のさらなる発展（元、明、清）
海河が加わる（河北）。

## 「長江文明」の発見

これまで揚子江（長江）流域の文明化は、黄河流域の文明の影響南下として説明されてきた。しかし今日、これに代わって、揚子江流域に独自な性格を持った文明が黄河流域の文明とほぼ同時に成立していたという見方が受け入れられようとしている。この見方は貝塚茂樹が『中国古代再発見』（一九七九）において積極的に提起しているものであるが、[18]一九九〇年代の考古学的発見によってますます明らかになろうとしている。一九九六年一〇月二八日付『毎日新聞』は、長江文明学術調査団の日本側総団長である梅原猛の次のような談話を掲載している。

「古代の文明は麦作地帯から興ったというのが定説になっていたが、私は麦よりも生産性が高く富の蓄積が生まれやすい稲作地帯にも必ずやそれに匹敵する文明があると考えてきた。長江流域での近年の発掘調査の成果に加え、今回の調査によってこのことが一層はっきりしてきたと思う」。

この談話は、一九九六年に行われた揚子江上流域の「龍馬古城」遺跡（四川省成都市新津県）調査で、約四五〇〇年前（紀元前二五〇〇）の巨大城壁と土製の祭壇用基壇が発見されたというニュースへのコメントである。この発見は、この地域の祭祀や政治を司る王（支配者）のもとに都市国家があり、黄河文明を約一〇〇〇年もさかのぼる中国最古と言ってよい都市文明の存在を実証するものとしたのである。

この説は無稽のことではない。貝塚茂樹の提起の基盤には、発掘調査によって明らかにされた揚子江流域の諸文化の存在がある。揚子江下流についてみれば、一九七三年に発掘報告された浙江省の「河姆渡《カボト》」遺跡がある。この文化は七〇〇〇年前のものとされ、多量のコメの粒のほかに、木造建築物の遺構や祭祀用の玉器、陶器、木器などが出土している。続いて、同じ浙江省の「良渚《リョウシヨ》」遺跡を中心として、多数の遺跡が発見された。これらは五〇〇〇年前（前三三〇〇～前二二〇〇）のものとされる遺跡であるが、この遺跡から、当時の揚子江下流では水田における稲作農耕が大発展を遂げていたことがわかるという。例えば、ここには広大な基壇の上に木造を骨組みとした日干し煉瓦づくりの壁を持つ宮殿や神殿が立ちならんでいたとされている。

揚子江中流については、ここでも野生稲が栽培稲として栽培化されたという意味で、「長江文明」の原点の一つとされたことが特筆される。コメには三つの種類がある。オリザ・インディカ（インド・中国型、漢名は秈《セン》）、オリザ・ジャポニカ（日本型、漢名は粳《コウ》）、オリザ・ジャワニカ（インドネシア型、陸稲に多い）である。インディカは細長く、炊き上がるとねばり気のないパサパサした食感のコメである。ジャポニカはコロコロと丸く、炊き上がるとねばり気があり、それが強いほど美味とされるコメである。ジャワニカは以上二つの中間型で、陸稲と水稲はともに同じくらい栽培されて、食味としてはねばり気のあるものも多い。ジャワニカから分化したのがジャポニカとインディカであると考えられている。品種の起源についてはさまざまな研究が行われてきたが、その中で有力だったのが、雲南・アッサム起源である。(19)この説では、ここを起源とし、それがさまざまな文化とともに揚子江を下り、下流の良渚文化のような開花を見せた江南の文化が、日本に渡来したとされたのである。しかし、一九八八年の湖南省澧《レイ》県の「彭頭山《ホウトウ》」遺跡の発見はこの説を覆した。

「彭頭山」遺跡は新石器時代早期の遺跡であるが、炭素一四を用いて測定する炭素年代（BP）では、BP九一〇〇年（±一二〇年）からBP八二〇〇（±一二〇年）のものとされている。ここでも多くの稲粒、稲籾が発見されているが、それらは揚子江下流よりも二〇〇〇年ほど早いものということになる。「河姆渡」遺跡にも野生種と栽培種とが混在していた。これらのことを考え合わせるとき、稲が最初に作物化されたのは揚子江の中下流においてであったと推論することができるだろう。中流の湖北、湖南に散在する「石家河」遺跡群が成立してくるのは四六〇〇〜四一〇〇年前で、ここでも大城壁や祭祀用の基壇などが見つかっている。おそらく、稲作はこの揚子江中下流を中心として多方面に伝播したものと考えられる。上流の四川も早くから稲作が行われたところであり、すでに「三星堆」遺跡が近くに発見されている。先の「龍馬古城」遺跡の四五〇〇年前という編年も、この「三星堆」遺跡で発見された土器とほぼ同年代のものであることから、そのように推定されたのである。(20)

明らかに、これらの文明は水田稲作を土台としたものであって、北の黄河流域の文明の影響下に発生したものではない。もちろん、北方の黄河流域の文明と南方の揚子江流域の文明とが交流することは否定できない。もともと黄河流域の農耕民も南から北上した焼畑農民が定着したものであった。これらの農民を北方遊牧民が支配下に置くことによって黄河文明は成立したのである。一方、「長江文明」は五〇〇〇年前に成立するや、北方に進出したことは遺跡群によって知ることができる。しかし、決定的には揚子江の水田農民は北方に成立した漢族によって征服され、「長江文明」の歴史は断絶され、抹殺されてしまったのである。それは安田喜憲によれば、紀元前第二千年期に始まる世界的な寒冷乾燥化であるという。この気候の変化によって殷もまた成立したのであるが、北方民の南下は「長江文明」の社会秩序を破壊してしまう。この帰結そのものが、北方遊牧民の軍事力の圧倒的優位を示すものとなっている。(21)

## 周以後の江南の開発

「長江文明」が文明として崩壊した以後の歴史は、漢族の漢字によって伝えられることになる。その最初の段階は楚《ソ》であろう。司馬遷の『史記』(紀元前九一頃完成)「楚世家」では、その支配者について詳細に記述している。一応、楚は周の成王(在位、前一〇二五〜前一〇〇五)によって江南の丹陽《タンヨウ》に封ぜられて始まったとしている。民族的には、楚は明らかに周とは違っており、中原《チュウゲン》の諸国から蛮夷として処遇されるとともに、自らも蛮夷として何はばからなかったところは異文化としてのプライドが言わしめたものであろう。しかし、おそらく周の南端の随(周と祖先を同じくする同姓)を通じて、漢族の文明を吸収したものと思われる。楚の隆盛のピークは荘王(在位、前六一二～前五九一）の時代で、このとき楚は春秋時代の五覇の一つとなる。文化的にも詩経とは違った「楚辞」と、その代表詩人である屈原《クツゲン》（前三四〇～前二七八頃）を生み出している。

荘王以後、揚子江下流には呉、越が生まれるが、最終的に秦の始皇帝によって楚、呉、越とともに中央に統一されて、その後はもっぱら漢族への同化と漢族の南渡が江南の運命を決めてゆくことになる。同化の著名な例は東晉の詩人、陶淵明《トウエンメイ》（四～五世紀）と宋の欧陽脩《オウヨウシュウ》（一一世紀）で、前者は江西省の渓《ケイ》族という漁業を営む南方部族の出身であり、後者は越王句践《コウセン》（在位、前四九五～前四六五）の子孫であるとされている。(22)

漢族の南渡は秦の始皇帝、漢の武帝によって政策的に推進されたが、江南への大量の南渡が行われたのは、黄河流域の社会秩序が崩壊したときである。それは漢帝国が壊滅した三世紀から五世紀、唐が滅んで漢族が政権を失った一〇世紀から一三世紀までで、この漢族の流転を記憶と伝承にとめているのが「客家《ハッカ》」（漢族の中で客人部族の地位にあった移住集団）である。おそらく、彼らは漢族移住の出遅れ組で先行者にすでに平地を占拠されており、山地を漂泊せざるをえなかったために、その怨恨が公認の漢族史の流れの上に自らの記憶を伝承として保存したものと思われる。彼らの伝承によれば、彼らの移住の第一回は秦の始皇帝による嶺南への兵士の派遣（前三世紀）である。第二回は東晉の永嘉（三〇七～三一二）以後に山西、河北、河南の人が、揚子江を渡って江西に移動。第三回は唐末の黄巣の乱（八七五～八八四）に苦しんだ人たちが、江西、福建、広東に移動。第四回は南宋末（一三世紀）に江西、福建から広東に移動。第五回は明末（一七世紀）に広東、福建から四川に移動、という「歴史」である。[23]

たとえ幸福にも平地を占拠できた人たちでさえ、南渡は生活の激変であって、多大の人命が失われなければならなかった。乾燥した黄河流域から湿潤な江南への移住、さらに嶺南瘴癘《しょうれい》の地に行くことは死地に赴くようなものであった。『史記』「貨殖列伝」は述べている。「長江以南の地は土地が低く、気候が湿潤であり、成人男子は若くして死ぬ」。その地において水田耕作に携わることはマラリアや住血吸虫病などの瘴癘にかかる危険にさらされるということであり、住民の死亡率は異常に高かったはずである。マクニールは述べている。

「紀元前三世紀末、技術上の進歩に加うるに安定した帝国政府のための行政機構上、倫理上の基盤が完成したとき、華中華南への迅速な進出発展を抑えるものは、病気という障害以外にはなかったのである。この障害がいかに強力だったかは、漢族の開拓者による揚子江流域への大々的な定住が既成事実となるためには、さらに五世紀から六世紀を要したことでも明らかである。端的に言えば、北方からの移住者が次々に死んでしまうので、もっと速い開発は不可能だったのである[24]」。

このように江南への漢族の移住は苦難の歴史に耐え、長い時間を必要としたにせよ、結局それを成し遂げている。もともと漢族の血の半分はタイ系ないしヴェトナム系であるし、さらに開発期に先住の住民の血を導入したり、先住民の文化、技術を吸収したりしたことは、今日の湘《シヨウ》語（湖南語）、呉《ゴ》語（上海語）、閩《ビン》語（福建語）、粤《エツ》語（広東語）の状況を見ても知ることができよう。

彼らが耕作したコメは春秋戦国期から始まる渭水、汾水、泗《シ》水といった河川の流域ばかりでなく、漢代からは黄河や淮河の流域で灌漑水によって作付けられていたが、それはアワ、キビ、ムギなどの作物の一つとしてであり、水路による灌漑を基本形とするものであった。(25) しかし、揚子江流域の主要作物は出発からコメであった。その耕作方法を漢代の『史記』の作者は「火耕水耨《かこうすいどう》」と呼んだ。つまり、春に草を焼いて、種籾を播き、夏に灌水して雑草を殺し、秋に収穫するのである。そのために沼沢地に若干の手を加えて開拓する。それが周代の官制を記した『周礼《シユウライ》』にいう「瀦法《チヨホウ》」であって、まず流水を集める貯水池を造って、沼沢を囲い込んで水田にし、堤防に水門を設けて、水を出し入れするのである。

これが焼畑から下りた農民により原初から揚子江流域で行われていた農法であるが、これを黄河流域の乾地農法を経験した漢族が入植して、採用することはむつかしいことだった。したがって、後漢末（三世紀初）の中原の荒廃にいたたまれなくなった北部の農民たちが、豪族に率いられて江南に逃れ、そこに定着せざるをえなくなったとき、彼らが最初に取りついたのは、しばしば冠水するデルタ地帯ではなくて、台地状の微高地であった。ここに「梯田《テイデン》」と呼ばれる階段状の水田を築き、天水や溜め池の水を利用して稲作し始めたのである。

これがのちに古田と呼ばれた最初の入植地で、主として南京周辺の台地や、天目山地（浙江省北西部）の谷地、さらにデルタ内の微高地や、沿岸の小丘陵に存在している。例えば、東晉の頃（四～五世紀）に建業と呼ばれた南京では、その東南に拡がる台地を流れる小河川の流域がまず水田化された。これらの小河川が集中するのを運河で揚子江に排出するところに南京があるわけである。

　もちろん、蘇州を中心とする揚子江デルタ地帯が閑却されたわけではない。すでに魏、呉、蜀による三国期（二二〇～二八〇）以後この地域にも水路や溜め池が掘られて、排水、灌漑、交通のために利用されている。太湖の周辺や杭州がある銭塘江《セントウコウ》下流は古代から江南の中心の一つであっただけに、この浙東平野の農地化もより進展してゆく。かくして、北方政権ではあるが六世紀末にようやく南北を統一した隋唐によって、南の富を北に吸い上げるための大運河が掘削されることになる。その結果、唐代においては、韓愈《カンユ》（七六八～八二四）によって「江南の租は天下の十分の九」と言われ、また、白居易《ハクキョイ》（七七二～八四六）によって「当今の国用は多く江南より出づ。江南の諸州では蘇州を最大となす」と言われるまでになる。

　このダイナミズムは唐中期から五代、宋の一〇世紀から一三世紀にかけて、いっきょに高まる。(26)それは具体的には「塘《トウ》」または「塘路」の建設という形をとる。「塘」には堤、溜め池という意味があるが、この時期にはデルタの低湿地に築かれた大規模なクリーク（小運河）を意味している。このクリークは初めは交通のために建設されたが、これが縦横に掘削されるに至ると、水はけがよくなり、その堤によって囲まれた土地を干拓しうるようになり、「圩《ウ》田」あるいは「囲《イ》田」として出現してくる。今や関心はクリークではなく、堤に囲まれた農地となり、この堤に水門が設けられて排水あるいは灌水に使用され、ここに江南の美田が誕生するのである。

　唐中期の八世紀から盛んになるこの「塘」による干拓は、それが流行すると豪族による乱開発すら見られるようになる。そして、無秩序に築かれ、構築された「塘」がかえって全体の水はけを悪くし、さらに河水中の泥を沈澱させるばかりでなく、海潮の影響が及ぶところでは砂州を発達させたり隆起させ、ますます水路の排水機能を弱めることになる。干拓が単なる低湿地から湖沼といった浅水面にまで及ぶに至ると、排水はますます困難となる。例えば、太湖の水はしばしば溢れ、周辺の農地に氾濫するようになっていった。

　宋代の一一世紀に入って政府が取り組まなければならなかったのはこの問題である。これに対してとるべき手段はクリークの浚渫と掘削、および圩田の堤防のかさ上げであった。しかし、排水をより効果的にするためにはクリークの整理と圩田の編成替えに及ばないわけにはゆかない。それは激しい議論をまき起こしたが、結果として、政府の統制干渉がだんだんと貫徹してゆく方向に進み、この方針は、一三〜一九世紀の元、明、清と受けつがれたと言えよう。

　この低湿地の圩田化は江南の自然環境を一変させた。デルタの干拓はこれまでの無人の地に住民の大量進出を引き起こした。堤防によって囲まれた新田がいっきょに獲得されたばかりか、クリークや河底、湖底の有機質・無機質を豊富に含む土壌は耕地として好適で、豊かな収穫が保証された。かくて、一二世紀には「蘇湖稔れは天下足る」ないし「蘇常稔れば天下足る」という言葉が語られるに至るのである。

なお、圩田の維持のために毎年行われる、周辺のクリークの浚渫、圩岸の補修は、その際に引き上げられる河泥を肥料に変え、長期的には農地を安定させるとともに、地面をも向上させた。それはコメとは違った作物の裏作を可能にするのみならず、必要な作業をもう一つつけ加えることとなる。農地が水面と比べてさして高くない頃は、海潮によるクリークの水位の上昇を利用して、水を圩田内に自然に流入させることができた。しかし、揚子江のデルタが刻々と東に延びて水路がだんだんと海潮の影響を受けにくくなると、地面を高くして水門を開いても水が流れ込まなくなり、水の汲み上げは人力によらねばならなくなった。

図７　龍骨車

流水による水車はクリークの流れが緩慢で使えなかったため、この地域で一般的に使われたのは足踏み水車（水揚器）であった。それは「龍骨車」（図7）と呼ばれ、細長い木箱が圩岸から水中に差しかけられ、この木箱の断面にほぼ等しい数十枚の木板に結びつけられたチェーンを二人ないし四人の足踏みによって回転させ、木板を引き上げるとともに水を汲み上げてゆく仕掛けである。これは宋代には存し、元、明、清と改良された。もとより江南はむしろ水の過剰な地域である。こ

の龍骨車は圩田内に溜った雨水を汲み出すためにも使われた[27]。

## 水力社会の類型

以上が江南の農耕の水利用の方法であるが、ウィットフォーゲルによってアジアが水力社会として一括されているにしても、そしてそれは誤りではないにしても、西アジアと東アジア、さらに黄河流域と揚子江流域が類型的にいかに違ったものであることは明らかであろう。基本的に西アジアは、ティグリス＝ユーフラテス河流域も、これと違ったタイプのナイル河流域も、降雨に頼れぬ乾燥地帯であったのに対し、ともかくも東アジアは降雨に頼れる湿潤地帯であった。とはいえ、黄河流域は雨が降るとはいえ、湿潤地帯と乾燥地帯との間の境界領域であったのであり、揚子江流域はむしろ水が過剰な地域であったのである。

この違いを自然環境の面から見てみよう。黄河と揚子江は漢族居住地の二大河川であるが、その間の違いは大きかった[28]。黄河下流域ではかつて二五〇〇年の間に洪水決壊が一五〇〇回起こった。揚子江中下流域では二〇〇〇年あまりの間に洪水災害は二一回であり、その頻度は黄河の六〇分の一である。このかつての違いの拠ってくるところは流水量、含砂量、輸砂量の違いである。河口での流水量（一定の時間と距離で測る）は黄河が五六〇億立方メートル、揚子江が九二八二億立方メートルで、揚子江が黄河の一六倍強である。この違いをもたらす河川の総延長距離は黄河が五四六四キロメートル、揚子江が六三〇〇キロメートル。源流と河口の高低差は黄河が四八三〇メートル、揚子江が三四〇〇メートル。両河川の保水条件は、黄河上中流では流域の七〇パーセントが流出度の高い黄土であるが、揚子江では支流に若干黄土層の傾斜があるほかは床岩（基盤の岩盤）と風化岩が大部分である。そのため、かつての揚子江は明らかに黄河の水よりも土砂をわずかしか含んでおらず、天井川になることもなかったのである。

この全体的な違いに加えて、その地域的な違いが二つの河の水の問題を全く異なったものにする。まず揚子江の中下流域はモンスーン地帯である。それはティベット高原の東北から始まり、高山深谷を縫うようにして青海、雲南を流れ下って、四川に入ると岷江《ミンコウ》の水を合わせて河幅を拡げ、四川盆地に肥沃な平原をくり広げる。次いで巫山《フザン》山脈を突破して、宜昌《ギショウ》を過ぎると洋々たる大河となり、平原のまん中を悠々と流れるのである。そこに拡がる洞庭《ドウテイ》湖は巨大な遊水地として揚子江の水を引き受けるが、この辺は古く楚の故地である。武漢を過ぎると再び翻陽《ハヨウ》湖が現れる。ここにも揚子江の水は流れ込むので、揚子江は二つの巨大な遊水池を持つことになり、水位を調整することができた。このために揚子江は黄河と違って年間を通して比較的安定した水量を持つことができ、しかも大規模な洪水もあまり起こらなかったのである。

蕪《ブ》湖を過ぎると所々にある台地を除いて、傾斜がゆるやかな平坦な平野を河口に向かってゆくが、やがて海の影響が出てくる。揚子江は黄河と比べて、とくに尨大な土壌を上流から運んでくるわけではなかったが、激しい潮汐の干満によって高波が押し寄せたり、河川にも逆流してきた結果として、河口や海岸に絶えず砂洲を隆起させてきた。そのため揚子江下流の周辺は低湿な沼沢地となり、多くの湖沼を作り出したが、その代表的なものが太湖であった。そこはしばしば氾濫する不健康な土地であったが、夏季の気温は平均二八度に昇り、作物の成育可能期間は三〇〇日を越える好条件の故に、適切な排水と水位調節の施設が設けられれば、高度に生産的な農業地帯となりうるところだったのである(29)。

これが水の文明、「長江文明」の立地だったのである。それは同じ東アジアの黄河流域とも西アジアとも違った環境であることは明らかであろう。とりわけ、ティグリス＝ユーフラテス河流域、ナイル河流域、黄河流域がムギや雑穀などを主要産物としたのに対し、揚子江流域のそれはコメ、それも水田によるという特徴を持っていたのである。作物と耕地のあり方のそうした違いは、この文明を世界の中において際立たせるものとなった。このことを特筆するならば、現在「長江文明」のコメは文明的には漢族支配のもとで北方のムギに従属させられているが、コメが渡来してきた日本では今なおそれが文明の背骨をなしているのである。

## ムギとコメ

西アジアの文明同様、その比重はより低いにしても、黄河流域の文明の基礎にあるものはムギである（その比重が低いのは夏作でアワ、モロコシなども作られてきたからである）。このことは、コメとその生産方法のみならず、その消費方法も全く違っているために、コメの文明とムギの諸文明のもとでの人間の行動様式を違ったものにしている。そもそも、ムギの耕作地は畑、コメのそれは田であって、その栽培の仕方から違っていた。ムギ畑の原点は、乾燥地に点在する水源を取り囲むぎりぎりの水気があるところ、すなわちオアシスにある。これを拡大するには水分のあるところを探さなければいけない。少なくとも播種したときに土中に発芽を支えるだけの水分があり、さらに成育を助けるだけの降雨があるところでなければならない。こうした条件を持つ畑は、森林があるところを侵食して広く作ることができるが、この地理的、気候的条件のないところにも、すなわち、大河の近辺でその流水を水路によって乾燥地に送れるところや、大河自体が定期に氾濫するところ（エジプト）にも作ることができる。

図８　日本の水田の立地

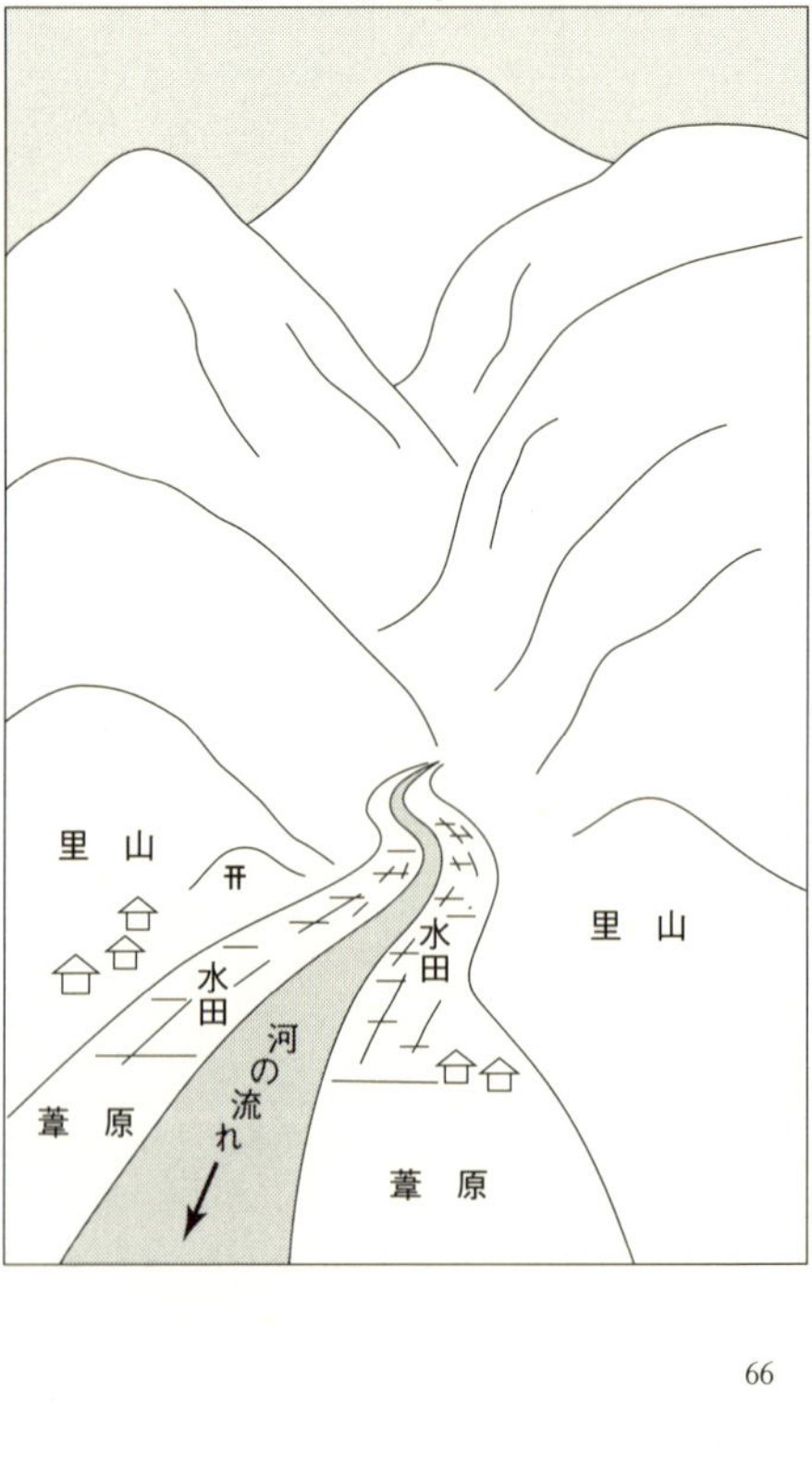


これに対して、コメは焼畑で作られた陸稲《おかぼ》を別にして、本来、水辺の植物である。その作物化は低湿地を水田化し、浅水地を干拓することによってなされるものである。したがって、初期の水田

は小河川の谷間、そして小デルタであった。その飛躍的拡大は、危険が大きくなる大河のデルタへの進出でなされたが、まず行われたのは、小平野の水田化で、近くに小河川があり、小規模な用水が引かれたところに限られた。日本のコメ文化の基盤が豊葦原《とよあしはら》とされるゆえんである（図8）。そのため後背地の森への侵食はなされず、それは里山の森として下草の苅敷や、薪、農具の素材の供給地として保存されたのである。その結果として、近代国家の土地の農地化では、イギリスの八〇パーセントに対し、日本は一八パーセントにとどまった。かくして、森を食う文明に対し、森に依存する文明という現象が出てくる。

水田における地力の保全は、取り入れた灌水それ自体の中にある。その水分は栄養を含んでおり、保温効果を持つ。そればかりでなく、刈敷などによって有機物は分解促進し、中耕除草は砕土し、雑草の生育を抑圧する。全体としてみて、コメ作りは田植えをはじめとする中耕除草など人力の投入による単位土地の生産性の向上が目標とされる。(30)

一方、畑作地帯の地力保全は、休閑による耕地の休息と、そこでの牧畜放牧による排泄物の散布、牧畜が牽引する犂の深耕による地表面のすき込み、後にはノーファーク農法（科学的四輪作法）による四輪作がもたらす牧草作り、それによる牧畜の舎育、その排泄物の肥料化、という形で行われる。ムギ作りは、コメ作りと比較すると粗放的であり、その栽培面積の拡大は草原と森林の開墾によって行われることが多い。そのため、農耕とセットをなしている牧畜の動物力を投入することで、人間の労働の生産性が追求されることになる。それがまた、単位当たりの労働の生産性を充分に高めるための農地の拡大を追求させる。この方向性は森林を過剰に開墾させることから、九世紀に始まった西ヨーロッパ中世文明は一三世紀に限界にぶつからなければならなかった。しかし、「大航海時代」をへてこのダイナミズムは再爆発し、ムギの経済は白人によって北アメリカ、オーストラリアと世界を席巻することになる。

コメの経済も拡大しなかったわけではない。土地の生産性の向上を目指す長年の品種改良の努力が、本来、熱帯、亜熱帯の植物であるコメを冷涼な地域でも栽培できるように向かわせた。それはとくに日本の江戸時代にコメ地帯の北上化を可能にした。今では北海道でも稲作が行われている。ただしそれは、森林やムギ地帯との衝突をもたらすものではなかった。その結果として、今日の世界は、トウモロコシやテフ（エティオピア）などのわずかな雑穀地帯を例外として、ムギの地帯とコメの地帯が棲み分けられているのである。これは人間の主食の生産における水の役割の違いから現れたものであった。

第3章

# 天水農法の展開

水と人間との直接の関係は上述したようなものであった。程度の差はあれ、人間はいついかなるところでも水と直接的に関係して生きてきたのである。例えば、西南アフリカのカラハリ砂漠には液体の形での水は常時、存在しないけれども、住民は払暁の霧の結露を、そこに生息する特殊に進化した昆虫と同じように利用して生きてきたのである。

## 天水農法と諸文明

この水と人間との交わりは鮮やかに絵巻物のように展開されるが、しかし、人類と水との関係はこのような表層的なもので済むものではなかったのである。より深層において、間接に水、というより水分は人間の生活をがっちりと制約していた。それは人類が生存する地球上のさまざまな地域に成立した生態系のタイプを決めることによって、その上に成立する文明の姿を形作るキメ手とするならなったのである。苦もなくわれわれは、西アジアにおけるオアシス農業や灌漑農業、あるいは東アジアにおける灌漑農業や水田農業を見ることができる。しかし、オアシスも灌漑も溜め池もなく、降雨のみで成立する農業も存在しているのである。面積的にはこの種の農業はむしろ圧倒的に広大であると言えよう。しかし、この種の農業が液体以外の水分と関係を持たないわけでは毛頭ない。人間はその生存と生活＝都市においてどこでも水と直接に関係したが、生産＝農業においては、より複雑な形で水と関係していたのである。それは森林という、かつての霊長類の棲息地に見出すことができる。

　森林は生産が液体の水に頼る必要がないかのように思えるとき、農業にとって水の主要な〈世にある姿〉となったのである。もちろん、華北大平原のように森林のほとんどないところでも乾地農法が行われていたが、一般的には、この森林のあり方が農業の歴史に大きな影響を及ぼし、森林の歴史が農業の歴史を左右することとなった。その最も峻厳な表現は、何よりも森林を犠牲として耕地が獲得された地域に見られる。そこでの両者の関係は浸蝕的なものとならざるをえなかった。

　一方、文明の拠点である都市も、オアシスを別として、流水や井戸を涵養する森林に依拠しなければならなかったし、また、そこから工芸の素材や燃料を求めなければならなかった。また、そのためには、その文明における森林と耕地の面積にバランスを維持しなければならなかった。しかしそれは文明に限界を作り出し、それが突破されても、またいく重にも限界を生み出した。そしてそれが突破されぬとき、文明は衰滅しなければならなかったのである。

　文明のタイプは、あえて言えば、この森林と農業のバランスがいかにして保たれてきたかによって決められてきたのである。今日に至るまでその生命を維持してきた文明の中心（日本とヨーロッ

図9　ムギ地域とコメ地域

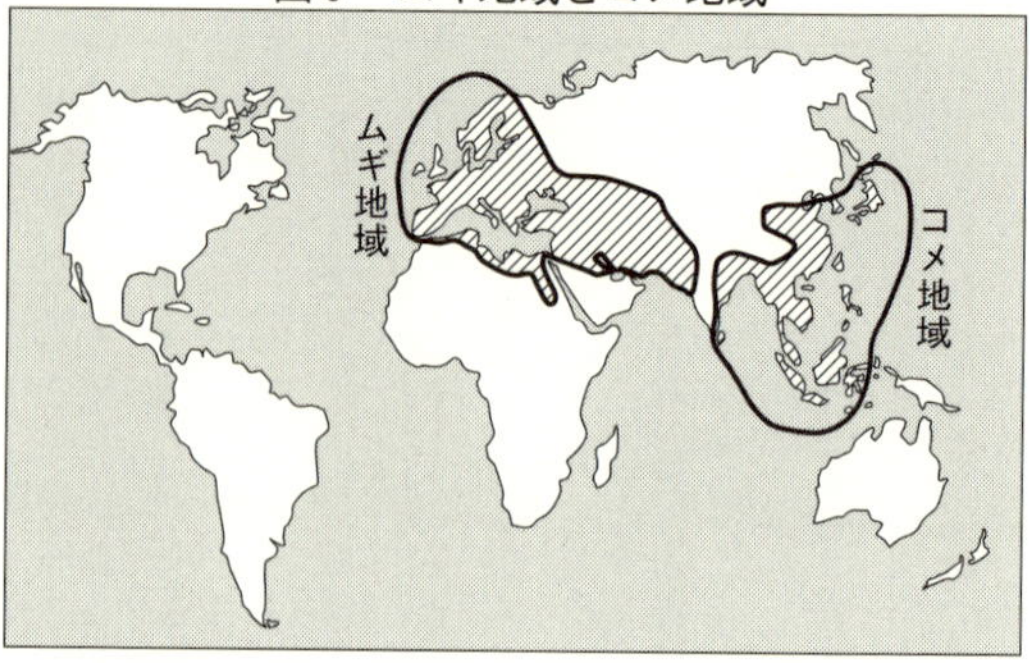


パ）は、いずれもユーラシア大陸の東西両端にある。それは生態的には常緑広葉樹林がある地域であり、歴史的には古代文明の中心から離れているものの、その磁力が作用する亜周辺（中心の文明の軍事的＝行政的支配は受けないが、文化的影響を受ける地域）である。ユーラシア大陸の東西の二つの地域はそれぞれの両端を除き生態的には違っている。さらに、それぞれ中心・周辺・亜周辺の三重構造の中で独自の文明がいくつも歴史的に生まれている。それは、これらの文明のそれぞれがその森林と農業の関係においてさまざまであるからなのである。

　とはいえ、ユーラシア大陸の東西の地域をそれぞれ一つの文明圏としてまとまったものとして語ることができるのは、西ではムギを主要作物として収束しているのに対して、東では（黄河流域のムギという重大な例外があるにしても）基本的にはコメを主要作物として収束しているからである（図9）。この違いの意味は大きい。ムギの経済学とコメの経済学の違いを語ることができるように、ムギの歴史とコメの歴史の違いも語ることができるのである。この作物の種類の違いは、耕地の立地に始まり、その開墾方法、その栽培方法、その栄養内容、農業の中でのその地位、その流通の形態にも現れている。

自然の生態構造が提供するメニューの中で、このムギとコメ、とくにムギが選択されたのは恣意的なことではない。なかでも小ムギの野生種、「現在のパンコムギの最も直接の先祖になるデイコツコイデスコムギ」は、「オリエントの硬葉カシの矮生ブッシュの散在する草原の随伴植物として存在」[1]している。そこでの主要樹木は硬葉樹であるが、それはどんなに年代をかけて成育しても連続森林にはなれないところ、すなわち、植生的にはステップ（大草原）である。この野生種が生育している場所は、そのまま耕作して栽培種の小ムギを栽培してもほとんど収穫はないという。野生種の場合は、他のステップの植物やカシノキとの生態的なバランスのもとでのみ、多様な植生の中の一つとして生存できるのである。

この植物（ムギ）を作物としてピックアップして、大河の洪水地や灌漑地に播種するとき、その中にあった潜在力が突如として爆発し、非常な生産力を発揮する。しかもそれは、稲のように常時灌水することなく、一カ月に二、三回の灌漑で充分であり、比較的少ない水量で広い耕地を灌漑できる。このことを現実のものとしたのが、乾燥地帯であり、毎年の溢水や灌漑用の水が大量に手近にある砂漠地帯であった。

## 1　地中海周辺における農業と森林

### 二圃制とは

かくして、オリエント（メソポタミアとエジプト）文明における農業は、水と直接的な関係のもとにあった。それは灌漑と溢水利用によるものであった。しかし、オリエントの周辺および亜周辺においては農業が文明の基盤であったものの、降雨を除いて、水との関係は間接的であった。それは森という媒体として水と関係を持っていたということである。

オリエントは植生的にはステップであり、サヴァンナであり、砂漠地帯である。その北に位置したのが地中海沿岸で、そこは常緑硬葉樹林地帯であった。さらにその北には落葉広葉樹林地帯がくる。そこは西ヨーロッパ中世文明が成立したところである。硬葉樹というのは常緑で、葉が革のように固い。オリーヴやカシなどがその代表で、その森は疎林となり、内部は乾いている。それが森林にまで発展したところは、レヴァント海岸、小アジア、バルカン半島、イタリア半島、南フランス、イベリア半島、マグレブといった冬雨地帯である。

ユーラシアの東側でこれに対応するのは、照葉樹林地帯である。照葉樹も常緑で、葉はしっかりして、てらてら光っている。サカキ、クス、シイなどがあり、その森は下生えが多く、密度濃く、じめじめと湿潤である点で西側とは違っている。東ユーラシアの照葉樹林は亜熱帯林ないし熱帯林の北に位置し、そこにはかつて硬葉樹林があったと思われるが、現在では消滅している。さらにその北には乾燥地帯としてのサヴァンナや砂漠が、また湿潤地帯としての落葉樹林が広がり、そのもっと北は針葉樹林になる。

このユーラシアの東西における植生の分布が文明の成立、内容、発展の方向を決めたのである。まず、硬葉樹林地帯とステップとの境界地点、イラン東部↓イラク北部↓シリア↓パレスティナにかけてのいわゆる「西亜半月弧」(肥沃なる半月地帯)において農業が成立した。それは農耕のみならず牧畜を抱え込んだところが重要であるが、あくまでその中核はムギという作物であった。しかも、金属農具という武器がない中で耕地を拡大してゆこうとする段階において、まずメソポタミア下流の沖積平野(すなわち、平常は砂漠化していても、水路による灌水で裸の水がぶつけられる場所)に着目したのは自然なことだろう。エジプトについても同様で、いずれもほぼ紀元前六〇〇〇年頃のことであった。

もちろん、この牧畜を含む農耕の技術は周辺に波及した。それは西側にも東側にも流れていった。そしてメソポタミアにおける文明の開花に引き続いて、風土が類似しているところから成立したのがインダス河流域の文明(前二五〇〇~前一五〇〇)である。また、西側にも流れて、例えば、小アジアからドナウ河流域をへて、紀元前二五〇〇年にはアイルランドに及んでいる。しかし、一般的に西側への流れは東側への流れよりも若干遅れて、しかもオリエントの文明が成熟した段階(前第二千年期)にも進行した。それはインド=ヨーロッパ語族のヨーロッパ征服以前(前第一千年期)、およびインド＝ヨーロッパ語族のヨーロッパ流入の波ごとに行われ、ケルト族の展開（前八世紀頃）にもあったし、最終的には地中海沿岸のギリシア人、イタリア人の展開（前一〇世紀以後）にも見られた。そしてこれらを摂取し、文明として大成させたのがグレコ＝ローマ文明であった。[2]

このグレコ＝ローマ文明（ギリシア＝ローマ時代）の基底にも農耕、牧畜、そしてすでに商業があった。それは紀元前第一千年期に開花するのであるが、農耕についてはいわゆる二圃制として、主に地中海沿岸各地において定着した。雨量が年間五〇〇ミリ内外にとどまっていたので、大規模な水力管理に依拠せず、小規模ながら、基本的には天水によってそれは行われた。冬雨によって生育した作物が夏の初め（麦秋）に刈り取られ、夏が過ぎ秋がくるが、耕地はそのまま放置され、二年目の冬に雨水を吸収する。そしてまた春がきて高温乾燥の夏がくるが、その間に土壌を浅く犂耕して鎮圧し、毛細管現象を切断して、地中の水分の蒸発を防ぎ（休閑保水）、秋がくると播種して発芽させ、三年目の冬雨によって再び生育する。これが二分された耕地で交互に行われるのである。[3]

この農法は、二年の雨を一年の収穫に使う二圃制の一つのモデルである。そして、二圃制にはさまざまな変種があり、それを原型に近い素朴な形で叙述しているのが紀元前八世紀のヘシオドスの『労働と日々』である。彼は語る。五月にすばる星が昇り始める頃、大ムギと小ムギの収穫が行われる。収穫率は非常に低く、種子一に対して三か四粒でしかない。一人当たり、年に一〇ブッシェル（約三六〇リットル）の穀物が必要で、妻と子供二人とするなら、六エーカー（約二・四ヘクタール）の土地に播種し、次年度のための休閑耕地の六エーカーと合わせて一二エーカー（約四・

八ヘクタール）の土地を所有して、それに若干のブドウとオリーヴの木、それに山の斜面の森林や草地に羊、山羊、豚を放牧するというのが典型的な農家経営であった。

鉄の刃が付いていない木の犂（動力は牛一～二頭）だったから、犂耕は農民にとってつらい仕事であった。そのために、年に二回耕すとすれば四八日、三回耕すとすると七二日が必要であった。二月と三月にはブドウの木の剪定をしなければならない。七月には収穫物の脱穀をし、壷に保存しておかなければならない。冬のために飼料と寝藁も集めておかなければならない。九月にはブドウ摘み。そして一一月にすばる星が沈むと冬の犂耕のときである。そして春に第二回目の、夏には第三回目の犂耕と、次年度の作物のために少なくとも三回は休閑地を耕すことになる。これらはいずれも保水のためである。種子は土壌が細かく砕かれ雨が降る前に播かれなければならない、というわけである。

この農法は灌漑なしで行われたので、穀物耕作の生産性は低く、また耕地も限られていたので、果樹と牧畜によって補われる必要があった。主要な果樹はオリーヴとブドウ、それにイチジクである。いずれも硬葉樹で夏の乾燥に耐え、その果実を加工して製品にすることができる。オリーヴから油を、イチジクから乾燥果実を、ブドウからはワインと乾燥果実を、という具合にである。牧畜としてはまず牛であるが、牛はもっぱら犂耕用の動力として使われた。主要な家畜はむしろ羊と山羊で、これらは草地と森林に放牧された。硬葉樹林は木の間隔が広く、放牧には好適であった。ただし、羊は草地で草の根までほじくって食べ、山羊は木に登り、若芽や樹皮を食べることで環境を著しく破壊し、保水能力をなくしたので、システムとしては大きな矛盾をはらむものであった。

## 地中海農業の矛盾

この矛盾はギリシア農業の初期（前九世紀）から顕在化している。スパルタはその農業的基盤が崩れるのを避けるために、征服したメッセニア人を農奴として固定し、閉鎖的に体制を保守しようとした。アテナイは穀物の自給を放棄して、農業はオリーヴ栽培とその製油に特化し、穀物はもっぱら輸入に頼る方針をとって、黒海沿岸その他に植民都市を多数建設した。そのために艦隊を建設＝維持することが必須のものとなっていた。

事情はローマについても同様である。地中海圏の商品流通が拡大してゆくに比例して、本来の農民の小経営が破綻して、大土地所有が優越してゆくが、それは主に牧畜用のものであった。この傾向はポエニ戦争（第一次、前二六四〜前二四一。第二次、前二一八〜前二〇一）によって加速された。この戦争で多くの小農民の兵士を失うとともに、国外で獲得した領土の多くは富豪によって奪われたのである。これらの土地の一部は奴隷によるプランテーションとして経営されたが、大部分は牧場とされた。

この傾向に歯止めをかけようとしたのがグラックス兄弟の改革である（前一三三〜前一二一）。彼らは公有地をローマ市民に分配しようとした。それは必要有事の際には兵士となりうる小農民を再建し、牧場を耕地に変えようとする計画であった。兄弟は暗殺され、計画は失敗したが、同じ試みは紀元前一世紀に実現した。しかし、時はすでに遅く、ローマは常時、大量の穀物を輸入し、貧民に対して安価に売却するという社会政策をとったため、イタリア半島における穀物生産は立ちゆかなくなり、結局、小経営は没落してゆくのである。

もっとも、都市の近郊においては、都市市場向けに生鮮食料品を生産する小農園がそれなりに発展している。それは野菜、果実、花卉、家禽、乳製品を生産するものである。これは年間常時の集約農業であったところから、夏における灌漑は不可欠なものであった。また一般の農園（ヴィラ）の経営においては需要に対応するための輪作や農法の複雑化が避けられなかったが、その場合も灌漑の導入をどうしても抜かすことはできなかった。

これらのことは、グレコ＝ローマ文明の農業が湿潤地帯の天水農業と乾燥地帯の灌漑農業とのはざまに立っていたことを教えるものである。それは、丹念な農作業をする小農民が担当する場合は天水農業を可能とするが、奴隷によるプランテーション経営においては牧畜か小規模な灌漑農法に頼らざるをえない中間地帯であったということである。

グレコ＝ローマ文明が自己を維持するためには、いささか芸の細かさが必要であったのである。そこでは個人が市民として解放されていたところから、対象の認識も詳細に個別的に行われており、人は自然環境の中にいる自分をより深く見つめることができたであろう。自然への働きかけも個人の意識から出発することができるし、そうでなければならなかったから、その結果は全体を見失った混乱となりかねないものであった。

土地の利用も個別的に行われた。そのため精妙な小規模灌漑や狭い土地を余すところなく生かすテラス（段段畑）も作りえた。同時に他方では、牧畜において過剰放牧と言われるような自然環境の度はずれた収奪すら禁止できなかった。この過剰放牧こそ、若芽や樹皮をかじり取って森林の再生を妨げるのみならず、植物の根までも食い荒して土壌の浸蝕を容易にし、土地を不毛化させることで地中海世界の活力を奪ってしまったものである。羊や山羊ほど破壊的ではなかったが、牛ですら草を選んで食べ、有害な植物を残すことによって植生を歪めた。一般的には家畜の排泄物は土地に栄養を与えるものであるが、それ以上の害を残したわけである。(4)

地中海世界の放牧は、遊牧民による大草原における遊牧とは違い、もともと農耕を補足するものとして出発した。とはいえ地形的に耕作が可能な土地はギリシアでは五分の一しかないので、かなりの土地は放牧に委ねられた。大規模な放牧は、寒い冬を過ごす低地から春に若草の萌える山地へ上り、秋には低地に帰ってくるという移動放牧で行われた。ただし多くの場合、山岳や政治的な境界線に妨げられて狭い面積の中で行動しなければならなかったので、そこでは念入りな利用が行われた。それは一本一本の草にこめられた水分を徹底的に利用する試みであった。

### 森林の荒廃

この家畜の放牧こそ地中海世界における森林破壊の最も責任ある原因の一つであるが、森林は人間の手によっても大量に伐採され、木材として消費された。グレコ＝ローマ文明においても木材は最も重要な燃料であり、最も重要な素材であったのである。

木材の用途の第一は燃料としてである。木材そのまま（薪）か、木炭にして使われたが、他に目ぼしい燃料のない時代であるだけに、量的に莫大なものが消費されたのである。まず日常生活用の燃料である。詩人ヴェルギリウス（前七〇～前一九）はうたっている。「わが家の炉にはヤニの多い松の枝が焚かれている。私の忠実の火がくったくもなく燃えている。いつも私の家の壁は煙で真っ黒になっている」（『田園詩』七）というわけである。松明も松の木である。これらは木こりが切り倒し、ロバやラバで町に運ばれていた。

もちろん、工業のための燃料としても大量に消費されたが、この場合には木炭として使われることが多かった。劇作家アリストファネス（前四五〇頃～前三八五頃）の喜劇に出てくるような炭焼人がこの時代にはたくさんいたのである。木炭は煙をあまり出さず、高い温度を維持できるので、煙突のない部屋の暖房としてのほか、工場では陶器、煉瓦、タイル、金属加工、鋳造、樹脂造り、石灰造りのために使われた。当然、鉱山において金属（鉄、銅、錫、金、銀）の精錬に尨大な燃料が消費されたので、当時の治金センターは一〇〇万エーカー（約四〇〇〇平方キロメートル）の林を必要としたと言われている。

なお、後述するように、ローマには多くの入浴設備があり、そこではいつも温湯が提供されたが、そのために煙害を引き起こしていたことが当時の文筆家によって書き残されているという。

木材の用途の第二は素材としてである。木材を使って多くの品物が製造されたので、ギリシア語のフュレー（phylē）という言葉やラテン語のマテリエス（materies）という言葉は木材という意味と同時に素材という意味を持っているわけである。このように木材は素材として重要視されただけに、木材の種類、産地、樹齢、生育状況については詳細な知識がもたらされ、その伐採の時期や時間についてもさまざまなタブーが生まれるまで関心が持たれていた。一般に山で伐採された木材は河か運河によって海岸に運ばれてきて、そこから需要地へ船で運ばれたようである。イタリアの中部を西へ流れるティベル河上流の木材は直接にローマに陸上げされたが、アルプスの木材はポー河を下り、アドリア海沿岸のラヴェンナに集められた。遠方では、カフカーズの木材は黒海沿岸の港コルキス（今日のグルジアの海岸部）に集められた。ローマ市の木材市場は、ティベル河沿いで、外港のオスティアに近いポルタ・トリケミナ（ローマ市の南部）にあったようである。

これらの木材で造られたものが、まず船である。全体が木製であるが、とくにマストや龍骨用には真っすぐな良質の木材が必要であった。さらに宮殿や劇場や公共施設にも使われた。一般の家屋についても同様である。石や煉瓦が用いられるようになってからも、横梁りやたるきには木材が使われたし、手すりや階段もそうである。ドアとその枠組、屋根もまた木であるのが一般的であった。家具や諸々の道具については言うまでもない。その頃の農具、工具、馬車、荷車もみなそうであった。

グレコ＝ローマ文明のもとにおける森林は、このように尨大な需要に応えなければならなかった。エネルギーのみならず、何から何まで森におんぶしなければならなかったのである。(5)

## 森林破壊

牧畜によってのみならず、この巨大な木材消費による森林破壊は凄まじいものがあったし、狩猟や焼畑のための野焼きもまた引き続き行われた。これらの原因の総合によって地中海世界の森林破壊はまたたく間に進展することとなった。それは地中海の南から北へ、東から西へ、低い所から高い所へと拡がっていったのである。この拡大はギリシア古典時代のギリシアの人たちにとっては充分に意識することができる事件であった。

プラトン（前四二七〜前三九九）はアッティカ（アテナイの周辺）における森林破壊について次のように述べている。

「今を昔に比べると、小さな島ではよく見かけることだが、病人の身体が骨ばかりになっているように、肥沃で柔らかな土壌はことごとく流出し、痩せおとろえた土地だけが残されているのである。

だが、かつての国土は災害にあっていなかったから、山々は土におおわれた小高い丘をなし、今日〈石の荒野〉と呼ばれているところには、肥沃な土壌に満ちた平野が拡がっていたし、山々には木々の豊かに茂る森があった(6)」。（『クリティアス』）

ギリシアだけではない。ローマのリヴィウス（前五九〜前一七）は紀元前四世紀のイタリアについて次のように言っている。

「あの頃は、キミニアの森は今日のゲルマニアの森の道よりもずっとうっそうとしていて、人を通さぬ物凄いものだった」(7)。

ストラボ（前六三〜後二一）によれば、ピサの周辺の森はローマの公共建築物や家屋、ローマ人の派手な別荘のために使い尽くされたとされている。

彼らのみではない。他の多くのギリシア、ローマの文筆家たちはみな森林の喪失について嘆いているといってよい。ついにはグレコ＝ローマ文明にとっての木材資源は、ギリシアの北のマケドニア、アルプス山中、北アフリカのアトラス山脈、黒海沿岸、コルシカ島、レバノン、キプロス島ぐらいになってしまったのである(8)。

森林破壊の結果は単に木材資源の喪失に終わるものではなかった。それは次々と深刻な環境の破壊を引き起こしていったのである。その第一は、森林の破壊が土地の保水能力の喪失をもたらしたことである。地中海沿岸は冬雨地帯で、それほど雨量は多いわけではないが、集中して降る場合が多く、しかも傾斜地帯が多い。夏に雨があるときは、ひどい雷雨になりがちである。したがって、森林の覆いが取り除かれ、土壌が露出している場合は、奔流がどこにも吸収されることなく流れ下った。それは他方で水源を涸らして、水の供給をむつかしくするとともに、流れ出した土砂は谷や低地を埋めて、水はけの悪い不健康な土地にしてしまったのである。

ローマ人の記録によれば、ティベル河の洪水が増えるのは紀元前三世紀からである（最初の洪水は紀元前二四一年のことだという）(9)。それ以前は通年にわたってほぼ同じように流れていた河水が時季によって増減し、泥水となり、長い地中海世界の夏には水は干上がり、泉は涸れてしまったという。またある研究によっても、ローマ附近の土壌浸蝕が劇的に進行するのは紀元前二世紀からである。それは土地改革の結果として広大な開墾が行われた時期でもある。これはローマに限られたことではない。アルプスの木材が流されるポー河についても同様であって、ポー河河口の港町ラヴェンナは土砂に埋まって港としては使えなくなるのである。ギリシアでも、あの有名なテルモピュレー（紀元前四七九年、ペルシア軍とギリシア諸都市の軍隊が戦ったところ）はスペルヒオス河口の海と断崖との間の狭い険阻な道であったけれども、河が吐き出す土砂によって河口のデルタが拡がり、海岸線がかつてより海側に五マイル（約八キロメートル）も移動したと言われている。

この土壌浸蝕は土地を不毛にしてしまうばかりでなく、広い低湿地を作り出し、そこをマラリアの巣にしてしまった。また紀元三世紀から地中海世界のあちこちで土壌浸蝕による産業生産力の低下が問題にされ始める。それは食料不足を引き起こし、ローマ帝国の崩壊まで人口を下降させていった。この人口に大いに関わりがあるのが、マラリアである。この病気がオリエントからローマに伝わったのはかなり早かったと思われるが、それが猛威をふるうのは土壌浸蝕が進行して、低湿

地が拡がってからである。そのため、ローマ市附近でも大量の土地が放棄されたのである。(10)

## 2 アルプスの北側の農業と森林

### 西ヨーロッパへの農業の伝播

ムギを裸の水(灌漑)と出合わせて生育させることによって成立したオリエント文明と対照的に、ムギを降雨による土壌中の水分によってのみ栽培したグレコ＝ローマ文明は、雨をいかにして効果的に利用するか(労働効率アップ)に集中していた。しかし、その間に森林の問題でなすすべもなく破綻して、河の水によって裏切られてしまった。

これに対して、森との関係に関心を集中して、限界にぶつかり、森林とのバランス回復を目指す一方で、森林と耕地との矛盾を海外の植民地拡大によって隠蔽しようとしたのが西ヨーロッパ文明としてのアルプスの北側である。

ヨーロッパはユーラシア大陸の西端の半島である。この半島がさらにいくつかの半島(スカンディナヴィア半島、デンマーク半島、ブルターニュ半島、イベリア半島、イタリア半島、ギリシア半島)といくつかの島嶼に分かたれている。そのため面積に比較して、地中海世界よりも焦点が北西にずれた西ヨーロッパ世界は長い海岸線を持つばかりでなく、内部はいくつかの河川と山脈によって分かれ、それぞれ他と区別される小地域をいくつも存在させている。

緯度的には北緯三五度から七〇度まで南北に広く拡がっており、したがって、気候は亜熱帯から寒帯までさまざまな地方があるわけである。その中核はアルプス以北の落葉広葉樹林地帯で、冷涼であるが、西側をメキシコ湾流が北上してきているので、他の地域の同緯度の場所と比較すると一般的に温暖であると言えよう。そこでは西から東へと移動する低気圧によって年間雨量は一〇〇〇ミリ内外であり、ともかくも湿潤地帯で、ムギの生育は降雨だけで充分であった。耕地を取り囲む植生の代表的な樹木はオーク（カシワ）で、そのどんぐりこそ森林に放たれた豚がむさぼり食べたものである。(11)

この地域に農耕が入ってきたのは、紀元前第六千年期からであろう。それは八五〇〇年前から始まる気候の温暖化の波にのって急速にヨーロッパ全域に伝播した。そのルートは二つあり、一つは海路によって、もう一つはドナウ河の流域をさかのぼって、北西に進んだのである。彼らがいわゆるダニューブ人（ダニューブはドナウの英語名）であって、彼らが耕作したのは、レース（黄土）と呼ばれる軽い土壌のあるところである。その頃には、アルプスの北側にも氷河期の終了後（一万二〇〇〇年前）から樹木が北上しており、ブナやカシワを中心とする森林に蔽われていたが、レース地帯は原始的な農具によっても比較的開墾しやすかったのである。

ダニューブ人は開墾した畑に小ムギと大ムギを一〇年から二五年にわたって播種＝収穫し、地力が枯渇すると放棄して、新しい土地に移動した。こうして紀元前四四二〇年までに彼らはのマグデブルク（ドイツ北西部）にまで達しており、紀元前三〇〇〇年までにその拡大は限界に達している。

しかし、そのときまでに他の二つの集団（線帯文土器文化の集団と押圧文土器文化の集団）もヨーロッパにやって来て、前者は東南からデンマークに入り、後者は海で地中海沿岸からスイス、イギリスにまで浸透してきていた。

これらのヨーロッパ開拓の基本は森林の除去であり、そのための道具は火と斧であった。新石器時代においては当然に斧もフリント（火打石）その他の硬度な石製であったが、やがて金属がやってくる。紀元前二〇〇〇年より紀元五〇〇年にかけては銅器＝初期鉄器時代であるが、この時代には金属はまだ農民にとってあまりに高価なものであったし、西ヨーロッパでの森林の開墾はほとんど進展しなかった。その末期には南からグレコ＝ローマ文明が浸透してきたけれども、西ヨーロッパではすでに開拓された地域内において定住化が進み、居住者の密度が高くなっていた。

そのため重粘土質の土壌の地域はまだまだ深い森に蔽われていた。カエサルが紀元前五七年にガリア征服を行った頃はどこまでも森が続いていたというし、[12] タキトゥスの時代（紀元一〇〇頃）のゲルマニア（今のドイツ）も次のような状況であった。

「土地はその姿に幾分の変化はあっても、一般よりすれば森林に蔽はれて物凄いか、或は沼地が連なって荒涼たるもの、しかもガリア諸地方に面する方は湿潤が強く、ノーリクム、バンノニア［今日のオーストリアの西部分と東部分］を望む地方は風がはげしい。土地は農産には豊饒であるが、果樹［主にブドウのことか］を生ずるに堪えず、また家畜は豊富であるが、その体はおおむね小さい(13)」。（タキトゥス『ゲルマーニア』）

のみならず、ローマ帝国の衰退期、とくに六世紀になると全ヨーロッパで森林が拡大したという。この傾向が終わり、再び人間による開拓が始まったのは八世紀、シャルルマーニュ（フランク国王、西ローマ皇帝の後継者）の時代からである。それは単なる開拓の再開ではなく、新しいダイナミズムによる農業の発展であった(14)。

## 西ヨーロッパ文明特有の農業の開始

シャルルマーニュは役人に、「能力ある人がいれば、開墾のための森を与えること」と命令している。すでに鉄器が普及していたので、鉄斧で木を伐ることができたし、重い粘土質の土壌を耕すこともできたのである。すなわち、ゲルマン犂と呼ばれる強力な武器が今や農民の手に存在したのである。

グレコ＝ローマ文明において使用された犂はアラトルムと呼ばれ、乾燥地帯向きの農具であった。それは土地の表面を浅く引っ掻くだけで、すき跡の間の土は掘り返されずに残ったので、縦に耕起が行われると、次に、直角に横に耕起が行われねばならなかった。そのため畑の形も一般的にこの耕起作業にふさわしく、方形ということになるわけである。ローマ時代においては、西ヨーロッパでもイタリアからの入植者や先住のケルト族がこのアラトルムを使用していたが、これでは水はけのよい台地の軽い土は耕せても、湿気のある谷間の重い土を掘り起こすことはできなかった(15)。

　重い土の地形を農地とするために活躍したのが、英語でプラウと呼ばれるゲルマン犂（図10）である。この犂は三つの部分からでき上がっている。まず垂直に土を切り裂く犂刀《りとう》、次に水平に土を切る犂先《りせん》、そして掘り崩した土を一方に盛り上げる犂べら（撥土板）である。これを数頭の牛あるいは馬で牽引することによって耕起が行われるのである。その際、大規模な犂であるが故に方向転換がわずらわしく、一直線に耕起するのが能率的であるところから、方向を安定させるために車輪を取り付けることが多かった。

図10　ゲルマン犂（シャーリュ／長床犂）

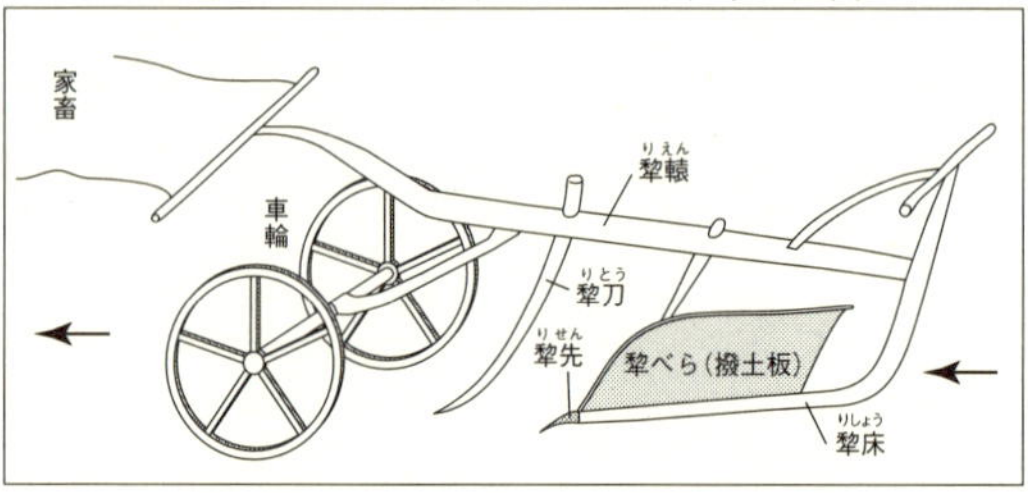


　この犂は六世紀に東ヨーロッパのスラヴ族の間に最初に出現したと言われるが、六四三年には西イタリアの文書にプロヴゥムの名によって現れる。おそらくこの頃までに西ヨーロッパに広くこのタイプの犂が普及していたと思われるが、同時にそれは新しい耕地形態を生み出すものとなった。まず、犂の性能からして耕地は細長い長方形の地条《ちじょう》（帯状の耕地）という形になった。この地条がいくつか集まって耕圃を形成したのであるが、地条の間には垣根は作られず、さらに共同体の一人一人の農民の経営地は地条としては入り混じっていたので、開放耕地制および混在農地制と呼ばれるものとなった。

このゲルマン犂とこれらの耕地制が普及してゆくことによって、ローマ時代から開墾されていた地域（例えばネーデルランド地方）では方形の耕地が細長い地条に細分されたばかりでなく、新しく開拓された地域（例えばブリテン島）では当初から地条として開墾されたのである。本格的な開墾運動が始まった時期は、今日発見される灰（森林を焼いたときのもの）の分析から紀元後六五〇〜七五〇年までと推定されている。

この開墾運動の進展は、同時に、新しい農法＝輪作体系の普及でもあった。上述のように地中海世界の農法は二圃制で、畑は二分され、そこで交互に耕作が行われた。秋に穀物の種子が播かれて、次年の晩春に収穫される。そしてその畑は一年以上そのまま放置され、再び播種されるのである。それは冬に雨の降る地中海沿岸地方にとってはふさわしい農法であったが、西北ヨーロッパのローマ人のコロニー（入植地）でもそのまま実行された。しかし、花粉分析によれば、北ヨーロッパでは春に播種し、秋に収穫する農法が古くから行われていたようである。それで八世紀にこの北ヨーロッパの農法とローマの農法とが結合して、三圃制が誕生したとリン・ホワイトは考えている(16)。

この三圃制のもとでは、全村の耕圃が三つの耕圃群に分けられ、それぞれが一サイクル三年の耕作を行う。すなわち、三つの耕圃群のそれぞれを形成する各耕圃単位について言えば、まず、小ムギないしライムギの種子が一年目の晩秋に播かれ、二年目の晩春に収穫される。そしてそして三年目の早春にカラスムギないし大ムギが播種、夏に収穫されるが、その耕圃は何も栽培されないまま休閑とされて、四年目の秋から再び同様のサイクルが始まることになる。かくて、耕地全体が三分され、それぞれの耕圃群には同じサイクルを一年ずつずらした輪作の三つの局面が割当てられて、それぞれ三年で一回転するというわけである。この輪作の特徴の一つは、三年に一度春に播種されず休閑地となった畑は開放耕地として家畜群を放牧・開放するほかに、気候条件からくる霰《あられ》などのリスクを分散する目的で各経営農民の地条が混在しているため（混在耕地制）、農民は共同体を構成していたことである。これは重量のある犂を牽引する一〇頭近い家畜を調達するための相互協力も促進した。さらに家畜を飼育するために、休閑地ばかりか、耕地の外側に拡がる荒蕪地や森林、湖沼からなる共同地も準備された。

この農法のもう一つの特徴は、大量の家畜のエネルギーが活用されたことである。人間の労働力以外に家畜の動力を農作業に組み入れたことは、西ヨーロッパ文明の顕著な特質をなすものであるが、それだけに畜力利用法の改良も進められた。家畜が牛から馬へ転換されたこともその一つである。馬のエネルギーは牛よりも一・五倍ほど大きいし、その運動に速力があり、より長い時間使用できる。もちろん、そのための飼料として、より良質なものが必要であるが、それには三圃制における春播きのカラスムギが充てられた。さらに新しい繫駕法（馬を車につなぐ方法）が発明されることで、馬力の利用法が五、六倍高められた。それまでのくびきは牛用のものであったが、新しいくびきは肩で牽引することとしたので、馬の呼吸や血行が容易にされたのである。

馬の利用によって農民は短時間に作業地点に行き着くことができるようになった。そのため、耕地の中に農家が点在するそれまでの散村から一カ所に集中した集村への動きを加速した。また、馬

図11　北ヨーロッパ内陸部の田園

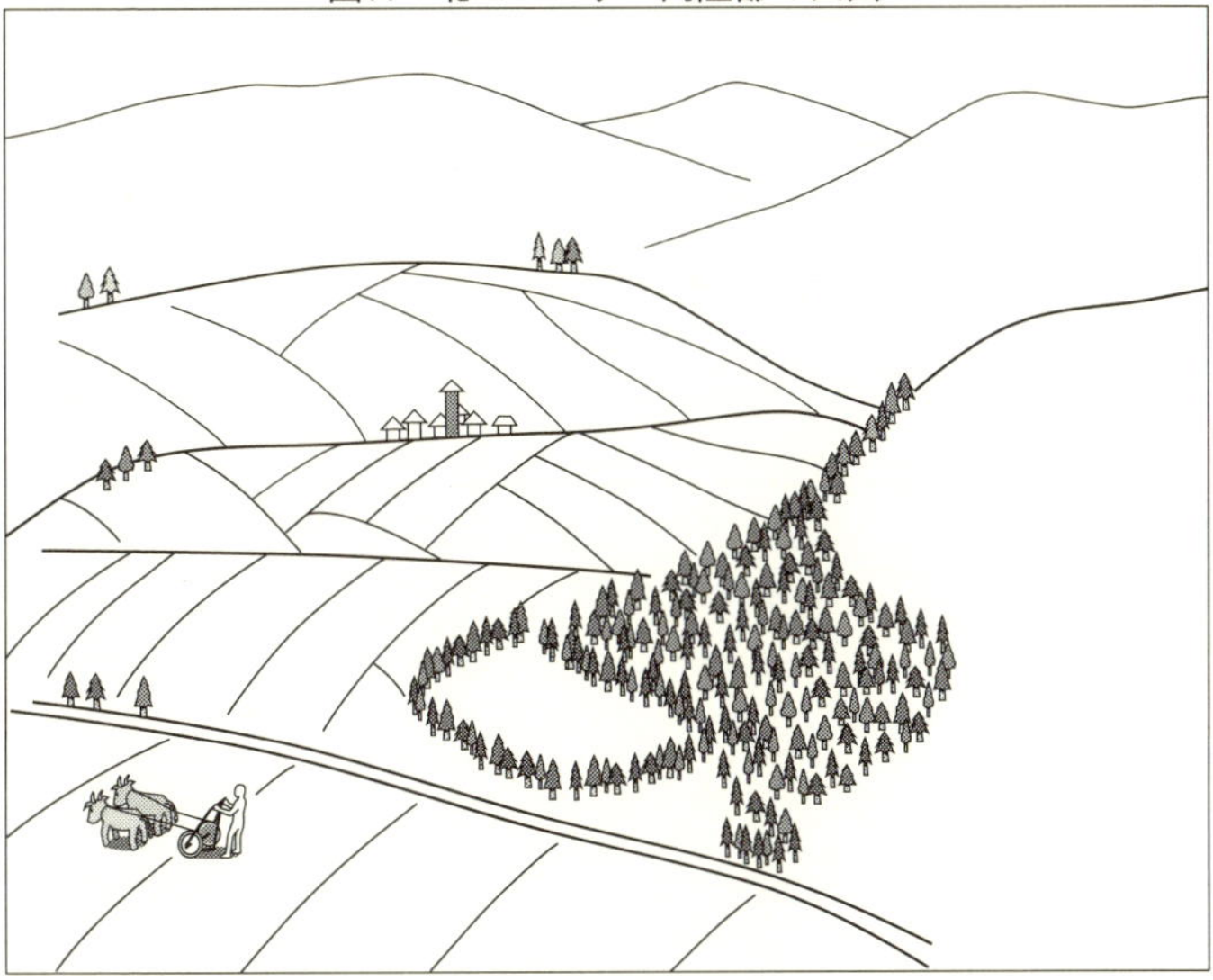

車の能力をローマ時代の牛車の三倍以上に高めたので、より遠距離にある市場へ産物を供給することもできるようになった。

もちろん、この三圃制によって西ヨーロッパが一色に塗りつぶされたわけではない。マルク・ブロックはアンシャン＝レジーム末期におけるフランスの土地制度を北部と東部の長方型開放耕地、南部の不規則開放耕地、樹木に取り囲まれた西部の囲《い》繞《にょう》耕地（いわゆるボカージュ）の三類型に分類している。このうち、北部と東部の長方形開放耕地は西ヨーロッパ固有の三圃制によって耕作されているのに対し、南部の不規則開放耕地は地中海世界型の二圃制によって、また、西部の囲繞耕地は古代からの北ヨーロッパの農耕に系譜的に連なるものであろう（図11）。しかし、西ヨーロッ

図12　ヨーロッパにおける二圃制と三圃制

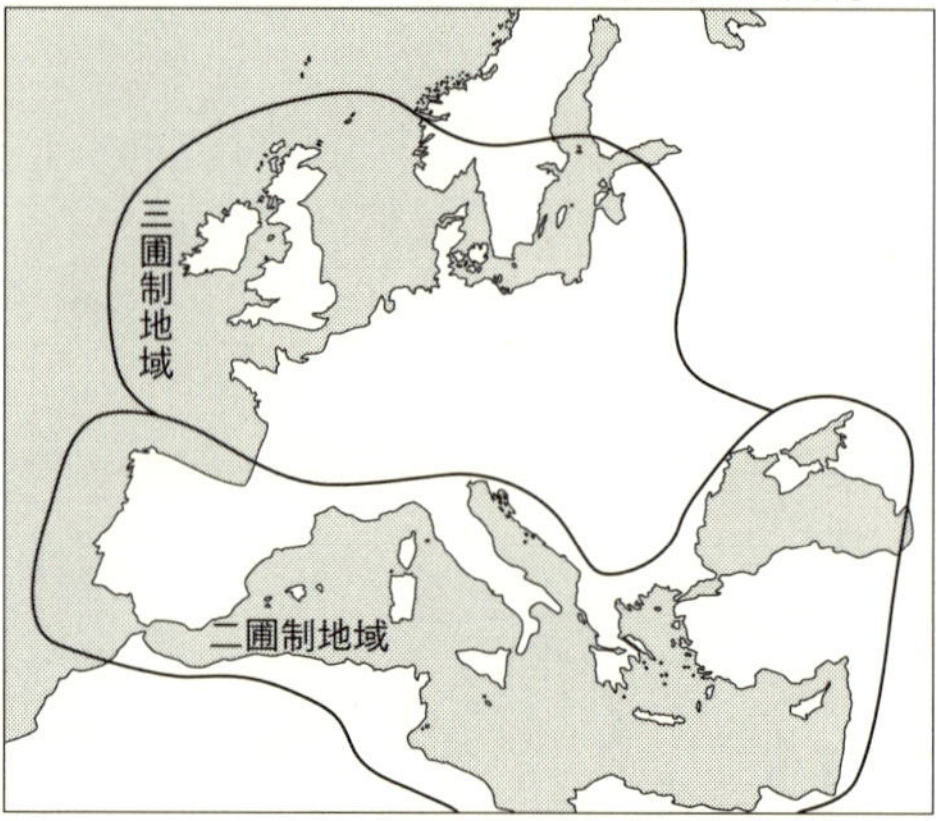


パを文明として作り上げたのは三圃制であった。それは西ヨーロッパの経済的中心を地中海沿岸から西北ヨーロッパに移動させたのである[17]（図12）。

## 森林との戦い

この新農法は、水分不足の脅威からとりあえず解放されたところで、森との戦い（および調和）を最大の問題とした。この新農法を武器として、森は次々と伐採され、耕地化されていった。これに対抗したのはわずかに領主だけであるが、彼らは自らの狩猟の場を守るために抵抗したのである。今日では「森林」の英語として、フォレスト（forest）とウッド（woods）の二つがある。ニュアンスとしてフォレストは鹿が住めるような広大な森林を指すのに対して、ウッドは兎が住んでいる程度の比較的狭い森ということになる。もともとフォレストは法的には〈森林〉ではなく、国王が鹿狩りのために設定した広大な〈禁獣区域〉を意味するものであった。そこではコモン法（市民法）ではなくフォレスト法という独自の法が適用され、独自の裁判所と官僚制度が維持されていた[18]。

イギリスは一〇六六年にノルマン人（ヴァイキングの後裔）によって征服された。征服王ウィリアム一世は全国土で大規模な国勢調査を行う。それは各マナー（荘園）ごとに耕地や牧地の状況と面積、農民や農奴の人数などを細大漏らさず調査し、『ドムズデイ＝ブック』（国勢台帳）として一〇八六年にまとめられたが、その調査にあたって森林にフォレストが設定され、設定されなかった林はウッドとなった。その結果、広大な林地は禁制区とされたため、これを利用することができない農民は困りはてた。不満を持つ農民がたまたま禁制を侵犯したときには苛酷な罰が待っており、フォレストは民衆の怨嗟の的となったのである。

このフォレスト（禁制地）の面積はわからないが、一四世紀初めのイングランドには六八のフォレストがあったとされている。直接、間接にフォレスト法の適用範囲に入っていた土地は国土面積の五分の一とも半分とも言われている。このことはイギリスのみならずヨーロッパ大陸諸国でも同様であった。フランスでも農民は村落共同体の共同地の森林だけを利用することができ、それ以外は禁猟地であって、林務官によって管理されていた。ドイツでも中世を通じて領主と農民が森林をめぐって対立しており、一六世紀「宗教改革」当時の農民戦争の要求事項には、森林所有権の村落共同体への返還や、狩猟権の万人への解放という項目が入っていた(19)。

このような小規模なブレーキはあったものの、フォレスト法への反対は、それ自体は森林保護の意志を表したものではないし、必ずしも森林の耕地化に反対するものでもない。怒濤のような開拓の勢いには抵抗すべくもなく、かくして、一一世紀から一三世紀の森林掃蕩によって今日の西ヨーロッパが作り上げられてゆくのである。そしてその尖兵こそ三圃制であって、その推進者として最初の記録に出現するのが七六三年の聖ガレン修道院（今のスイス）であるように、ローマ・カトリックの修道院であった。

西ヨーロッパの修道士はその他の世界の修道僧が苦行による神秘主義を求めていたのと違って、禁欲（industria）による「祈りと労働」によって自己と現世を変革した。それは「聖ベネディクトゥス会則」に集約して表現されているが、修道士とは信仰のために世俗的な快楽を捨てて、独身貞潔の誓いを守り、清貧に甘んじて日夜勤労をいとわぬ日課に生きる人たちであった。かくて、開拓事業においてはベネディクトゥス派、次にシトー派の修道院の活動が有名なのである。とくにシトー派は一二世紀末には五〇〇の支院を西ヨーロッパに持って、そのいずれもが森林開墾と新農法を活動の中心とした[20]。

当時の修道院は、古典古代の文明の保存者であるとともに、文化の中心であり、技術革新の場でもあった。開墾のみでなく、水車、風車の普及センターであった。これらの技術と真摯な信仰に裏づけられた精神力が巨大な自然征服のうねりを生み出したのである。そして、それは西ヨーロッパからたちまちのうちに多くの森林を消滅させることとなった。

この状況に対し、農民が危機感を持たなかったわけではない。必要な木材を入手するためにさまざまな策を講じている。

農民にとって、真っすぐな木材が求められる建築用材に対する需要は限られていた。求められたのは、日常の燃料や補助的な建材（柵や垣根など）として使われる細い雑木の恒常的な供給であった。この目的のために農民が工夫したのは次の二つの方法である。その一つは〈ポラード〉と呼ばれ、ブナでもニレでも落葉広葉樹なら何でもよく、木の幹を地上から二〜三メートルのところで切る方法である。これにより幹の成長は止まるが、次の年の春には切られた部分から数本の若枝が出る。二〜三メートルの高さだと鹿などに食べられることもなく、すくすくと育つ。この枝を数年後に使うのである。

もう一つは〈コプス〉と言って、地上すれすれのところで木を切る方法である。これにより次の春には若枝がいっせいに芽ぶく。その一部は動物に食べられる恐れがあるが、地中に残った根の生命力は旺盛で、数十本の若枝が育ってゆく。この場合、木の寿命は一本立ちの高木より長くなるようである。この方法は耕地化して消えた森林のところどころに残って、のちのちまでイングランドの特色ある風景を作り、農民に雑木を提供し続けた。

### 森林消滅の結果

とはいえ、森林の耕地化のダイナミズムは、森林の消滅の限界が見え、その影響が現れるまでブレーキはかからなかった。すでに一三世紀には森林の面積は現代よりも少なくなっていたと言われている。それは木材の不足を感じさせるまでに至っていたが、社会に直接的に影響を与えたのは、開拓熱のあまり、農耕に不向きな限界生産地まで開墾したことと、その生産物を上まわるほどの人口増が生じたことである。それに折からの気候の寒冷化もあって、もともと冷涼の土地であっただけに、農業生産の不振が引き起こされた。それにかぶさって、都市と農村における過剰人口はペストの蔓延による死亡者の増加を促した。一四世紀の社会的危機はこのようにして訪れたのである。

この一四世紀の危機によって西ヨーロッパ文明は調整され、近代文明として生まれ変わってゆく。農地の拡大のダイナミズムが屈折させられ、フランドルから「科学的四輪作法」が拡がってゆくことで、西ヨーロッパの食料問題が解決され、人口が再び増加し始める。この農法は小ムギ（秋播きのムギ）、カブ、カラスムギ（春播きのムギ）、豆科植物（クローヴァーその他）の四つの作物を使った一サイクル四年の輪作をモデルとするものである。この輪作によって土地の疲労がいやされ、地力が回復し、三圃制による休閑を廃止することによって、耕作地の三分の一を増やすこととなった。さらにカブや豆科植物を栽培することによって、大量の家畜を舎育することを可能とした。西ヨーロッパに本格的な酪農が生まれたのは、その結果である。

ただし、この「科学的四輪作法」を可能とするには、一つの条件があった。その条件とは、中世における開放耕地制、散在耕地制が否定され、耕地が囲い込まれるエンクロージャの採用である。それは農民によって行われることもあるし、地主によって行われることもある。前期におけるエンクロージャが耕地を放牧地とし、毛織物産業の発展による羊毛の需要増に応えるものであったのに対して、後期におけるそれはもっぱら「科学的四輪作法」のためであった。いずれにせよ、それは農地の私的所有をもたらした。そして共同体の解体は、続く「産業革命」のためのプロレタリアートを作り出した。

一四世紀の危機によって回復し始めた森林は、一五世紀から一六世紀にかけての資本主義の芽生えとともに、燃料としての木材を求める製鉄業、ガラス産業等の勃興によって、再び壊滅の危機に追いつめられる。しかし、このとき、燃料不足に対する一つの解決として石炭が取り上げられる。石炭は「シー＝コール」と呼ばれ、すでに中世ロンドンの暖房として使用されていたが、一五世紀からのそれは「初期産業革命」と呼ばれるほどの規模であった。しかし、当時における石炭の弱点は、その需要が最も大きい製鉄業には使用されなかったことである。それは石炭に含有される硫黄分が鉄をもろくしてしまうからである。この問題が解決されるのは、一八世紀末に本格的な「産業革命」が始まって、鉄の需要が増大し、それに応えるために、石炭をコークスにして製鉄のエネルギーとすることを可能としてからであった。

したがって、一五世紀後半から始まる西ヨーロッパの新しいダイナミズムは、その限界にたちまちぶつからざるをえないものであったが、それを解決させたのが西ヨーロッパの海外進出である。一四九二年のコロンブスによるアメリカ「発見」は「大航海時代」の幕を切って落としたが、その契機はポルトガル人によって行われたイスラーム勢力からのインド洋の奪取と東シナ海への進出である。これは、リスボン→ケープ・タウン→モンバサ→ゴア→マラッカ→マカオ→ナガサキという大幹線の創造にあった。またスペイン人によるアステカ（メキシコ）とインカ（ペルー、ボリビア）の征服は金銀の採掘が目的とされた。しかし、イギリス人が一七世紀に始めた植民活動は、ヴァージニアやニュー＝イングランドといった白人の定住を可能とする温帯に向けられた。こうして今日のカナダ、アメリカ、オーストラリアという英語国が作り出され、西ヨーロッパ人は「産業革命」によって手に入れた道具で、アメリカのフロンティア「西漸運動」に見られるような土地の征服を行うのである。

三圃制に見られるような、農作業における家畜のエネルギー利用という伝統を持つ西ヨーロッパ人がトラクター、コンバインなどの農業機械を発明したのは、自然の成りゆきであった。アメリカについて見れば、西ヨーロッパ人がこの土地に適応し、広大な合衆国の領土を開拓できた風土的条件には三つある。まずこの地域は、すべての温帯農作物の生育を可能とする温度幅にすっぽりと入っていること。七月の平均気温は北端の一八度から南端の二九度まで拡がっているが、それは北部の春播き小ムギから、南部の綿花やサトウキビまで、多様な作物が栽培できることを意味する。二つ目は、雨量は大西洋とメキシコ湾の沿岸において一〇〇〇ミリから二〇〇〇ミリで、おおむね西に行くほど少なくなること。三つ目は、この地域には平坦地が多いことで、これは耕地化がしやすかったことを意味する。

以上のことは、最初に西ヨーロッパ人が取りついたこの地域の農業条件が、故郷のそれに類似したものであったことを教えるものである。ただ違っていたのは、土地があまりにも広大であったこと、次に労働人口が不足していたことである。これらの問題を解決するものが、南部では黒人奴隷であった。しかしそれ以外の地域では別の解決策がとられた。それが農業機械や汽船、次にはエリー運河をはじめとする中西部とニュー＝イングランドとを結ぶ運河、そして農産物の長距離大量輸送を可能とする鉄道であった（映画「エデンの東」を思い起こせ）。

農業機械は一八世紀以来、イギリスやフランスで漸次工夫されてはきたが、実用可能な最初の農業機械として挙げられるのは、一八三一年にヴァージニアのサイラス・マコーミックによって発明された刈取機である。それは一八四五年に本格的に生産を開始して、一八四八年までに七七八台を売ったが、この年に彼はシカゴに工場を移し、そこでコンヴェヤー・ベルトによる流れ作業と互換部品制による大量生産を発展させてゆくのである。[21] この刈取機がやがて刈取りから脱穀までの一切をやるコンバインにまで発達するのであるが、そのために必要なのが、動力の機械化である。まず一八七〇年までに蒸気機関を使ったトラクターが出現する。しかし不便だったので、一八九二年には内燃機関を使ったトラクターがジョン・フレーリックによって発明される。それを受けて、ヘンリー・フォードは一九〇八年に自動車「モデルT」を開発し、またトラクターの製造もデトロイトで本格的に開始して、一九一五年までに大量生産に入ったのである。

### 水との出合い

この間、大陸横断鉄道が完成し、フロンティアは消えたが、それはアメリカをして新しい問題に当面させることとなった。新しい問題、それが〈水〉の問題である。西ヨーロッパはそれまで農業において〈水〉問題に無関心でいることができた。森林の減少・消耗による木材不足には苦しんだが、一四世紀の危機の中で森林の再生が可能なほど〈水分〉は豊富にあったので、水を意識する必要はなかったのである。それに加え、石炭という化石燃料で補う道も開けた。最大の矛盾のはけ口は海外にあった。一六世紀以後、西ヨーロッパ人はアメリカ大陸を占拠し、そこで開拓のエネルギーを発散させていたのである。

しかし、この前進の進路の中で西ヨーロッパ人はそれまで経験したことのない自然にぶつかり、そこに在来の感覚で突入していったとき、当然に自然の反撃を受けることとなった。それが西部で起こった土壌浸蝕である。

アメリカ合衆国は西へ行くと、それに従って雨量が少なくなってゆく。ミズーリ河地域の年間雨量は一〇〇〇ミリを切り、さらに西へ少し進むだけで五〇〇ミリすら切る。この水分不足の草原で犂耕したり、放牧したりすることは、よほどの注意をしない限り、危険極まるものであった。土地はたちまち疲労してしまい、表皮を引きむかれた。裸の大地はこの地方特有の強風や突風に無防備のままさらされてしまったのである。災害は一九二八年に始まる乾燥期において深刻となり、一九三四年に最高潮に達した。大量の土砂が風によって巻き上げられて土の雲となり、やがて地上に積って、所によれば二フィート（約六〇センチメートル）にもなって作物を埋めた。

災害地域は中北部のノース＝ダコタから、南部はオクラホマをへてテキサスまで及んだ。ジョン・スタインベックの小説『怒りの葡萄』（一九三九）は一九三三年から二年間にわたって砂嵐に襲われたオクラホマの貧農ジョード一家の物語であるが、そこには次のような描写が見られる。

「風は更に強まり、石ころの下をこすり、藁や落葉を運びさる。そればかりか、小さな泥さえ運びさり、それが畑を横切るさまがよく見える。大気も空も暗くなり、その向こうの太陽が赤く輝く。そして空気の中に生々しい草の匂いがする。夜になると、風はますます土地一帯に吹きつのる。トウモロコシの小さな根と根との隙間をほじくる。トウモロコシは衰弱した葉をたてにして闘うが、ついにその根をほじくる風に引抜かれ、どの茎もみな一方にぐったりと片寄せられ、風のゆく方向をさし示す(22)」。

今や土壌浸蝕の危険は合衆国の農業を脅かしていると言える。第二次世界大戦後のアメリカ農務省の特別調査報告書によれば、合衆国における土壌資源の破壊の第一の原因は表流水による浸蝕であって、一九七七年には四〇億四四〇〇万トンの土壌流出があったという。第二の原因は風によるものであって、一九七七年には一四億六二〇〇トンの土壌が移動したという。これらの土壌破壊の半分以上は穀物畑で、三分の一は放牧地で起こったという。森林や牧草地における土壌の喪失はごくわずかなものである(23)。

一九三〇年代の災害以後、四〇年間にわたって小康を保ってきたにもかかわらず、再び土壌浸蝕が一九七〇年の初めから激しくなってきた理由は、それまでの農業生産においては限界生産地まで手をつけることはなく、充分な余力を残していたのであるが、その後の食糧輸出の急増に押されて穀物畑(主としてトウモロコシと大豆の畑)が急激に拡張された結果だという。その結果として、

輸出ブームに沸いた最初の三年間だけでコーンベルトにおける土壌浸蝕は三九パーセントも増加したのである。(24)

西ヨーロッパ文明の前進はついに、それまで経験しなかった〈水分〉不足という虎の尾を踏んでしまったのである。それへの対応として選ばれたのが地下水の汲み上げであるが、その貴重な水も濫用されている。合衆国における淡水供給の九七パーセントは地下水のそれであるという。広大な国土であるから、尨大な水資源が地中に眠っているはずであるが、地下水位の毎年の低下によって、将来における地下水の枯渇は不可避である。すでに枯渇が明らかになっている地域の一つがテキサス西部、ニューメキシコ東部の高原地帯で、これらの地域では地下水からの用水供給の可能性が年々減少し、数百万エーカー（数万平方キロメートル）の灌漑地が危機に瀕している。(25)

## 3 モンスーン地帯の農業

### 南アジアと東アジア

西ヨーロッパ文明は、グレコ＝ローマ文明を卒業したときに、生産における水や〈水分〉の問題に心を労することを忘れてしまったのである。もちろん、日常の生活では飲料、洗濯、料理、沐浴のために水とつき合うことは当然のように行われている。しかし、生産＝労働の場面においては水の問題は自明すぎて意識の表明から消去されていた。それが突如として、ゴー・ウェストの掛け声とともに西漸運動をする中で素面の水と出合わなければならなかったのである。それは文明史的な大事件であった。しかし、今日に至るまで、この事件の意味をそのスケールに等しいレヴェルで西ヨーロッパ人は理解しえていない。

西ヨーロッパの文明、それはムギの文明と言い換えてもよかろう。そしてそれとは異質な東アジアの文明、これをコメの文明と言い換えてもよかろう。しかし、西ヨーロッパ文明は自分たちとは違ったコメの文明が地球上にあることを、またその存在意味を、今に至るまで理解することができないでいる。このことは、一九三〇年代のアメリカ人が行った水を取り扱う手法、すなわち、一九世紀に始まる大量生産＝大量消費の手法を通して端的に知ることができる。その結果が二一世紀に起こるであろう、いや、すでに二〇世紀後半から始まっている人類の悲劇につながっていることに彼らは気づいていないのである。

ヨーロッパ人がアジアを知ったのは古く、ギリシア人へレニズム文明（前四〜前一世紀）の中でインドを知ったことが最初であろう。紀元後一世紀においてなおギリシア人が海路インドへのルートに関心を持っていたことは、『エリウトラ航海記』（一〜二世紀にギリシア人によって書かれた紅海地域からインドへの航海記）によって知ることができる。その後、七世紀におけるイスラームの勃興によって西ヨーロッパはインドへの道を封鎖された。マルコ・ポーロは、一三世紀の大モンゴル帝国の成立によって、陸路、ステップ伝いに中国まで行くことができ、またインド洋の制海権がモンゴルの手中となったことによって、海路、ジェノヴァに帰ることができたが、それは一つのエピソードにすぎない。西ヨーロッパ人が本格的にモンスーン・アジアの中心に入り込めるようになるのは、一四九八年にヴァスコ＝ダ＝ガマが喜望峰経由の東アジア航海を開発してからである。

この間、インド洋を交通路として、単にトルキスタンからモロッコまでの乾燥地帯のみならず、ベンガル（バングラデシュ）からインドネシアにかけての地域にも地歩を築いていったのが、オアシス社会から生まれたイスラーム文明である。このためムスリムたちには水の重要さが骨身にしみていた。しかしそれだけに、アジアの文明の特徴を洞察するまでには至らなかった。ムスリムらは夏作作物と冬作作物を組み合わせて独特な農法を生み出したものの、水が溢れる風土とそれをふまえた社会には眼がとどかなかったのである。同様にポルトガル人もオランダ人も、ともに南アジアの社会的特性、例えば、インドのカースト制やインドネシアの二重社会（ブーケ）、三重社会（ファニヴォール）は考察したが、さらにもう一歩進めなかった。あえてその一歩を進む姿勢を示したのは、インドを内側まで掌握したイギリス人である。

アダム・スミスは中国と「いくつかの他のアジアの政府」における水力事業の相似性に気づいていた。のみならず中国、古代エジプト、インドの支配者の収奪力に論及していた。ジェームズ・ミルは「アジア的な政府モデル」を一つの制度的タイプと見なし、それをいい加減なアナロジーで西ヨーロッパの封建制と等置することに反対していた。リチャード・ジョーンズもまた、『富の分配について』（一八三一）においてアジア的な社会の全体図のスケッチをしていた。しかしドイツ人のマルクスとエンゲルスは『共産党宣言』(一八四七)の段階ではおよそこの問題に関心を持っていなかった。マルクスはようやく古典派経済学を充分に勉強した一八五三年より死ぬまでこの問題を考えて、主にジョーンズに従って「アジア的生産様式」の概念に到達していたが、それに関する論文はついに草稿のままで終わった(一九三九年「資本主義生活に先立つ潜形態」として出版)。エンゲルスにおいては、これに「全般的奴隷制」といったトンチンカンな言葉をつけて、この概念に対する共産主義者による抹殺のきっかけを与える仕末であった(26)。

## モンスーン=アジアの特徴をめぐる論議

アジア的社会の問題の重大さについて、さすがにマルクスは気づいていた。しかし、それは自らの史観のパラダイムを顚倒させるものだけに、それについての考察を発表することはできなかった。エンゲルスは全くこの問題については音痴だったし、いわゆるマルクス主義者たちはなおさら、「アジア的生産様式」の概念を発展させるだけの度胸は持ち合わせなかった。わずかにプレハーノフがこの概念との関連でツァーリ・ロシアを考察しようとするだけの誠実さを持っていたが、スターリンがマルクスの書いたツァーリ・ロシアに関係する論文を抹殺し、全集から無断で削除するような時代であったから、プレハーノフの問題意識は展開すべくもなかった。

この左翼にとってのタブーというべき問題にあえて挑戦し、妥当な回答を与えたのがK・A・ウィットフォーゲルである。すでに見たように、彼は一九二〇年代から三〇年代にかけて、ドイツ共産党の中国問題についての専門家であった。しかし、党の政策に反対して除名され、第二次世界大戦中は自らの学問体系を再構築する作業に勤しんでいた。そして一九四七年に友人のバートラム・W・ウルフの著書『革命をなしとげた三人』というレーニン、トロツキー、スターリンの三名の伝記のゲラ刷の一部を読み、プレハーノフが一九〇六年にレーニンの主張に対し「この要求［土地の国有化］は《アジア的復活》をもたらす危険がある」と批判したのを知り、愕然として思索がいっきょにまとまった。(27)

ウィットフォーゲルがそこに到達するまでの過程とその結論の全体は、拙著『経済人類学序説』(28)（一九八四）によって見られたいが、本書が対象とする問題に限るならば、一九五五年に公刊されたジュリアン・スチュアート編の論集『灌漑文明』における「水力社会」の「水力社会の発展的諸側面」、五六年に公刊されたウィリアム・L・トーマス編の論集『地球表面の変化における人間の役割』の「水力文明」、これらの準備的あるいは要約的な論文を総括したところの大著『東洋的専制主義』（一九五七、邦訳『オリエンタル・デスポティズム』）に定式化された「水力社会」の概念が重要であろう。

ウィットフォーゲルは文明の成立には水が大きな役割を果たしていると強調している。その水を人間が操作する灌漑に利用することで収穫をいっきょに増大させるのであるが、彼はこの操作の累積的強化が文明を成長させ、尨大な水管理のための巨大装置を作り出すに至ったという。この装置が東洋的専制国家である。この国家は皇帝を頂点とする官僚制の大ヒェラルキーを作り出し、その当初は水を操作するための尨大な労働力を経営者的に管理する。それはもはや単なる〈水利〉water supply ではなく、〈水力学的〉hydraulic なのである。彼はこの段階に達した社会を〈水力社会〉ないし〈水力国家〉と呼んだ。

もちろん、この〈水力社会〉だけが文明社会であるわけではない。新石器時代を通過した社会はいずれも文明を発芽させる自力を持つものである。しかし、この流れを加速するのが文明の〈中心〉からの刺激であって、この刺激は中心の〈水力社会〉が持っている風土的条件を備えていないところにまで及ぶことがある。そもそも、ひとたび成立した管理機構、管理手法はそれを生み出した風土的条件から独立して、違った風土にもまた根づくことができるのである。その例として、モンゴル帝国、ツァーリ・ロシアが挙げられよう。さらにウィットフォーゲルはこの刺激の強弱、その及ぼされ方をも考察する。かくて、〈中心〉から軍事的＝政治的制圧という形で刺激を受けた地域を〈周辺〉、単なる接触・交流によって刺激を受けた地域を〈亜周辺〉として、文明圏の三重構造にまで分析を深めたのである。

かくも周到、綿密にウィットフォーゲルは〈水力社会〉を分析しているわけであるが、しかし、彼にしてその眼くばりが及ばないところがあった。それが東アジアのモンスーン地帯である。彼はこの特殊性を理論体系に組み入れるまでには至らなかったし、同じ灌漑を語るにしても、その風土的条件を考慮することはなかった。

ところが実際は、同じ灌漑でも乾燥地帯とモンスーン地帯とでは違うのである。それは前者における主要作物はムギ、後者におけるそれはコメという形で現象する。この違いは単に収穫物の種類の違いにとどまらない。それは後述のように大きな社会的帰結の相違をも生み出すものなのである。

定式化して言えば、乾燥地帯（西アジア）においては、人間にとって水は外部からやってくる。ナイル河、ティグリス＝ユーフラテス河のように流れてくる。オアシスも砂漠の中に点のように湧いてくるのである。これに対し、モンスーン地帯では、人間が水の中にあるのである。東南アジアは文字どおり、人間は水の中で生活しているが、それは日本でも基本的に同じである。豊葦原の瑞穂の国なのである。乾燥地帯では常に水を意識していなければならないが、モンスーン地帯の場合は、水は自明の前提なので意識にはなかなか昇らない。イザヤ・ベンダサン（山本七平のペン・ネーム）に言わせれば、日本では水はタダだったのである（『日本人とユダヤ人』一九七〇）。

増田精一(29)はこの意識の相違を「水表現の東と西」という形で説明している。彼によるならば、水やそこに棲む動物、水の象徴獣などについての言葉や文字は、ユーラシアの東と西において共に古くからあるが、絵画や彫刻といった視覚的な面では西に対して東は著しく遅れているという。西アジアでは海、河川、オアシスなど水に関わる各種の表現が初期王朝、少なくとも紀元前第三千年期の中頃から見られる。彼の挙げている例では、南メソポタミアのディアラ地方出土の円筒印章（泥板にころがして刻印する印章）の一つには船が画かれ、その下には流水が描かれている。この出土品は紀元前二四〇〇年までさかのぼることができるという。

これに対して、東アジアでは、揚子江流域の長沙《チョウサ》の前漢代（前二〇二～後八）の墓である馬王堆第一号基（例の老女が極めてよい保存状態で発見された墓）で発見された幡《ハン》（絹の布）のように、亀、鮫、蛇などの水棲動物は描かれているものの、水の直接的な表現は見られない。中国において水の絵画的・彫刻的表現が初めて見られるのは北魏の時代（後五〇〇）からである。日本でも弥生時代から古墳時代（前一三世紀～後五世紀）の出土品に多くの船の描写が見られるが、そこでも水を表現したものはないという。決定的には、西アジアでは初期王朝期から、水が溢れ出る壺を持った女神の図柄が見られるが、こうしたものは東アジアにはないということである。噴水、胡瓶《コヘイ》（酒器の一種）といったものが東アジアに出現するのは、ずっとあとになってからである。

この水の絵画的・彫刻的表現における相違は水についての意識の違いであり、それは社会＝政治＝経済上の相違と対応しているものであるが、ウィットフォーゲルの眼はそこまで及んでいない。日本についても、『東洋的専制主義』第六章「水力社会の中心、周辺、亜周辺」においては、史前期のギリシア、初期ローマ、モンゴル以前のロシアとともに日本を〈亜周辺〉と位置づけた上で、中国文明より伝来した東洋的な制度的痕跡を指摘し、さらにこの痕跡が日本社会の本質を浸蝕していないことを強調した。彼は言う。「何故に日本の稲作経済は大規模な、政府主導の水利工業に依拠しなかったのか。［中略］この国の水供給の特徴は重要な政府主導の工事をいささかも必要としなかったし、そのための条件もなかったのである。無数の山脈がこの大きな極東の島国を区画しており、この分割された起伏は灌漑農耕と洪水制御の総合的（水力的）パターンより、分散的（水利農業的）パターンを促進した(30)」。

彼が言っていることは正しい。しかし、もどかしい隔靴掻痒の感をぬぐ去ることはできない。今一歩踏み込む。彼は日本のコメ作り＝稲作の耕地構造にまで踏み込むべきであったのである。

**井堰灌漑**

稲（オリザ・サティバ）はおそらく水辺で、時には浸水し、時には乾燥するという地形に生育する稲科の草木であったと思われる。それ故、野生種から栽培種の発展においては、さまざまな環境に合わせて多種多様な品種が生み出されたのであろう。このことは稲という植物の適応能力の大きさを示している。植生的には熱帯雨林、照葉樹林、温帯落葉樹林、そして各種の原始植生の地域にまで、稲の作付面積は濃密に拡がったのである[31]。

これらの地域で自然を耕地化＝水田化するにはいくつかの方法がある。いずれの方法も、これらの地域が水の中の土地であることを前提として組み立てられるわけだが、水の中にある土地といってもさまざまな地形のもとにある。いずれも水の縁辺ではあるが、その具体的な相は多様であるから、水との関わりも多種にわたらざるをえない。これを大まかに分類するならば、次のようになるであろう[32]。

（a）井堰灌漑――山間盆地並びに火山山麓における水利様式
（b）天水田――平原並びに台地の水利様式

（c）慢性的水不足の扇状地耕作
（d）潮汐灌漑――海岸低地
（e）デルタの水利様式

〈井堰灌漑〉は、東南アジアの大陸部にも島嶼部にも見られる。山間盆地や火山の山麓における広大な山森を背景として、そこから湧き出す細流や泉という安定した水源からの水を渓流や小河川から堰を設けて取水し、比較的ゆるやかな勾配を持っている水田に用水路網をもって配水するのである。これらの小河川は小集団によって制御することが可能であって、そのため一般には灌漑組織として小さな水利共同体が生まれる。東南アジアでこの種の渓流分水型の灌漑が典型的に見られるのは、北部タイのチェンマイ盆地、ビルマ（ミャンマー）のチャウセ、ミンブ、中部ジャワ島の火山群の山麓、バリ島のスパックなどである。

チェンマイ盆地のそれでは、水田による集約的な稲作が行われている。そこでは雨季には全面的に水稲が作付けされ、乾季においても、さまざまな農作物が栽培されている。それを支える井堰水利の灌漑面積は、周辺の山森の細流にかけられた堰から取水する一ヘクタール程度のものから、盆地を貫流するピン河から取水する二万ヘクタールに及ぶものまで、さまざまである。これらの堰の建設、修復は住民自身によって行われ、村落共同体によって管理されている。

中部ジャワのメラピ火山の山麓においては、火山山腹の湧水によって、一面の棚田が拡がって、その火山灰の土壌からなる水田の中で二期作、時には三期作も行われている。この方式による稲作はジャワ島の開拓の歴史とともに発展したものであるが、一九世紀後半からのオランダの植民地管理の一環として導入された「強制栽培制度」では、サトウキビといった国際商品の水田での栽培や、灌漑システムの若干の改良を強制された。これはオランダの土木技術である石積み、石貼り、玉石の貼り詰めなどによって用水路を強化し、清冽な水を自在に配水できるようにしたものである。

バリ島のスバックは、ジャワ島の大規模な灌漑施設と比較すると小型ではあるが、バリ島の景観の中に見事に位置づけられた利水システムとして特筆されるべきものであろう。それは石材、木材、その他地元で調達できる材料を活用してレヴィ＝ストロースの言うブリコラージュ（手元にある材料を活用して工夫した工作）の粋とも言える。用水路は山の中腹を蛇行し、時には渓流を横断し、かなり長いトンネルもくぐったりする。これを管理するのは、所有する水田面積に比例した株を持つ農民たちの水利共同体である。このスバックと呼ばれる共同体は自治行政組織とは別なもので、用水は各農民の経営上の各筆（各地片）ごとにテクテクと呼ばれる分水装置によって配水される。

このように、〈井堰灌漑〉は一般に小共同体によって管理運営されてきたのであるが、国家管理によって運営されたこともないわけではない。それはチャウセやミンブなど、ビルマの最初の統一国家パカン王朝（一〇四四〜一二九九）を支えた上部ビルマの乾燥地帯に見ることができる。この堰はシャン高原からチャウセ扇状地に流れ下るゾージー河とパンクラウ河に設けられた石堰によるもので、一二世紀には六万ヘクタールの土地を灌漑していた。これらは農民の共同体によってではなく、パガン王室の直接の管理下にあり、官僚制的な水利管理組織の存在を示すものである。各水系ごとに長官がおり、そのもとで各堰ごとに堰長、堰管理人、堰書記などの役人がいて、配水などを担当した。また水利システムの管理修築作業を行う堰用人と呼ばれる世襲的な水利土木技術者の集団もいた[33]。

このビルマの例はE・R・リーチの論文「セイロンにおける水力社会」を想起させる。リーチはウィットフォーゲル批判がその論文の狙いではあるが、次のようなことを述べている。「古代のシンハラ［セイロン（スリランカ）］は『東洋的専制主義』であったかもしれないし、なかったかもしれない。しかしそれはまったく疑問の余地なく『水力社会』であった[34]」と。ビルマのパガン王朝に類似したものがスリランカにも存在していたことは興味深い。確かにスリランカは多くの溜め池に依拠する水利社会であった。ただリーチのウィットフォーゲル批判は批判になっていない。ビルマもスリランカもインド文明圏に属しているが、その中でも境界例である。そこに成立したものが「東洋的専制主義」であるかどうかという問題は、この理念型を活用して具体的事実を分析した結果の問題であって、ピタリと適合しないからといって理念型を否認することは筋違いである。

### 天水田からデルタの水利様式まで

おそらく〈井堰灌漑〉が最も典型的な稲作方式であると思われるが、稲作は渓谷の下流の平地から、大平原、大台地にまで進出する。さらに、余地を求めて、後背に近い水源を持たずに、しかも降雨を受け止めにくい大河中流の扇状地にも拡がってゆく。満潮時には塩水が入ってくる海岸低地もまた、同じように開墾される。しかし、近代に東南アジアを広大な稲作地帯とし、その大量輸出を可能としたのは、〈デルタの水利様式〉を拡大した投資にほかならない。

まず〈天水田〉がタイ東北のコラート台地やカンボジア平原のように台地、平原に開かれる。この台地や平原は単なる平坦地ではなく、低い丘の尾根と浅い谷という、ゆるやかな起伏が続いているところを指す。この地帯では、雨季のモンスーンが年間八〇〇～一二〇〇ミリの雨量をもたらすけれども、乾季には厳しく乾燥する。この地域の中心をなすのはタイ語でノングと呼ばれる浅い盆状をした低地で、そこには雨水が集まって湿地ができている。ここにまず水田が開拓され、そしてその周辺に次々と熱帯雨林の疎林が開墾され、天水田が拡がってゆき、現在では台地、平原のほとんどが耕地化されている。その結果として、低地で水が集まってくるところでは安定した収穫を期待することができるが、水が集まらないところではその年の降雨量に基づく湿度の高低によって、収穫に大きな変動があることになる。極端に干魃が激しいところでは、収穫が全くないことも珍しいことではない。

このことは、同じように水源を持たない、しかも降雨を受け止めにくい大河の両岸の扇状地においても言うことができる。そこでは地表水が非常に少なく、かつ不安定である。タイのチャオプラヤ河の中流の扇状地がその典型であるが、この種の土地は稲作面積としては最大の比重を占めているけれども、収穫量での比率は極めて小さい。

この扇状地はいわば慢性的な水不足のもとにあるわけであるが、もう一つの極端は、水は充分にあっても、海岸低地であるがゆえに、海水による塩害対策が必要なところである。それはスマトラ島の東部やボルネオ島のカリマンタン南部などが主要な地域である。そこには地元のスマトラ島民やジャワ人などが小集団で入植し、苦心して水田を開いている。その方法は、まず淡水があり余る河川と内陸の泥炭土壌地域とを水路で結合する。そして、湿地から海水を排水するとともに、河川から淡水を取水し、水を入れ替えることによって土壌の塩分を調整しつつ耕地を開く。こうした条件がとられるならば、満潮時に海水の表面に乗った形で淡水が水田に流れ込み、干潮時に自由に排水ができるわけである。

〈デルタの水利様式〉こそ今日のコメ作りを量的に支えているものである。東南アジアの大河川の河口に展開しているデルタの規模は極めて広大である。ヴェトナム北部の紅《ホン》河のデルタは七〇万ヘクタール、メコン河は四六〇万ヘクタール、タイのチャオプラヤ河は一二万ヘクタール、ビルマのイラワジ河は三一〇万ヘクタールという具合である。さらにインドであるが、ガンジス河とブラマプトラ河のデルタは世界最大で、九〇〇万ヘクタールに及ぶものである。にもかかわらず、一九世紀後半に至るまで、開拓はほとんど行われていなかった。なぜならそこは、半年は完全な湛水、残り半年は全くの乾燥という正反対の気候が交代してやってくるため、森林のみならず、人間さえ

図13　近代的コメ・プランテーション地域（東南アジア）

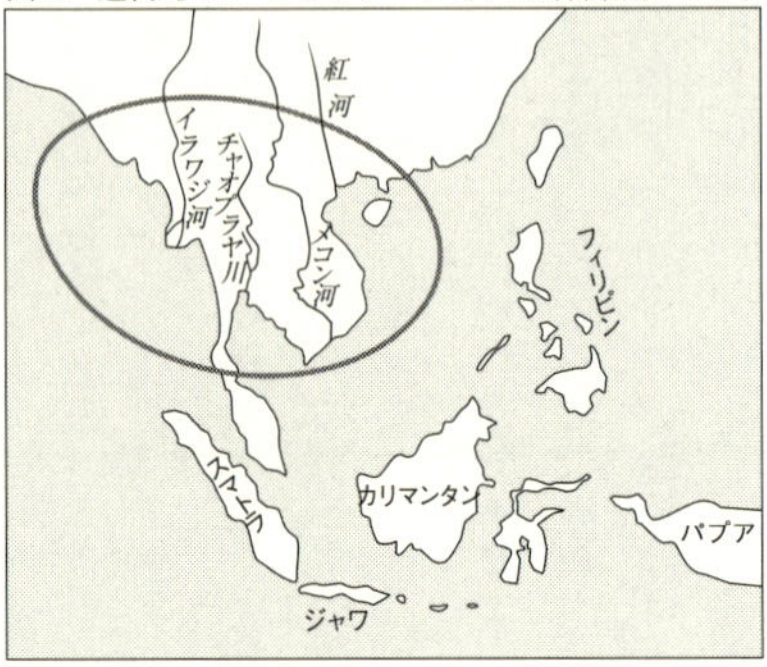


も寄せつけないところだったからである。

しかし、一九世紀に東南アジアと南アジアが植民地化され、各地に茶、綿花、砂糖、ゴム、ジュートといった工業原料を主とする商品作物の生産のためのプランテーションが開発されると、これに携わる労働者たちが必要とするコメの需要が生まれた。また、外国の資本と技術が投下されて、広大なデルタ地帯に輸出米生産のためのプランテーションが開かれて、急速に耕地化していった（図13）。その方法は、居住地と交通運輸を確保するための運河の建設に求められた。これが整えば、もはやデルタは稲作における障害をなくすどころか、むしろそのための好適地となり、たちまち爆発的に稲作地を拡大することができる。かくて、メコン、チャオプラヤ、イラワジの諸河川の中下流域に形成されたデルタには、ほとんど同時に大運河網が建設されたのである。

もとより、一九世紀以前にも、デルタが稲作のために全く利用されなかったわけではない。チャオプラヤ河のデルタは、河の中流に近い上部デルタ（古デルタ）と下部デルタ（新デルタ）の二つの部分に分かれているが、上部デルタはこの大河の全流量が集まってくるところであるから、洪水に常襲的に見まわれる。そして毎年の洪水によってその流水中の土砂が堆積して自然堤防ができる。

この自然堤防と後背にできる湿地との間には三〜五メートルの標高差があるので、昔から人々は上部デルタにできたこの自然堤防を居住地として、後背の湿地に浮稲《うきいね》を栽培したのである。そこはまた、魚をとるところでもあった。(35)

浮稲は稲の一品種であって、植えつけられると、水面の上昇にともなって一日最大一〇センチメートルも成長し、葉をいつも水面上に出して、あたかも水に浮いているように見える。また水中にある節から水中根も出して栄養分を吸収できるため、時に草丈が五〜六メートルに及び、三メートルもの深水にも耐えることができる。

このような性質から浮稲は古くから上部デルタで栽培されていた。北タイを併合して一四世紀半ばに成立する南タイのアユチア王朝は四〇〇年にわたって栄えたが、その都があったアユタヤはこの上部デルタと新デルタの接点にあった。この町は商都として内陸の森林部の物資などを流通させて繁栄していたが、その住民の食糧をまかなったのが上部デルタの浮稲栽培である。その技術が一九世紀後半から始まる下部デルタの運河開発に生かされて、今日の巨大な稲作地帯を作り上げた。今や浮稲ないし浮稲的な生態を持つ下部デルタ地帯の稲の栽培面積は、東南アジアの水田面積全体の一〇〜一五パーセントに達しているほどである。

この下部デルタ地帯の運河＝クリークから多くの支線が延び、これら水路により用水＝排水といった水のコントロールを許し、用水路の堤防が堅固な輪中堤《わじゅうつつみ》（水面中の土地を取り囲む人口堤）を作っている。これにより農民はもはや洪水の脅威からまぬかれ、輪中内においても野菜等の栽培を可能とし、バンコク市内の生鮮食料の需要を満たしているのである(36)。

## アンコール・ワットの秘密

事情はメコン河のデルタについても同様である。メコン河は流水量からすれば、チャオプラヤ河と桁違いに大きな河である。デルタに流入する直前にカンボジアの巨大な氾濫原を形成し、プノンペンを過ぎてデルタ地帯に入ってからは、広大かつ深い滞水地帯を生み出している。このデルタもまたチャオプラヤ・デルタと同様に一九世紀後半から、運河網を張りめぐらすことによって開発されてきた。しかし、メコン河については、東南アジアにおいてとくに目立つところのアンコール・ワット(クメール文明)との関係で一言しなければなるまい。

メコン河もモンスーン地帯で乾季=雨季がはっきり区別されていて、最低水位の四月と最高水位の九、一〇月頃とでは、その較差は八~一〇メートルに達する。洪水期は八月から一一月にかけてであって、この時期には河はあちこちに氾濫し、河川沿いに発達した自然堤防を除く地域は一面の泥の海と化してしまう。

それは東南アジア最大の淡水湖、トンレサップ湖(カンボジア)の肥大化をも意味する。この湖の水はトンレサップ河を通じてメコン河とつながっており、乾季にはトンレサップ湖の水はトンレサップ河を通じてメコン河に流れ込み、雨季にはメコン河本流の水位が上昇して、その水がトンレサップ河に逆流してくる。それは通年六、七月に始まり、一一月まで続く。この河水によって、トンレサップ湖も最低水位から八メートル以上も上昇して、湖水面積は二五〇〇平方キロメートルから一万三〇〇〇平方キロメートルへと約五倍に広がる。後藤章は言う。

「この乾季の最低水際線と洪水期の最高水際線の間には、毎年繰り返される水位変動によってきわめて起伏のすくない地形が形成される。この下半部には浸水林が広く分布している。これが魚類の繁殖、生育に好条件を提供し、トンレサップ湖をまれにみる水産資源の豊かな場所としている(37)」。

浸水が進まないところでは、これまで、湛水が遅く始まり早く水が引いている地帯が水田になっていた。そこで「減水期稲」が栽培されるのである。この稲は、水位の上昇とともに成育するチャオプラヤ河のデルタ地帯の浮稲とは異なり、洪水の中に作付けされて、水位の減少とともに成育する。したがって、この地帯において水田を広く確保するには、減水＝乾燥のサイクルを阻止する施設が必要となる。

これまでアンコール・ワット近辺のバライあるいはトラペアングと呼ばれてきた貯水池は、農地灌漑のためにあるのではなく、王城や大寺院に附属して、水の国としての宗教や政治に必要な儀式のためにあると主張されてきた(38)。しかしながら、石澤良昭はこの地帯の遺跡と地形を綿密に検討した結果、これらバライその他の施設も、宗教的政治的役割を担ったことは言うまでもないが、農地への灌漑の役割を確実に果たしていたと結論した。(39) もちろん今日では、ほとんどの貯水池が利用されておらず、灌漑管理をむつかしくしている。アンコール・ワットの西側の西バライは堆砂によって半分埋没し、用水路によってトンレサップ湖沿岸部の水田まで灌漑しているのはフランス植民地時代（一九四〇頃）に改修して取水門を新たに設置した東側の東バライだけである。多くの貯水池が利用されていない理由は、トレンサップ湖に流入するシェムリアップ河の現在の河床がクレメール王朝時代より五メートルも低下しているためである。また、タイのスコータイ王朝の圧力を一三世紀から受けていたクメール王朝が、一四世紀には消滅したためである。

それ以前のクメール王朝の盛期、バライその他の貯水池には河水の流入があって、水量が充実していた。東バライにもロリュオス河から水路を通じて導水されていた。さらに東バライの南には数本の長大な土堤が東西に走っていた。これは見た目には平滑であるけれども、トンレサップ湖に向かって北から南へ地形の勾配があり、つまり、湖岸に向かってゆるやかに水が流れる地形になっている。このことは、トンレサップ湖周辺の冠水地帯を水田として使っている技法と考え合わせると、乾季には土堤を単に切り崩すだけで、土堤の北側に溜った貯水池の水を南へ放出できたと見ることができる。石澤の結論は以上のようなものであった。石澤は言う。

「アンコール地域では雨水に加えて二級河川のシェムリアップ川を利用し、巨大なバライを使って巨大な田越し灌漑が実施され、集約的な農業が展開していた。この農業経済基盤の拡大によりアンコール地域に大人口が集中し、併せて大寺院建立などの土木工事と建設が行われた。歴史人口学の観点から一〇〇〇年を一つの区切りとして、当時の世界の都市人口を比較すると、コルドバ、コンスタンチノープル、北宋の開封に次ぐ第四位約二五万人であり、第五位は京都であった。その約二〇〇年後のアンコール王朝最盛期には増えて四〇万からそれ以上の五〇万であったと推定される(40)」。

アンコール・ワットに象徴されるクメール王朝の世界史的な位置は、いくつかの但し書きが必要であろう。その地理的位置は明らかにモンスーン地域である。しかしながら、その利水の方法は基本的には溜め池であって、溜め池はオリエントからインド、そして北部ビルマ、カンボジアと共通なものである。オリエントについてはすでに説明したように、溜め池は生活のみならず、生産と生命のあらゆる領域に奉仕する。しかし東南アジアにおける溜め池地帯は、いずれも一三世紀まではインド文明の亜周辺として、その影響を濃厚に受けている。つまり、インド文明にとって、水はまず宗教的な役割を持っているということである。

インドのバラナーシを流れるガンジス河での沐浴が神聖な意味を持っていることは周知の通りである。同様に、東南アジアにおける溜め池も、水が手近かにないところで儀礼のために作られたことは残された碑文等によって明らかである。しかし、アンコール地域におけるように、それが農業生産にも利用されていたことは否定できまい。乾燥地帯における稲作の手法が、東南アジアのみならず、インドのデカン高原の溜め池や同国最北部のカシミール地方のオアシスでも営まれているのである（三〇〇頁、図45参照）。

## 水田の発展段階

稲作は以上見たとおり、モンスーン地帯を中心に拡がっている。もちろん、今日では、カシミールのオアシス地帯のみならず、イタリアのポー河流域やスペイン、いやアメリカ合衆国のカリフォルニアに至るまで、モンスーン地帯を大きくはみ出している。このことは稲作の文明史的な意味をわかりにくくしている。ムギ経済に対してコメ経済が持つ特徴を見えにくくしている。イスラーム文明はその要である冬作中心の乾燥地帯農作に夏作中心の湿潤地帯農作を結合することで、稲作をイスラーム圏とその周辺に伝播させた。アメリカ合衆国においては、機械化された農業技術によってカリフォルニアまで稲作を普及させた。これらの歴史的累積を取り払い、稲作の本質的な役割を把握するためには、その中心地における稲作技術まで掘り下げてみる必要があるだろう。

稲作は天水による陸稲《おかぼ》によっても可能であるが、基本的には水際《みずぎわ》の植物であるだけに、水田による耕作が基本である。この水田は少なくとも一時期のあいだ湛水している地形において可能となるのであるが、その発展段階をモデル化するならば次のようになる。(41)

（1）無耕起法――山刀による本田準備

（2）踏耕――家畜の踏みつけによる耕耘

（3）鍬《くわ》耕と鋤《すきぐわ》耕――人力耕による深耕

（4）犂《すき》耕――畜力利用による牽引耕

これらが、野生稲から栽培稲へ品種的に仕上がってゆく過程を促進したものであろう。

**第一の無耕起法**――この山刀による本田準備は、山地の焼畑耕作から始まって東南アジア諸島嶼において行われている。焼畑耕作の場合は、森林を伐り開いて、それが若干乾燥したとき火入れが行われる。火入れによって播種のための準備は終わりである。それは焼土効果ばかりか、灰が残って肥料にも役立つのである。この焼畑に種が播かれて、それが天水によって成育してゆく。この焼畑耕作は大陸部でも島嶼部でも山地で一般的に見られるものであるが、山地の焼畑は長期の休閑を不可避とし、広大な土地があって可能となる。したがって人口の増加があると、たちまち土地不足に苦しむことになり、人は水辺に下りてゆき、山刀一本でできる耕地化を始めるようになる。それはスマトラ東岸、ボルネオ南部といった河川の後背湿地や海岸低湿地にも見られる。すなわち樹木が焼かれるのではなく、山刀によって草木がなぎ倒されて、刈り払われ刻まれた草木はそのまま放置されて腐るのである。

それを可能とする低湿地等の場所は、稲科やカキツキ草科の多年生の草木で蔽われており、それが枯れると分解しないうちに新しい草が生える。こうして植物の枯れ葉が分解しきっていないまま泥炭層は堆積するのであるが、そこでは犂や鍬では歯が立たない。それを山刀や鎌で刈り取り、根を切るのである。この場合、その前に火入れを行うこともあるが、いずれにせよそのあとで播種が行われる。この地域が地形的に囲い込まれて水を湛水させることができるようになると、雑草の発芽も押さえることができる。それが先にもふれた『史記』における「火耕水耨」（火入れして草を焼きはらってから水を入れる）であろう。

**第二の踏耕**――これは家畜の踏みつけによる耕耘で、牛や水牛などの大家畜を数頭から数十頭ほど水田に追い込み、湛水した地面の上を追い回して土を踏み込ませるものである。それは土壌をかき回し、床締めなどを行うだけでなく、雑草もまた土中に埋め込んでしまう。日本ではかつて九州南部や沖縄、宮古島、八重山で行われていたという。日本はその北限だが、これまで台湾、海南島、ヴェトナム、タイ、ビルマ（ミャンマー）、ルソン島、ミンダナオ島、ブルネイ、スラウェシ（セレベス）、ティモール、スマトラ、マレー半島、セイロン（スリランカ）、マダガスカルなどで行われてきた。

もちろん、踏耕も、地形によってその役割は必ずしも同じではない。山間盆地での踏耕は、豊富な水に恵まれている条件のもとで、谷間の水田化によって行われた。また、土台となる石灰岩が風化した土壌での踏耕は、乾季中にできる水田内の土壌の亀裂をうずめ、水漏れを防いで、水田の水を確保するために行われた。しかし、いずれにしろ、かつての焼畑耕作民が水牛や牛などの家畜を多数所有していたのは、役畜としてでなく儀礼用としての必要からであった。

**第三の鍬耕と鋤耕**——これは人力耕による深耕で、犂による畜力利用に先立って広く行われた耕作法である。それは単に耕耘にとどまらず、畝《うね》立てや溝掘り、畦《あぜ》の修理、除草など稲作のあらゆる作業において、その第一局面で行われたものである。とくに日本のように水田の区画が狭い地形のところでは、犂耕の能率は低くなるので、鍬一本が頼りであった。日本では木製の鍬が弥生時代の多くの遺跡から出土しているので、だいぶ古くから使われ、やがて鉄製の鍬や鋤に進化して、生産力を大きく引き上げたものと見られる。

図14　短床犂

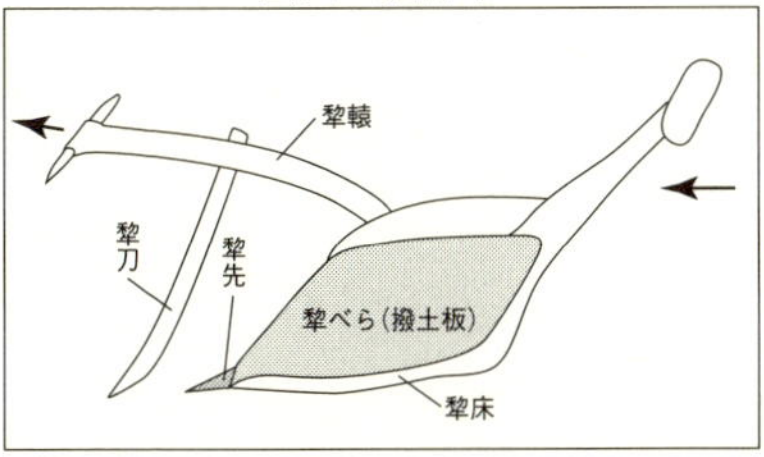


　日本で興味深いのは、水稲栽培が広く行き渡った時期、すなわち小農が成立する近世になってからも、すでに各地で畜力を使った犂が導入されている一方で、鍬や鋤が再び大いに活用され始めたことである。それは、わが国で使われた形の犂では、ただ浅くしか土地を掘り起こすことができなかったからである。そのため人力による鍬は、とくに深耕用として活躍し、水田の収穫を大いに高めて、明治時代に入って深耕用の短床犂（図14）が普及するまで愛用され続けた。これは日本のみでなく、インドネシアのジャワ、スマトラ西部においても一般的な傾向であった。また、鍬の利用

図15　有輪犂（シャリュー）と無輪犂（アレール）

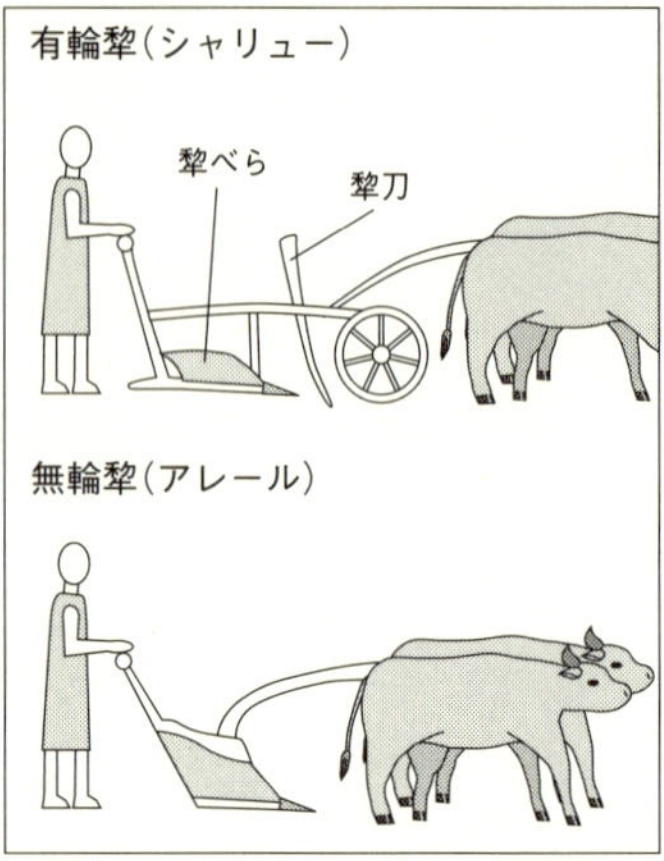


図16　有鐴犂と無鐴犂

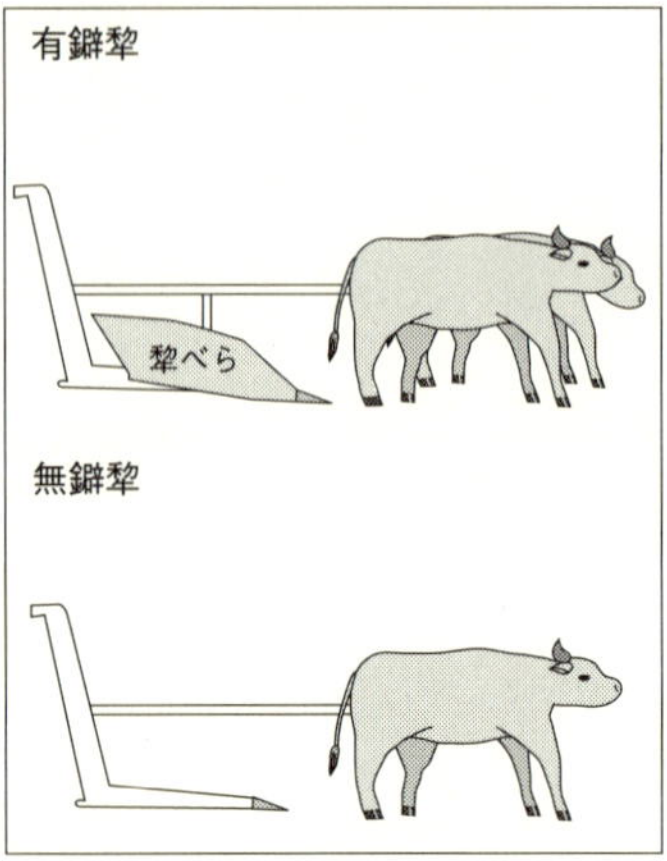


は、栽培環境がよく（つまり、気温が高く、水供給が順調）、人口密度が高く、労働力が豊富なところにおいて適合的であったからであろう。

**第四の犂耕**——これは畜力利用による牽引耕であり、農業機械が普及する前に一般的使われた耕耘法である。逆に言えば、石油を使った耕耘機の開発は、畜力利用という高度な水田耕作が発展していたからこそ可能となったとすることができる。牽引のために使うエネルギー源としての牛、水牛（後には馬）は、耕耘機が採用されるまで役畜として、焼畑耕作や島嶼部の低湿地を除くモンスーン・アジア全般で普及していたのである。そこで使われる犂には、さまざまなタイプがあった[42]。

形から見ると、犂は大きく、有輪犂《ゆうりんり》（フランス語でシャリュー）と無輪犂《むりんり》（フランス語でアレール）とに分かれる（図15）。犂はまた、犂先によって切り裂かれた土壌を反転させるために犂べら（撥土板。犂先が後部上部に湾曲したもの）を付けている有鏵犂《ゆうへきり》と付けていない無鏵犂《むへきり》とに分かれる（図16）。有輪犂は、片方向きにだけ付けられている犂べらを、真っすぐに進めるために車輪を付けたものであり、すでに明らかにしたように、西ヨーロッパの三圃制地域はこれである。これに対して、アジアの犂は車輪の付いていない無輪犂だが、同じ無輪犂でも有鏵犂と無鏵犂とに分かれる。漢族の犂は、西アジアやインドと同じように無鏵犂から出発したが、黄河流域の勢力が江南に及び、稲を重視するようになるに従い黄河流域に北上し、中国犂（有鏵犂）を生み出した。その歴史的位置を見るためには、少し犂の構造について説明しなければならない。犂は次の部分からなる（図17）。

図17　犂の部分名

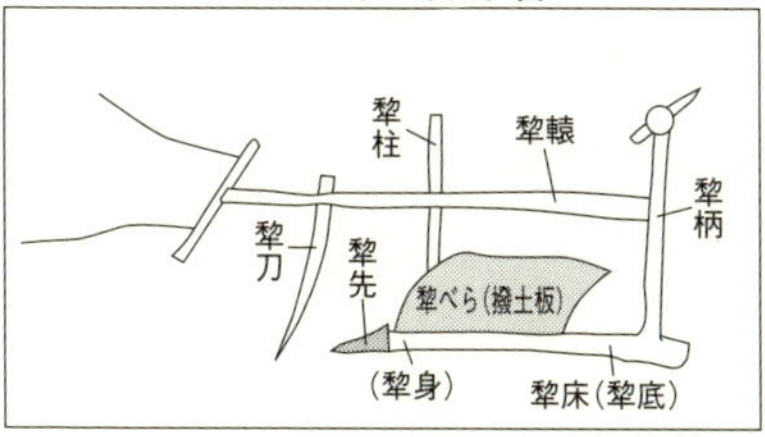


（1）犂床《りしょう》（犂底《すきそこ》）――犂の最下底で土面と接触するところ。トコとも言い、その有無によって有床犂と無床犂とに分かれる。有床犂もその犂床の長短によって長床犂と短床犂とに分かれる。

（2）犂先《すきさき》と犂《すき》べら（撥土板）――犂先は犂床の先端に取り付けられる金属部分（犂刀は西ヨーロッパの有輪犂にのみあり、犂の前にあって、土を切りさく）。犂べらは犂先に取り付けられる湾曲した金属片。その有無が有鏵犂と無鏵犂とに分ける。

（3）犂身《りしん》――犂の胴体にあたる部分で、その先端に直接に犂先が取り

図18　「長床犂の道」（→）と「有鏵犂・無鏵犂の境界線」（---）

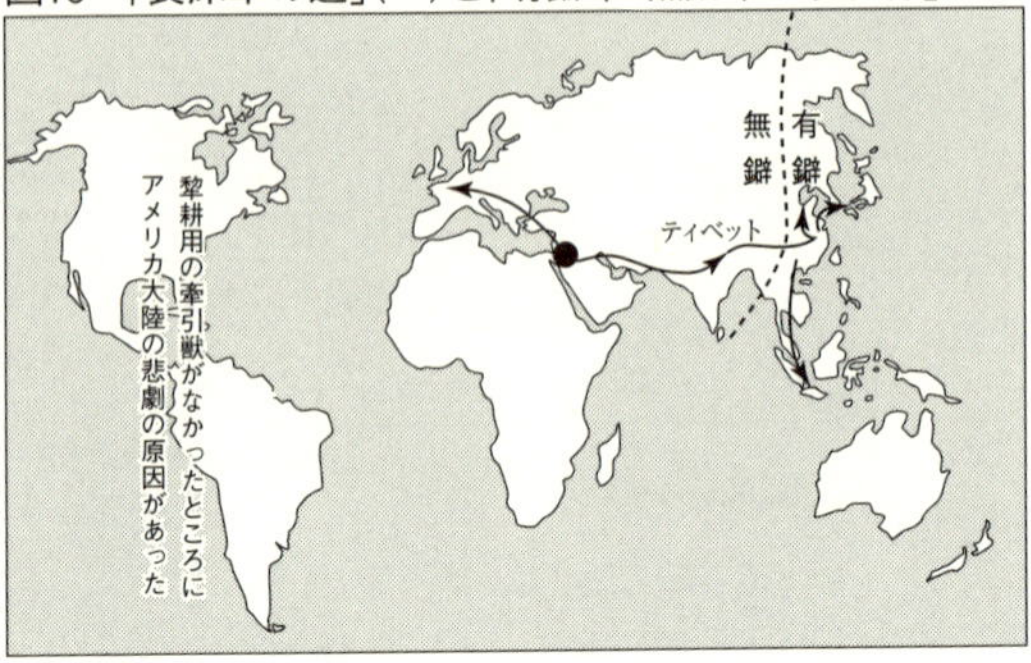


付けられる無床犂について言える。

（4）犂柄《りへい》——有床犂は犂床に、無床犂は犂身に取り付けられるもので、作業者が腕で握るところ。

（5）犂轅《りえん》——犂床、犂柄あるいは犂身に固定され、犂を牽畜に連結させるところで、わが国ではサオと呼ぶ。

（6）犂柱《りちゅう》——犂身あるいは犂床に取り付けられて犂轅をつらぬいて固定させるもの、あるいは犂轅の浮き上がりを押さえるもので、わが国ではトメキと呼ぶ。

これらの諸部分がいろいろに組み立てられて犂ができているわけである。その組み立てのタイプの座標軸としては、一つは「長床犂の道」（図18）である。それは地中海東岸からアジア南縁を伝ってティベットに入り、次いで、そこから揚子江の中下流流域に入って大きく開花したのち、東アジア、東南アジアに拡がる。もう一つは「有鏵犂・無鏵犂の境界線」（図18）で、これが東アジアを東西に分断する。すなわち、漢族の住む東北から黄河流域、揚子江中下流地域、四川盆地、そして雲南を避けて大きく湾曲してビルマ、タイ、ヴェトナムの線の東側が有鏵犂、西側が無鏵犂の地帯なのである。無鏵犂は泥状の水田の耕作に適合している。この二つの座標軸の交差点が、すなわち「長床犂の道」と「有鐴犂・無鐴犂の境界線」とが交差する四川、江南であることは、すこぶる示唆に豊んでいると言えよう。

以上の水田準備のための作業、そしてそれを完成させた犂耕、とくにその犂のタイプの状況は二つのことを教えてくれる。

第一には、水田の開発は湛水と陸地化を繰り返す水際《みずぎわ》で行われたことである。すなわち水田は、森林を伐採して作った平地の開墾によってではなく、水際の、渓谷や海岸低地の水に浸っているといってよい立地の「草原」を火なり刃物で平面化し、それを必要なときに湛水することによって開かれたということである。もちろん、部分的に多少とも森林を切り開くことは必ずあったと思われるが、決して水田と森林は矛盾する（＝敵対する）立場にはなかった。むしろ水田を耕作する人たちの近傍の山林は、燃料や道具用の素材を、また時には建築資材を、そして日常的には木の実、キノコ、山菜その他の食料を住民に供給してくれるところであったのである。

その第二は、水田用の犂＝長床犂が伝来した場所、そして犂先のみでなく犂べらを採用した場所が四川から揚子江中流、つまり長江であったらしいことである。これについては、これ以上の資料を私は知らぬ。しかし、最近における「長江文明」のクローズアップの底には、この長床による有鐴犂が北では黄河流域、コリア半島、日本に流れ、もう一方では東南アジアに流れたというその仮設を意味あるものとしているように思われる。

江南にはそれまでに長い稲作の歴史があったはずであるが、長床犂が入ってくると、さらに金属と家畜、おそらく水牛が入ってくる局面がやってくる。

## 4　日本の稲作

以上は稲作の意味を常に西ヨーロッパの麦作との比較を念頭において、諸学説から学びながら整理したものであるが、次に、問題の発端にある日本に焦点をしぼって、以上の一般論をいくぶん具体的にまとめてみよう。

古島敏雄の『土地に刻まれた歴史』(43)（一九六七）は、稲作との関係において日本の国土がどのようにして加工されたかを通史的にまとめたものである。その主張の大綱は、日本の農業の中心は稲作であり、それは主に水田において行われたが、そのための水供給は平原に水路を通して水を導き灌漑するのではないということである。山から流れ下る小河川、渓流が平野に入ろうとする谷の入口、あるいは湖沼、さらに海岸の低湿地を、おそらく初発は山刀によって葦を刈り尽くし、その根を切り刻んで枯死させ、そこに掘り棒で穴を掘り、モミを播いたものと思われる。これはすでに縄文時代後期には出現していた情景と思われるが、弥生人がやって来ると立地はより大規模になる。古島は述べている。

「弥生時代の大和平野［奈良県］中心部は五〇メートル等高線よりやや低いところまで、湖沼地帯をなしていたと考えている。大和川が亀が瀬地峡をへて河内平野に出るあたりで当時なおせきとめられていたと考えられるであろう。四周の山々から流れ出る諸河川はこの湖沼に流れこみ、その下流部は乱流し、あるいは流路をかえ、そのところどころに成立した三角州的高みに弥生人が住居を定めている姿を考えてよい。土器面に絵を描いた土器片が出土しているが、そのなかには舟をこぐ人々とともに水鳥の描かれたものがある。これは唐古《からこ》の地がここにのべた湖沼に近く、水鳥に富むことを示すものであろう。そのことはまた三角州状の微高地の周辺に湿地の多いことを示す。降雨があれば水を湛え、時に水を流す周辺の湿地が、特別の人工を加えないで稲作用に用いられたものと言ってよい(44)」。

## 水田の開発

やがて農具がより整い、同じ木製でも、「狭鍬《すぐわ》」(奈良の唐古)、「広鍬」(唐古)、「又鍬」(福岡、ツイシ)、「横鍬」(大阪の瓜生堂《うりうどう》)、「木すき」(瓜生堂)(45)といった具合に各種揃えられるようになると、これらは山刀によるよりも、より積極的に土地に働きかけて、天水田の局面から井堰灌漑の段階に入ってゆく。渓谷の水や泉の水が大小さまざまであれ、堰き止められて水が貯蓄された上で、水田に放水されるのである。

先の引用文中にある唐古遺跡は奈良平野の中央部、この県の弥生遺跡の中で最も低いところにある。条里制(日本古代国家の耕地の区画法)に基づく昔の表現では京南条里一四条一里の地であって、ここに唐古池という溜め池がある。それは、周囲に堤を築き、初瀬川から非灌漑期の河水を用水路で引水して作った皿池である。唐古遺跡は、この溜め池の底がたまたま渇水によって池の底まで干上ったときに発見された。遺跡の真上が水を湛えた池底だったという条件が幸いして、木製品や籾・稲穂束などの有機物がよく保存され、立地の面でも遺物の面でも稲作との関係が明白であるという特徴を持っており、すでに徹底的に調査・研究されている。とりわけ注目されるのは、耕作のための木製農具や穂刈り用の石包丁、稲穂束、銅鐸に描かれた立杵・立臼がここから発見されたことである。

先の引用にあるとおり、この遺跡は五〇メートル等高線のわずかに低いところにあり、初瀬川が湖沼状の湿地にそそぐ川口のデルタの上にあったようである。居住地はこの微高地の上にあったということである。ここがかなり長期にわたって居住地とされていたことは、五つの様式に分類できる弥生土器のすべてと、それに先立つ縄文土器、それに弥生時代に続く時代の土師器《はじ》（素焼き土器）や祝部《いわいべ》土器（須恵器）が出土していることからもわかる。出土した地層の状況から、この土地はしばしば浸水したり洪水の災害に遭ったりしたとみられ、結局、土師器、祝部土器の時代の大水害によってこの居住地は放棄され、以来、遺跡として発見される今日まで眠り続けることになったのである。

この唐古遺跡や同時代の多くの弥生遺跡が教えてくれるものは、日本の歴史の原光景であろう。それは土壌が有機質を含んでいるばかりでなく、流水にうるおっているため、極めて肥沃な土地であったということである。土地を田として整えてやれば、多大な収穫をおさめることができた。反面、この農耕方法、すなわち湿地中の微高地に住み、周辺において稲作を行うという方法は、天候のきまぐれによって河川が氾濫し、周囲の水田のみならず、居住地もまた水害に襲われるという不安定さをまぬかれなかった。このことは、水害の恐れが少ない山麓部に移って、新しく山麓斜面の湿地で稲作を始める人々を生んでいった。古島は言う。

「そこに安定した居住地をえて、やがて次代の人々もその地を居住地として、古墳時代へと発展していく蓄積を可能にしたものであろう。古い弥生集落は、その地の洪水防御を完成し、新しい灌漑様式を発見するという方向の発展を直線的に示すことなく、前期古墳の時代には新しい遺跡を平野地帯には作らない。古墳時代に入ってやや下った後、この地帯にも旧川西村島根山古墳を作るような動きもあらわになるが、同じ方向の発展は顕著ではなかったのである。律令時代に入り、朝廷の権力の下に大規模土木事業が可能となり、条里制地割の施行が可能になるまで、生産力の中心は山麓部に移り、平野部には水害になやまされる小集落が自然堤防上に点在し、その後方湿地で不安定な稲作が続けられるに止まったのである。［行カエ］私が弥生水田とよびならわしてきた、山あいのゆるやかな湿田は、このように考えてくると、弥生時代人が激しい水害をさけて、安定した稲作立地を求めて移った第二次的弥生水田ということができるのである(46)」。

かくて弥生時代をへて四世紀に入ると、大和平野の周辺山地山麓に大小無数の古墳が現れることになる。そして五世紀に入ると突如として、河内、和泉の平野に大古墳が出現するのである。この間における生産力の上昇を可能にしたものは鉄製の鍬であろう。この金属農具こそ古墳を造るための土掘り道具である。それは当然に農具として使われた。これがあれば、谷田の開発は可能であるし、さらに一歩を進めて、受水面積の狭い谷頭にも溜め池が建設できた。谷頭の溜め池は谷口を土堤で仕切って、渓水をその上部に溜めるものであり、その水の放出口は谷の末端に設けられた。したがって、灌漑できるのは谷の下部に接続している低地である。それは渇水期の水補充に役立ち、谷の出口の水不足地帯に耕地を拡大させ、耕地の安定化につながった。その好例が茶臼山古墳の周辺であるという(47)。さらにこれをモデルにして見るとき、柳本古墳群は竜王山の山裾尾根と結びつき、また、島田川（初瀬川支流）に注ぐ多くの支流は多くの尾根から発して、山裾に沢田を展開していることがわかる。このように、山裾にある天水田か谷頭溜め池灌漑水田が古墳時代を成立させたのである(48)。

古墳群が平野に進出してくる五世紀に入ると、前方後円墳も前部・後部ともに、以前のように自然の地形を利用するのではなく、人工の盛土になってゆく。それは農具の進化とともに大量の労働力の存在が前提となっているが、それを可能とする生産力の重心は、それまでの大和盆地から河内、摂津の大河川の沿岸地域に移っていたのである。この地域は淀川、大和川の下流地帯であるが、河川の乱流は大和平野よりも甚だしい。佐保川、初瀬川、富雄川、竜田川、飛鳥川、曽我川、葛万川などを集めて大和川となり、河内に入ると石川と合流して西北に流れ、最後に淀川に流れ込んでいる。淀川も木津川、宇治川、桂川の水を集めたもので、この大和川と淀川とが河内、摂津の平野を作り上げたのである。

それは二つの川の乱流、氾濫の結果であり、これを利用して、新しく新田の開発が行われたわけである。大和川関係では南河内と和泉の境の小丘陵地帯が三〇メートル、二〇メートル、一〇メートルと高度を下げながら北から南へ向かっており、その先端の微高地には難波の高津宮（仁徳天皇の皇居）が建てられている。この微傾斜地には多くの溜め池が造られているが、これらは必ずしも四囲を堤で囲まれてはいない。地形を利用したものが多く、不整形である。淀川関係では氾濫原に多くの支流が湾曲乱流しているところをぬって、かなり規模の大きな開発がいくつもの屯倉（直営農場）を成立させている。しかし、ただちに大河川の本流に沿って、治水灌漑による安定した広大な農地を獲得できたわけではなかった。古島は言う。

「五世紀以後大陸との関係が濃くなるとともに、都を淀川川口の難波の地に移し、壮大な前方後円墳を河内、和泉の地に造営し、灌漑工事を行なって河内・摂津の屯倉経営にのりだしたのであるが、それは直ちに大河川沿岸に安定した耕地を造りだすことにはならなかった。狭山池は奈良朝に入って後の修復でも安定しなかったし、淀川沿岸でも直接本流沿岸に耕地が進出することはできなかったのである。朝鮮半島経営の停滞とともに、都は再び大和平野の山ふところの地に帰り、飛鳥地方の経営をへて、新しい動きを開始することになるのである」(49)。

この新しい動きも、対象は河川をめぐる低湿地帯から離れることはなかったのである。確かに、この時代から河川灌漑の端緒を見ることができる。このとき真神原《まかみはら》(おそらく狼原《おおかみはら》〔野性的な原野〕の原意を持つ)と呼ばれる原野が開墾されたと思われる事実があるからである。それは飛鳥川右岸の平坦な平地で、今では飛鳥川を水源とするいくつかの堰によって河川灌漑の二毛作地となっている。この平坦な土地を囲んでいくつかの都(豊浦宮、小墾田宮、飛鳥岡本宮、飛鳥板蓋宮、飛鳥川原宮、飛鳥浄御原宮など)がある。そこは平坦とはいえ、いくつかの起伏があり、小川が複雑に流れている。この地形に石を動かし、木杭をさすという若干の加工を施して水の流れを変える簡単な方法で、水を供給するのである。とはいえ、それは本格的な河川灌漑というより、小さな谷と谷との間の平地を灌漑するといった程度のもので、平野地帯が全面的に耕地化したわけではあるまい(50)。

奈良時代に入ると条里制が現れてくる。それは耕地化が大和平野全面を覆ったことを示すものであろう。今や律令制による政治支配体制が完備し、雑徭によって多数の農民が使役されて、国が彼らに農具を供給する。大河川の川辺のごく近くまで条里制を布くことができるようになったのもその結果である。この時期から、畿内以外の開墾に対する国家による関心も生まれてくる。官営開墾と並んで、私営の開墾が奨励されるようになる。それは荘園制成立の基礎と言えるものであり、それだけ河川沿岸の耕地化が進んだということである。

## 荘園制の勝利と崩壊

日本の歴史の特徴は、この荘園制がやがて律令制のもとでの公地公民制を転覆させ、国衙領をも荘園制に巻き込むところにある。東アジアにおいては中国もコリアもヴェトナムも、時間の経過の中で律令制を強化する方向をとった。土地を所有する地主が現れなかったわけではない。しかし、その所有権は官僚制に具現化される国家権力のもとで、政治によってその強弱が決定されるものであった。権力こそ土地物財を含めて一切の富の〝打出の小槌〟であって、この権力にあずかる道は、科挙によって官僚のヒエラルキーに加わり、その階梯をひたすら昇り、官僚間の派閥闘争（党争）に勝ち抜くことであった。しかし、日本においては荘園制による国家の領土の分断、地域割拠の形をとった。支配の正統性は京都の本所領家に仰ぎながらも、実際の支配は現地の荘司が掌握し、この荘司が武装して武家となり、京都の公家に対抗して、やがて幕府という全国組織にまとめ上げられてゆくのである。

中国文明のもとにある、日本を除く東アジアの諸国が単一中心的社会（＝東洋的専制国家）への道を歩んだのに対して、日本が多数中心的社会への道を歩むことができたのは、奈良時代に布かれた律令制のもとで国家主導の水力社会化が挫折したからである。つまり、律令制が空洞化し、荘園制が成立すると、小河川周辺の水利農耕にとじ込められて、山林への進入が不可能となったのである。かくて中世においては、限られた耕地の中での争論はもっぱら水の配分と里山への入会《いりあい》権をめぐるものとなった。この状況が破られるのは、一五世紀、戦国大名によって荘園制が破壊されるときである。

## 近世日本の稲作

内藤湖南は、日本の歴史は〝応仁の乱〟によって二分されると主張している[51]。それは、近代の日本人が〝伝統的〟と考えているものは〝応仁の乱〟までさかのぼりうるということでもある。地形的にも、沖積平野が開墾され、遠浅の海岸が干拓されて平野となるのは、それ以後のことである。

それは戦国大名が荘園制を一掃することで可能としたものである。彼らによる一円支配は、荘園のチマチマした秩序を破壊し、権力と経済力を集中させ、洪水で脅かされる広大な危険なる土地を大規模な治水工事によって安全にした。また川の上流から沖積平野の台地にかなり長い用水路を使って水を引き、そこを開墾できるようにした。あるいは瀬戸内海の児島湾や、北九州の有明海、大阪の河内湖、越後の蒲原平野などを干拓し、水田を作った。さらに、もともと熱帯の植物である稲を品種改良し、冷涼な地域での栽培を可能とした。

まず、戦国大名は治水によって広域支配を可能とし、これを充実させた。彼らは築城、鉱業、土木などの技術者を集め、養成したが、その技術を領内の河川の氾濫や乱流を防止する工事に投入することで、荘園時代には手がつけられなかった大河川の改修に着手していったのである。それは多くの大名が関心を持った事業であるが、とくに有名なのは甲斐の武田信玄のそれで、その技法は甲州流と呼ばれている。彼の地盤は甲府盆地であり、そこを流れる釜無川は富士川の上流であるが、この川は全国でも有名なあばれ川であって、甲府盆地の開発を妨げていた(52)。

甲州流の手法は河川の水流に正面から抵抗するのではなく、それをより穏やかなものにするところに特色があった。信玄は工事によって完全に水流を管理するのではなく、むしろ氾濫水が生じた場合、これをできるだけゆるやかにして、家屋・耕地を破壊させぬように努めた。そのため、河岸に沿ってびっしりと高い堤を築くのではなく、水があふれることのできる高さを保った霞《かすみ》堤と呼ばれる堤防を築いた。それも河流に沿ってではなく、河道の中の速い水流がブレーキをかけられ、穏かになるように建設されたのである。聖牛《ひじりうし》、棚牛《たなうし》、尺木牛《しゃくぎうし》（いずれも石籠を組み込んだ木枠の種類）など、水流を摩擦する枠組も使われたし、河川敷を広くとって流水のエネルギーを分散させることも考慮された。

この甲州流の技術は江戸幕府によって継承される(53)。ただし、武田流（甲州流）は山間の盆地に生まれたが、それを継承した江戸幕府が相手にしたのは関東のデルタ地帯であった。そこには分流や合流を繰り返し、乱流する河川と無数に点在する大小の沼沢があった。それを実際に担当したのが関東郡代伊奈家であった。伊奈家に先立ち、忍《おし》藩（今の行田市）によって、利根川本流の会《あい》の川が締め切られ、分流の浅間川が本流とされて、さらに新川を開削して利根川が渡良瀬川に合流されている。伊奈氏はこれを受けて利根川、渡良瀬川を鬼怒川に合流させている。そして、承応三（一六五四）年には赤堀川を浚渫開削して、現在の利根川水系の原形ができ上がるのである。それは、以前は今日の古利根川を通り、荒川を合わせて、隅田川へと流れていた利根川の水を、銚子へとつなぐことによって江戸より遠くに導くことを意味していた。

この利根川をめぐる流水道の付け替えによって、利根川以南では水流が安定したので、旧河道やかつての遊水池が用水源、あるいは排水路となって、新しい水田が開かれた。例えば、葛西用水は利根川より取水するとはいえ、瀬替えによって死水化した古利根川を堰き止めて三つの溜め池を造り、これより配水して周囲の低湿地帯を水田化したのである。このように旧河道を利用して、上流からの排水を受けて用水とする排水システムは関東流の技法の一つである。

関東流のもう一つは、水害防止のために乗越堤《のりこえ》、霞堤、流作場（洪水のときは水をかぶることを前提とした堤の外の耕地）、遊水池などを設けることであった（図19）。河道は幅広く蛇行させて、洪水を蛇行部に滞流させつつ徐々に排水する。それは耕地に肥沃な土砂を流入沈澱させ、流域内の沼沢や低湿地を縮小させて、耕地化を促進したのである(54)（一七世紀）。

この伊奈流（関東流）によって作られた基本的枠組をふまえて、紀州流が採用される。この方法は、これまでの治水の限界＝新田開発のゆき詰まり、すなわち下流の用水確保のための上流の排水の困難をまねいて、上流と下流が常に対立してきたことへの対応であった（一八世紀）。その対応と

図19　関東流の提の造り方

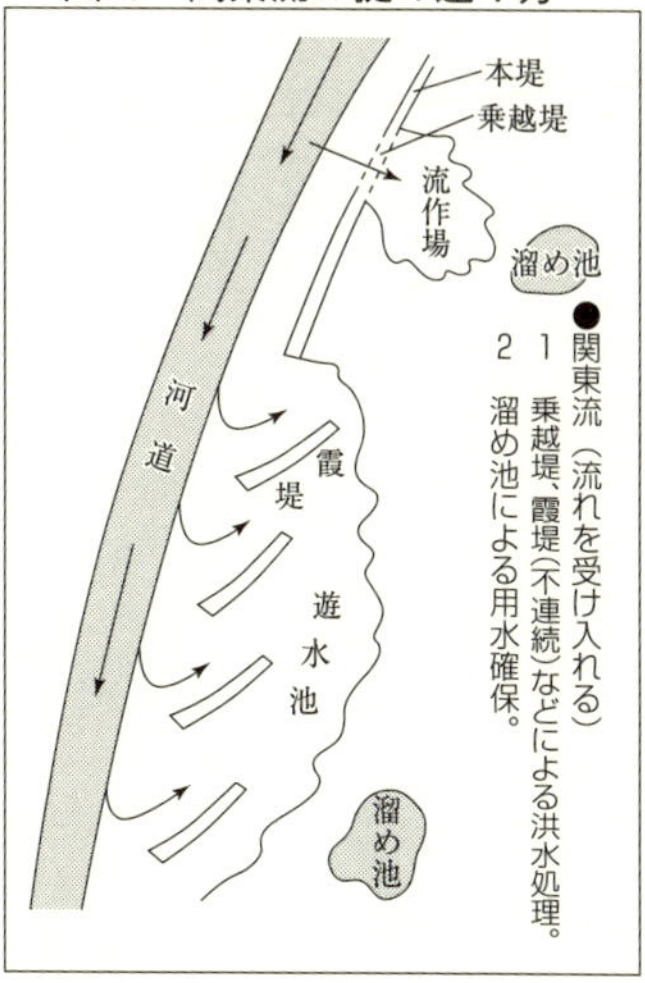


図20　紀州流の河道の造り方

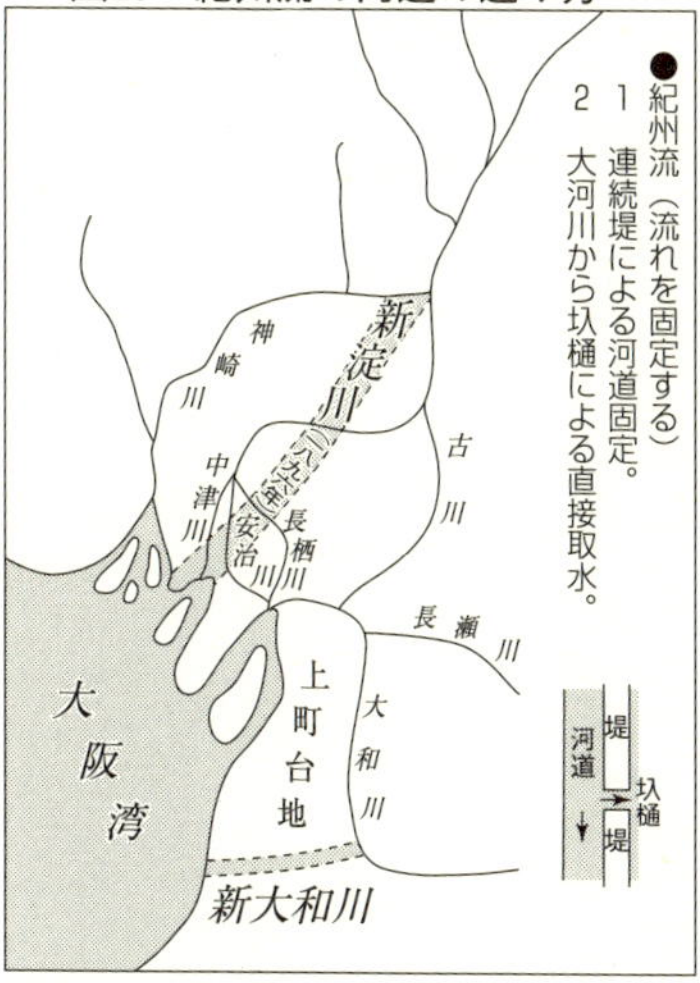


は、関東流の乗越堤や霞堤を取り払って、それまで蛇行していた河道を強固な築堤と護岸による水制御によって直線状に固定するものであった（図20）。かくて大河川の中・下流地域の主要部には初めて高い連続した堤が建設され、川の水は河川敷の中に押し込められ、流作場や遊水池は廃止された。これにより、それまで放置されていた中流の遊水地帯や下流の乱流デルタ地帯の新田開発が可能となったのである。

この紀州流は単に河川の治水のみではなく、沼沢の干拓にも利用された。例えば、飯沼（茨城県西南部）や見沼（さいたま市東部）、関東以外では越後の紫雲寺潟の干拓が有名である。さらに見沼代用水の開削に見られるように、大河川に堅固な圦樋《いりどひ》（図20）を設けて直接に取水し、大規模な用水路によって河川の中・下流の沖積台地に灌漑することも可能にした。それは上流の排水と下流の用水との間の矛盾を緩和し、これら地域の用排水の基礎となるシステムを作り上げるものであった。

この紀州流は日本独特の技術であるという。それまでは、洪水は不可避なものであり、その危険があるところには立ち入らないか、実際に起きた場合は水害を緩和して受け入れるしかなかった。それは日本のみならず、東南アジアのモンスーン地帯でも一般的な生き方であった。日本は紀州流によってこれら東南アジアの地域と違った道を歩むことになるが、それに対しては、今はさまざまな批判が寄せられている。しかし、紀州流に見られる集約的な技術があったればこそ、高度な生産力の蓄積を生み出し、それが社会形成のあり方をもたらしてきたことを忘れることはできまい。少なくとも、関東平野の現在の姿は伊奈流と紀州流という二段階の技術の結果なのである。

### 新田開発

遠浅の浅海面の干拓による新田開発も行われた。古島敏雄の引用する『明治以前日本土木史』（土木學會編、岩波書店、一九三六）によれば(55)、佐賀平野海岸部の川副町南部には六段の堤防がある。一番奥にある旧集落の外側にあるのは戦国大名の竜造寺氏時代（永禄年間〔一五五八〜七〇〕〜天正一八〔一五九〇〕）、第二段は時期不明のもの、第三段は文化―天保の頃（一九世紀前半）、第四段は幕末・明治初年（一九世紀中葉）、第五段は明治中期（一九世紀後半）、第六段は大正・昭和期（二〇世紀）のものであるという。このことは有明海の一角における干拓事業が戦国末・近世初頭に始められ、一九世紀の初頭からそのテンポが速まって進んできたことを教えてくれる。
湖沼干拓は主に飯沼や見沼といった東日本において行われたが、海岸の干潟または海面を堤防で締め切ってなされる海面干拓は主として西日本で行われた。海面干拓の代表的なものが有明海のそれであるが、潮位差が大きく、干潮時に広大な干潟を露出する内海が西日本には多かった。その他、先述の通り瀬戸内海の児島半島、大阪の周辺、名古屋の濃尾平野の河口地帯でも干拓は行われた。その方法は江戸初期までは、大潮平均満潮位付近というかなり陸化した場所で行われ、堤防は土俵を積んだものや、竹かごの中に土を入れたもののほか、松丸太の杭を一定間隔に打ち込み、それに枝や竹材をからませたものを堤防の芯とし、土を盛り上げて造られていた。

図21　角落し

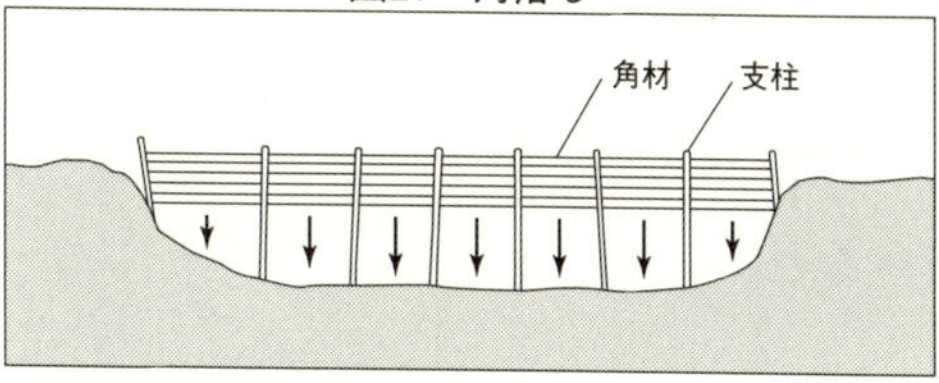


江戸中期になると、小潮平均満潮位までが対象となっており、堤防の表面が石積みで保護されるようになった。この時期には海面下まで干拓されることになったので、「潮止め」が必要になった。「潮止め」とは堤構築の最終工程として干潮時に一気に締切る工法である。干拓が小潮平均満潮位にとどまっている限りは、土俵などを積み重ねるだけで比較的短時間でできたが、明治後期以後、干拓の対象がより拡大すると、角材を支柱の間に挿入する「角落し」（図21）が行われるようになった。この頃までは堤防の内側に溜まる水は疎水路などの開削による自然排水だったが、やがてポンプによる機

械排水になってゆく(56)。

以上は稲作の発展の面積的拡大に関するものであるが、これらを量的発展とするならば、同時に質的な発展もまた行われた。すなわち品種改良である。

**品種改良**

日本に稲が渡来したのは縄文後期のことである。そして、まず最初に渡来したのが早生種であり、それは後代に至るまで栽培されるのである。渡来した稲が普及する速度は弥生式土器の出現状況から推定できるという。稲の伝播をまず象徴するのは遠賀川《おんががわ》式土器（初期の弥生式土器）である。この土器と稲作はパラレルに前進するのであるが、それは北九州から瀬戸内海を通って大阪湾、伊勢湾の沿岸まで急速に伝播した。太平洋沿岸では愛知県西部、日本海沿岸では京都―福井の若狭湾沿岸まで五〇年くらいで伝わったと思われるが、この二つの地点を結ぶ線で稲作は足踏みしてしまう。遠賀川式土器とともに稲作が進出できたこうした地域は、最高気温三〇度以上の日が四〇日以上続くという(57)。

稲作が伝播するためにはこの気候的条件を満たすことが必要であったから、熱帯起源の稲がそれ以上北上することはむつかしかったのである。そのため政府は、養老六（七二二）年に、陸奥の国で開墾に成功した者には受勲させるという特典を与えるとしたり、弘仁二（八一一）年には、奥羽に対して国家に無断で開墾してもとがめることなく、その土地を私財としてよいとする官符を出したりしている。しかし、これに応えて耕地を拡大するという結果はあまり出なかったという。それでも平安時代には陸奥地方でも五万ヘクタールに稲が作付けられるようになっていた。そして陸奥の国では、慶長三（一五九八）年に一六〇万石、元禄年間（一六八八〜一七〇三）には一九二万石を生産するまでになったという[58]。

この間の数百年の稲作の歴史は冷害との絶えまない闘いであった。にもかかわらず、稲作はじわじわと北上を続けたのである。それを可能としたものは、必ずしも突然変異による早生化のためではないと言われている。佐藤洋一郎の研究によるならば、非常に異なった晩生品種間の雑種から非常に少数ではあるが、早く育つものが出現する機会があり、西日本でそれら晩生の自然雑種の中から選び出された早生のものが、日本列島の稲作の北上に役立ったのではないかとされている[59]。

もともと稲は一日のうち太陽の出ている時間、すなわち日中の長さが短くなってくると花をつける（穂を出す）、いわゆる短日植物である。それにまた、稲は高温を好む植物で、低温下では生育できない。したがって、高温で日の長さが短いということは、稲にとって穂を出すのに最も適した条件であるはずである。このような最適条件のもとで多種多様な稲を育ててみると、同じ条件のもとでもなお品種により穂を出すまでの日数に相当な違いがでてくる。そこで、各品種の性質は「基本栄養生長性」と「感光性」の組み合わせで分類されることになる。「基本栄養生長性」とは、穂を出すまでに最少限必要な栄養生長のための期間のことである。また、稲は短日植物であるから、日の長いところではいつまでも栄養生長を続けるため、日の長さがだんだん短かくなると穂の出るのが早くなる性質を「感光性」と言う。

南から来た晩生の品種のなかから、この二つの性質を組み合わせて、基本栄養生長性は大きい（短かい）が、感光性の小さい（遅い）タイプと、栄養成長性は小さい（長い）が、感光性の大きい（早い）ものを取り上げる。もちろん基本栄養生長性も感光性もともに大きい品種は、日本のように北部にある地理的環境のもとでは育たないから問題にならない。しかし、以上の二つの性質を持つ晩生種の雑種の中からはよく育つものが出てくる可能性がある。佐藤洋一郎によれば、それは西日本において生まれた自然雑種の中から選び出され、早生として稲作の北進に役立ったと推論されており、実験的にも確かめられるとしている[60]。

もちろん、稲の品種は単に栽培日数における結実可能性のみならず、収穫量や食味の問題ともからんでいるし、品種作りの方法も明治以前におけるまでは自然雑種や突然変異、純系淘汰による選抜といった形をとっていた。日本の稲作国としての発展はこれらの問題を解決することによって、北は北海道まで稲を実らせる歴史でもあったのである。すでに品種については『万葉集』において言及されている。「かつしか早稲」、「むろのはや早稲」、「かどた早稲」という具合である。この早稲（ワセ）についての記述は早稲、晩稲の区別があったからであろう。源俊頼の『散木奇《さんぼくき》歌集』（一一二八頃）には、「ちもとこ」、「神のこ」、「ほうしこ」、「ちがひこ」、「ちくら」、「たもとこ」といった具体的品種名が出てくるという[61]。

この歴史の中で、多くの試行錯誤がなされた。

第4章

# 都市の水

人間の集落が単なる人口の増加の域を越えて、いくつものサブシステムの集中するシステムの中心になったとき、都市が誕生する。それはシヴィライゼーション（都市化）の言葉のとおり、少なくともユーラシア大陸の西側においては文明の誕生であるが、このことは東アジアにおいても、おおむね妥当すると言えるであろう。

この都市の誕生によって、水の役割が本質的に変わるわけではない。ただ人口とそれが必要とする水の使用量は飛躍的に増大するし、その利用法は多様化する。そのもとでは、人間にとっての水の重要性は増大しこそすれ、減るということはない。したがって都市の立地は水利用の便利のために、河や泉やオアシスの近くに求められることが多い。

人類最古の都市と言ってよいと思われるのは、メソポタミアのティグリス、ユーフラテス両河の河口地帯のシュメール都市であろう。その影響を受けたと思われる古代インダス文明もインダス河の流域に建設されていた都市に生まれたものである。古代エジプト文明はメソポタミアの文明より新しいか古いか、断言的に答えることはむつかしいが、それがナイル河の河谷に成立したことは間違いない。東アジアにおいても、黄河の支流の渭水から文明が始まっており、やがて黄河の本流、さらに江南へと移動している。

これらの場合、都市は比較的大きな河畔に立地し、やがて大河から比較的小さな河に寄り添う形をとるが、必ずしも河に全面的に依存するのではない。泉や井戸など、そして後述のように、人口の増大にともなう需要により水道も引くようになる。アテナイやローマの例がそれであり、近代都市も同様である。単なる井戸ではなく、イランのテヘランのように多くのカナートによって成立しているところもあるが、時に北京のように極めて多数の井戸によってまかなってきたところもある。後者の場合、それができるのは、移動する黄河のかつての流れの最北辺に北京が位置し、その近郊まで大運河が届いていて、元代には運河によって勃海湾へとつなげられたことによって、地下に豊富な含水層ができていたからであろう。

水の重要性は日本の首都の歴史を見てもわかるであろう。日本の首都は難波→藤原→奈良→京都→東京と移動しているが、なかでも京都（平安京、八世紀末～一九世紀）の生命の長さは水の豊富さによるところが大きい。首都には人口が集中するので、その立地は地政学的な意味と併せて、水の利用可能量、便不便によって決まる。平城京（八世紀）は一〇〇年そこそこしか持たなかったが、平安京が東京遷都まで首都であり続けたのは、この地が鴨川と大井川に挟まれた沖積地で、地下水が豊富にあったからである。地下の遺跡の考古学的発掘調査で眼を見はらせる京都の特徴は、井戸跡の多さであるという。井戸による多量の水の汲み上げを許したのは、かつて京都は沼沢であったからで、そのため平安京の左京はのちのちまで低湿地が残存して開発を妨げていたのである。

## 1 オアシス都市

ここで、上水道に触れる前に一言しておかなければならないのは、オアシス都市についてである。これまでオアシスは河、泉と並べて、単なる泉の大きなものとしてだけ言及してきたが、文明史的には、これを中心としてできたオアシス都市は特殊な意味を持っているのである。あらためてオアシスを定義すると、それは砂漠やステップ（草原）など乾燥地帯で、常に淡水が存在している場所ということになる。アラビア語ではワーハという。

その第一は地下水が湧出しているところ。砂岩、石灰岩などの帯水層の水があるところで、山麓であるとか降水のときだけ流れが出現する涸れ川（ワディ）の河床などがそれである。第二は高山地帯の山間の河谷やその出口である山麓の扇状地。乾燥地帯でも高山には雪や雨が降るので、夏でも雪どけ水として水がうるおう。そのため、ここには細長い河が流れるが、やがて扇状地で河は地下にもぐる。第三は乾燥地帯外に水源を持ち、水量が豊富なので乾燥地帯に入っても涸れない河谷。ティグリス＝ユーフラテス、ナイル、インダスなどの大河川の流域がそれである。第四はカナートや掘抜き井戸で人工的に水を汲み上げたもの。

このうち第三は河として取り扱うので、ここでは除外する。結局、第一、第二、第四によるものをオアシス都市とする。そのうち第一はアラビア半島北部のタイマー（サウジアラビア北西部、ネフド砂漠の縁辺）のように大規模なものもあるが、多くは小規模で、それに比例して都市としても小規模である。

第一、第二、第四とも北アフリカ、西アジア、中央アジアに点在するが、第四のテヘランなどを例外として、重要なのは第二のオアシスである。そしてその中で代表的なものは、まずシリアのダマスカスである。それはアンティレバノン山脈の東麓のバラダー河の扇状地に位置し、八〇〇〇ヘクタールの農地を灌漑して都市を成立させている。その他、エルブルース山脈（ロシア）とザグロス山脈（イラン）の内陸斜面の山麓にいくつもこの型の小都市がある。最も多く存在しているのが中央アジアである。西からブハラ（ウズベキスタン）、サマルカンド（ウズベキスタン）、喀什《カシュガル》（中国、ウルグイ自治区）などであるが、有名なのはウルグイ自治区内の天山《テンザン》山脈、崑崙《コンロン》山脈の山麓にあった亀茲《クチャ》、于闐《ホータン》、莎車《サシャ》（ヤルカンド）といったシルク・ロードのオアシス都市である。(1)

これらの都市では、水があるから当然に各種の穀物、果実、野菜、工芸作物、牧草が栽培されるほか、牧畜が行われ、ラクダの水飼い場も設けられていた。さらに、そこに成立した集落では木工、鍛冶、鋳掛け、仕立てといった手工業が行われ、さまざまな販売者が住みついていた。それはバサールという形に成熟するとともに、食料、木製・金属の諸道具、衣服・繊維、皮革とその製品、貴金属、薬品、書籍など各種の小売商を密集させ、商業、輸送業者のためのキャラヴァン＝サライ（隊商宿）も営まれて、隔地間の交易・交通ネットワークの結節点となった。オアシス都市は農牧工商の分岐点であるとともに凝集点であり、文化の伝播ルート、各文明の交流の場となったのである。しかし、そこは水のある世界と水のない世界とが接触しているところだけに、外側にいる遊牧民の脅威に常にさらされているばかりか、ひとたび水が去ると滅亡しなければならなくなる。その有名なのがイギリスの探検家スタインの発見したタクラマカン砂漠（中国、ウルグイ自治区）の都市で、そこでは砂丘の移動や伏流水を生み出す降水量の変動によってオアシスや湖がさまよって、羅布泊《ロプノール》湖畔にあった楼蘭のような廃墟を作り出したのである。

## 2　前近代都市の上水道

これと違って、都市が多少とも降水量に恵まれ、それにより森林に取り囲まれている場合、簡単に滅亡することはない。都市人口が膨れ上がったときには、井戸を追加することもありうるが、それでも不充分なときは、都市の周辺に水源を見つけて、そこから水道を引いて市街に供給することとなる。

イェルサレムやガザなど地中海東岸の都市の多くは、井戸とともに、冬雨を集めた溜め池から水道で水を引いている場合が多いし、コンスタンティノープル（今のイスタンブール）でも雨を集めて、都市の地下に巨大な貯水槽を数多く設けている。しかし、ギリシア＝ローマ的世界においてはかなり遠方の泉ないし河の水源から水道を掘削あるいは構築するのが一般に見られた[2]。

ギリシアの諸都市は多くの場合、泉に寄り添って建設された。しかし、同時代のプルタルコスはアテナイの初期の水事情について、次の如く述べている。

「水の点ではその地方は始終流れる川も池も沼も豊かな泉も不充分であって、大部分の人は井戸を掘って使っていたので、ソロンは法律を定めて、一ヒッピコン即ち四スタディオン（一スタディオンは一八〇米）以内の距離に公の井戸があるところではそれを使い、それ以上距っているところでは、銘々で自分の水を求めることにした。自分たちの土地を十オルギュイア（一オルギュイアは一米七八糎）の深さまで掘っても水が出なかった時には、隣の人から毎日二四六コオス（一コオスは三リットル四分の一）入る瓶に一杯貰うことを許した」[3]。

これがプルタルコスの伝えているソロン（前六四〇〜前五六〇頃）のアテナイ統治の中で行われたことである。しかし、人口が増加し、都市が大きくなるに従って水の需要が増え、不足することになり、水源が干上がったり、汚染されたりする。市内の井戸も水位が下がったり、汚染されたりする。そのため、多くの都市では覆いのある水路を造り、それを公共の泉に導いている。水を地下道で供給することのできる最初のヨーロッパ都市はミュケナイ（前一四〜前一一世紀）であったが、一般化するのは前六世紀からである。アテナイでペイシストラトス（僭主。前五六〇〜前五二七）が造らせた約一キロメートルの水道はほとんどトンネルで、大きな沈澱池を設けていた。その末端は泉となり、市民はそこから水を汲み出していた。この公共の水を汚す者は死刑をもって処罰された(4)。

### ローマの上水道

ローマはもともとティベル河畔の丘の間の沼地の集落であったが、紀元前六世紀から数百年の間に帝国の首都（メトロポリス）へと自然成長的に発展した継ぎはぎ的な都市である。当初はティベル河の水や市内の井戸水が利用されていた。しかし人口が二〇万前後になったと思われる紀元前三一二年には、最初のアッピア水道が近郊のラティオ地方のアッピア湧水からほぼ地下の導管を通して引かれた。紀元前二六九年には、ティベル河の支流であるアニエーネ河の中流地点から地下部分に覆いがつけられ、地上部分には水路のほかアーチの水道橋が走ることとなった。これがアニオ・ヴェトス水道である。

その後、湧水、湖水、河の流水を、トンネルや地上の水路、そして有名なローマの水道橋によって引き、紀元二二六年のアレッサンドリーナ水道まで合わせて一一の水道を開通させたのである。

この一一の水道の水源はいずれもローマ市内よりも高地だったので、ローマ市内の公共の泉までは重力を利用した自然流下であった。水路の幅は〇・六ないし一・八メートル。部分的にはサイフォンや逆サイフォンの原理が使われたが、全体の勾配は距離二〇〇〇分の一から二五〇〇分の一とさまざまであった。これらの水道が市内に近づくと各水道は接近するが、水源の違った上水を一つの水路にまとめて混合することは決してなかった。これは興味深いことである。そのため、水道橋も二重、三重のアーチで支えられることになった。例えば、紀元前一三〇年にマルツィア水道の水道橋が造られたが、紀元前一二二年にはテプーラ水道がその二階のアーチの上に、紀元前三三年にはもう一つの水道がその三階のアーチの上に流れることとなり、かくて三階建ての水道橋が完成した。同じように、紀元五二年には、クラウディア水道の上にアニオ・ノーヴゥス水道が流れて、二階の水道橋となった。

これらの水道はいずれもティベル河の左岸に配水するものであったが、右岸にも紀元前二年のアルシェティーナ水道と紀元一〇九年のトラヤーナ水道が配水された。こうしてローマ市では、最盛期には沈澱用に使われたと思われる中継配水池や配水池が二四七も設けられ、さらにこれら配水池からはパイプで公共用、皇帝用、私人用に分けられた上で、水不足のときにはこの順序で配水されたという。その頃、ローマは一〇〇万都市となっており、市民たちは一日一人当たりで平均五〇〇リットルの水を利用することができたという。このように豊富な水の供給が可能であったが故に、ローマ文明の重要な項目としてのリゾート的浴場文化も花咲くことができたのである。(5)

これら上水網の管理については、共和政のもとでは行政の関与はなかった。しかし、ローマ初代皇帝アウグストゥス(在位、前二七～後一四)の時代には、執政官クラスの管理者一人と元老院議員クラスの副管理者二人からなる水道局が設けられ、奴隷二四〇名が配属された。次のクラディウス帝(在位、一四～三七)のときには、水道管理長官が任命され、作業員が六〇〇名に増員された。

このローマの水道システムは帝国各地(北アフリカから地中海北岸ムガリアまで)のローマ人の

都市によって縮小された形で再現される。そして今日でも、フランスのアルルから北アフリカのヌミディアまで、ローマ都市の遺跡の最も目立つものとして人々の眼を見はらせている。しかし、このシステムも五世紀の西ローマ帝国の崩壊とともに壊滅した。一方、東ローマ帝国（四世紀末〜一五世紀）の都市では、レヴァント地方、コンスタンティノープルに見られるように、随所に設けられた溜め池＝貯水池に依拠するものが多かった。

西ヨーロッパ諸国における中世都市はいずれも小型で、ロンドン、パリですら、なかなか人口一〇万を突破することができず、ローマ的な水道システムが再浮上するのは近代に入ってからであった。この間、すなわち西ローマ帝国の崩壊から近代に至るまでの間、ローマの水の文化はイスラーム文明によって継承されることになる。

## イスラームの上水

イスラームは七世紀にアラビア半島のイエメンから起こり、たちまちのうちに北アフリカからオリエントを通り、中央アジア、インドの西半分に至るまでの帝国を造り上げるが、その文明はローマの文明とサーサーン朝（三〜七世紀）のペルシアの文明を継承したものであった。それ故、水に関わる分野では帝国内の諸都市の多くは広い意味でのオアシス都市であったので、ローマの水文化もまたイスラーム的に再現された。まず、一日に五回行われるお祈りにあたっては、条件に応じて身体の各部分の洗浄を義務づけられているので、モスクには泉水が常備されていたし、市内にも各所に飲用並びに洗濯用の水を供給する泉水が設置されていた。

それにイスラーム都市はいずれも隔地間商業の結節点であったから、いくつものキャラヴァン＝サライ（隊商宿）が営業しており、そこには商人のみならず、家畜がとるための泉水もあった。また、各街区には、この水を大量に消費することによって楽しむハンマーム（公衆浴場）が設備されることも多かった。浴場文化については次章で詳述するが、この施設がモスクと同様に都市に多数存在するためには多量の上水を必要としたことは間違いない(6)。

とはいえイスラーム社会においては、インド洋東辺の熱帯降雨地帯を除いて、上水が大変に貴重なものであったことも事実である。例えばシャリーアという言葉は神法（イスラム法）と訳されているが、アラビア語では「水場への道」という意味であるという。ムスリムの生活全般を規定するものが神法であることをかんがみるとき、この言葉が、生きる上で欠かせぬ水場への道という意味で示されていることは象徴的である。一般に、各都市は二つの大貯水池を持っていたようである。一つは公共の用に、もう一つは軍団の用に供されていた。この水が尽きるとき、生活は破滅し、都市は縮小したり衰亡した。もっとも、なかには大河の河畔や伏流水の豊かな地域のように、水が豊富な都市もあった。

その一つがティグリス河の水を利用したバグダッドである。この都市は円型の内城とその外側の市街とに分かれていたが、そこには多くの運河が張りめぐらされていた。この運河の水が各家庭のみならず、各部屋にまで導入され、水浴と洗濯のために利用されていたという(7)。あるいはフスタート（カイロ）では、ナイル河から直接に水を引くのではなく、大きな水槽を造って、ここに駄獣がナイル河の水を日夜運び入れ、そこから水運搬人が家庭や商店、工房や浴場、モスク並びに公共の泉に配水していた。この場合、清掃・料理用の水と飲料用の水とは注意深く区別されていたという(8)。

近傍に大河もなく、年間降水量も二〇〇ミリ程度しかないダマスカスについてはオアシス都市として一言したが、若干つけ加えると、この都市は、アンティレバノン山脈に冬季に降った雪どけ水や雨が山中に浸透し、東麓に湧出する泉、アイン・フィージーを水源としている。この泉の水が山腹を貫通する水道によって、ダマスカスの北側にあるカス＝ユーン山の中腹の地下貯水池にいったん貯められ、それから市内に配水されるのである。アンティレバノン山脈からの水はアイン・フィージーだけではなく、いくつかの泉を生み出すが、それらから流れ出す水が合流してバラダー河となり、それが六つの支流に分かれ、表流水として市内を通り、ダーク・オアシスに集められる。そしてここから細かな水路網に展開して、その水によってオリーヴ、アンズ、プラムなどの果実、タマネギ、ナス、キュウリなどの野菜、大ムギ、小ムギなどの穀物が栽培され、収穫後刈り株を家畜が食べたのである(9)。

これらオリエントの都市に対して、イスラーム圏の西側、イベリア半島の後ウマイア朝の首都コルドバは、イランのテヘランと同様に数多くのカナートの水によって養われていた。ここには一〇世紀以後、五〇万を下らぬ人口が住んでいたが、カナートによって引かれた泉水で生活しており、八〇〇の公衆浴場があったと言われている(10)。

## 中国の都市の上水

漢族はその言語から見ると、タイ系の民族と北方民族の化合物であろう。彼らのアイデンティティは漢字であるから、その最初のものである甲骨文字が現れる殷代（前一四～前一一世紀頃）の遺跡が黄河およびその支流の流域にあることは当然のことである。殷以後の西周の都、鎬京《コウケイ》（西安）は渭水の河畔。東周の都、洛邑《ラクユウ》（洛陽）は黄河。最初の統一専制国家の都、咸陽《カンヨウ》（西安の北西部）は渭水。漢の都、長安は同じく渭水。分裂期に江北をまとめた前秦の都、洛陽は黄河。江南の東晉の都、建業（南京）は揚子江の河畔。隋唐の長安は渭水。再び分裂期をへて北宋の都、開封は黄河の河畔。侵入してきた金の都（大都大興府）、燕京《エンケイ》（北京）は永定河《エイテイ》。南宋の都、臨安（杭州）は銭塘江の湖畔に位置した。元の都（大都）は金の燕京。当初は南京に都を置いた明もすぐに北京に移り、清も北京を引き継いでいる。北京は大河の河畔ではないが（永定河は小河川）、もとは大運河につらなって、海への連絡となる運河を掘ったほか、豊富な伏流水も流れているので、井戸から地下水を充分に汲み上げることができた。北京の小単位街区を胡同（ホートン）と呼ぶが、この言葉はモンゴル語のフータック（井戸）からきているという。

これらの事例は首都という人口密集地には大量の水が必要なことを示すものであるが、都市計画において水路が設置されたのはもっぱら下水路であって（後述）、上水は主に井戸が利用されたようである。もっとも、北部であれ南部であれ、天然の良水（甜水《てん》）を入手することはむつかしかった。陸羽（唐の人、？〜八〇四）の『茶経』などに良水についての記述はあるが、それは特殊な地理的条件によるものであった。したがって、大きな都市においては飲料水は水売りから買い入れることが多かった。その最初の記録は北宋開封（一〇〜一二世紀）のものである。

華北平原と地中海沿岸では降水量はほぼ同じで、年間五〇〇〜六〇〇ミリ内外である。しかし、華北ではこの雨が片寄って、時期的に不安定であるばかりでなく、地域的には黄河という大河川とその多くの支流の流域である点で地中海世界と異っているから、人と水との関係には違ったところがある。例えば、中国においては農業用の灌漑水路は建設されたが、上水道はあまり建設されなかった（もっとも唐末宋初（一〇世紀前後）の四川の成都には溝渠式上水道があったようであるが）。また良水の入手がむつかしい浙江の杭州では、唐代より西湖の水を引いて、市中の六つの泉水に供給していた。宋代には泉水をいくつか追加しているほか、水門で水量を調節したり、水路の一部を暗渠としたり、パイプで給水したりしていた(11)。しかしこれらは例外で、北部のみならず、雨量の多い南部においても良水を得ることはむつかしいので、漢族は決して生水を飲まず、必ず煮沸した水（開水）を使うのが一般的になっていた。小竹文夫は二〇世紀の初期（これは都市についてのみではないが）について次のように述べている（原文ママ）。

「黄河はじめその他河流の畔りに桶を担いで無数の水汲人夫が往来しているのは北支那の常景である。河流沿辺のものはそれでもよいが、その濁流さえ無い地方のものは屋根から天水を取るか家の近くに池塘を作りその溜り水を用いる。それは飲料水ばかりでなく洗衣、さては女子の便器たる馬桶を洗う水でもある。これら溜り水は大柢腐敗して青黒くなっているので〔中略〕飲料とするときは勿論煮沸せねばならぬ。〔中略〕また溜り水には大腸菌その他諸のバクテリアがおり、これを煮沸すれば一種のワクチンになるわけで幼少のときから毎日これを飲んだ支那人はこれらの病気に対して頗る抵抗力が強い。南支那は雨量が多く水は豊かであるが、これも大方は濁水で江南地方などもアルカリを含んだ硬水が多く良好な清水を得られぬこと北支那と大差ない。少しく良水があれば天下第何泉の名を得ることや、濁水・溜水を煮沸して用うことも北方と変りがない(12)」。

こうした光景は二〇世紀に至るまで、一般に見られるものだったのである。

## 江戸時代日本の上水道

日本文明は漢族から多くの文物を受け取っているが、風土の違いもあって、文明も異質のものとなった。江戸の町作りは上水道の建設と併行してなされた。すなわち、天正一八（一五九〇）年に徳川家康がこの地に入国する際、大久保忠行に命じて小石川上水を建設させた。これが日本における最初の上水道であるが、内容は小石川を流れる河水を神田方面に導いたものであった。この小石川上水は江戸に人口が集まってくるに従い、逐次改修や改築が加えられ、さらに給水地区を拡大して、寛永六(一六二九)年に一応完成したようである。

京都が単に井戸にのみに長らく依存してきたのに対して、政治的中心としての出発にあたって江戸が水道を必要としたのは、その地質に拠るであろう。江戸は、武蔵野台地の東端である山の手に育つ部分と、縄文海進のもとでは海であったが、それ以後、陸化しつつあった沖積地の僅少な平地を埋立てした下町に育つ部分からできている。そこではいくつかの小河川の水と、台地のふもとから噴出する泉の水ぐらいしかなかった。というのも、台地は水田化が不可能なほど水のない地域であったし、平地はもともと海であったところなので、井戸を掘っても良水を求めることができず、せいぜい雑用水にしか使えなかったからである。それ故、世界でも稀な一〇〇万都市になろうとしていた江戸は、その拡大に比例して上水道を建設しなければならなかった。

江戸最大の本格的な水道は玉川上水である。町人庄右衛門、清右衛門兄弟が計画し、その建設を請願したのが受け入れられて、承応二(一六五三)年に工事担当奉行として伊奈忠克が命ぜられた。そして翌年の承応三(一六五四)年には開通している。この上水は多摩川を水源とし、上流の羽村で取水し、四谷大木戸まで開削したものであるが、四三キロメートルの長距離のため、水が円滑に流れるよう勾配をつけて掘るのに苦労したようである。江戸市中に入ると石樋や木管(樋という)などによって手際よく配水された。その利用は大規模な武家屋敷に直接給水されるほか、町人居住区には町内に水汲み場所(枡という)を設け、そこから汲み上げた。その経営と維持管理は役人によって行われ、その経費は禄高や間口の広さを基準とした水銀《みずぎん》(水道使用料)によって徴集された。

江戸の町人がこの上水に満足していたであろうことは、上水の水を産湯とすることが江戸っ子自慢のプライドになっていたことからもうかがえる。

玉川上水以外ではその後、亀有、青山、三田、千川の四上水が開設されたが、室鳩巣（江戸中期の儒学者）の「水道が火災を誘発する」（水道があると安心し、「火の用心」の意識を弱める）という意見が入れられて、享保七（一七二二）年に廃止されている。[13]

江戸以外では、赤穂、福山、桑名、高松、水戸笠原、名古屋、長崎倉田などに飲料用の水道が敷設され、その他、甲府、小田原早川に灌漑兼用の水道、金沢辰巳に官公専用の水道など、全国で四〇余りの水道が開設されている。しかし、江戸と同様、台地以外の平地がデルタ地帯である大坂ではついに水道が開設されなかった。それは水量が豊かで、水質も良い淀川と連なる堀川が市内を縦横に流れており、そこから汲み上げることができたからである。もっとも天明年間（一七八一～八九）の頃から、人口の増加によってこの水も汚染され、不足するようになったので、良質の水を運んできて小売りする「水屋」が生まれている。山本豪は言う。

「一九世紀初頭のロンドンの人口は八十六万人、パリは六十七万人と推定されるが、当時の江戸の人口は百万以上であり、その半分以上が江戸上水の給水を受けていたと推察されることから、江戸の水道は、規模の点では世界有数であった[14]」。

## 3　前近代都市の下水道

これまで上水道について述べたが、世界的に言えば、都市においては下水道の方が早く、広く普及していた。それは、人間は生理的に排泄物を排出しないわけにはいかないし、食材の調理その他、生活はごみを生み出すからである。もとより、狩猟採集時代においては、ごみは広い地域に散在していたので、これらは自然によって容易に処理されていた。しかし、農耕が始まり、集住と人口増加が生じ始めると、たちまち人間の周りに汚物やごみの山を築いていった。このごみや汚物は、固形物は一定の場所に集積するが、水とともに流せるものは下水道によって海や湖に捨てたのである。

しかし、その投棄には限界がある。水とともに流すことは水流を汚染させ、そこから飲料用などの上水を採取するにはふさわしくなくするが、人口増加はこの問題を我慢できない域にまで深刻化するであろうし、また流すには水そのものの量が充分でなくなるであろう。それ故に、どうしても汚物やごみを流す外水道を設け、上水を採取する水流と区別することが行われた。

### 最初の下水道

興味深いのは、この下水の処理にあたって、まず吸い込み式の穴が使用され、そこに宗教的な意味が与えられていたことである。紀元前三五〇〇年の古代メソポタミアの初期王朝の時代にすでに便所その他に排水管が付けられ、それが地下深く掘り下げられて、汚水が吸い込まれるようになっていた。この時代、建物は廃棄されると土に返り、新しい建物はその上に建てられることになっていたので、この穴は考古学者にとっては遺跡を破壊するものであった。しかしこの穴を造った人たちにとっては地下の冥府にあるアプス神（大洋の神）に奉げる水を送りとどけるパイプであった。このことは、この穴の底に土器やテラコッタの舟の模型が置かれていることによってわかる。同時に「塵は死者の食べ物。泥は死者の飲み物」（楔形文字資料）であるから、汚水は地下にある死者の世界の住人によって食べられ、飲まれていたのである。

この吸い込み式の排水穴による各戸ごとの汚水や雨水の処理は、次に述べる下水道による集中的な排水が始まってからもしばらく行われ、イシン王朝（前一九六〇〜前一七三五）やラルサ王朝（前一九六〇〜前一六九八）の家屋においてもなお設備されていた。この時期のウルの一般家庭は室内が極めて清潔に保たれていたが、それは汚水や雨水が中庭に集められ、それを吸い込み式の排水穴で地中に送っていたからである。大きな家では中庭に面していくつもの部屋や常用便所、客用便所、手洗所が設けられており、そこから独立した排水管が深く掘り下げられていた。

ただこの吸い込み式による下水処理には限界がある。地下に送り込まれた水は蒸発することはできないから、水を吸い込む余地があるか、地下水として移動していかない限り、一定以上それを受け入れるのはむつかしくなっている。それ故、他の水への混合を避けながら汚水を処理するため、下水道を使うこととなるのが自然であろう。その最初のものと思われるのはアッカド王朝（前二三五〇～前二一八〇）の遺跡に発見されたテル・アスマルの宮殿のそれである。この宮殿はシュメール人の王朝を倒したアッカド人の宮殿であるが、そのハーレムとおぼしき部屋に窯焼きの煉瓦で造った六つの便所と五つの浴室があって、それぞれに下水管が設けられ、さらに地中には直径約一メートルの本管があり、五〇メートル続いていたという。また、これらと同じ時期の同じ王朝の同じ都市のエシュヌンナの宮殿にも浴室と便所が発見されたが、その諸部屋の外側の道路に沿って走る本管に下水管がつながれていたという。これらのパイプは窯焼きの煉瓦造りで、接合部や内側にはアスファルトが塗られて漏水を防ぎ、パイプの交差点その他にはマンホールが設けられ、点検や清掃のために使われていた。このテル・アスマルの宮殿で使われた下水道はその一〇〇〇年後には一般住宅にも普及し、煉瓦で造られた腰掛け式の水洗便所からテラコッタ製の排水管でティグリス河とユーフラテス河とを結ぶディヤラ運河に流されていたのである。(15)

## インダスの下水道

メソポタミア文明の影響を受けて、インド亜大陸のインダス河流域にも、紀元前二五〇〇年頃から突如として都市が成立してくる。それがハラッパーやモヘンジョダロである。これら二都市のみならず、この文明のもとの諸都市において共通しているのは、それが自然成長的に形成されたものではないことであろう。いずれも外側に城壁をめぐらし、排水施設をともなう道路の両側に煉瓦造りの家が並んでおり、市場や倉庫のほか公衆浴場もあった。(16)上水は屋内や街区の街頭に設けた井戸から汲み上げられた。

排水溝は煉瓦造りで、間隔を置いて同じく煉瓦造りのマンホールが設置されており、溜ったごみや泥はそのマンホールの中に処理されるようになっていた。この排水溝には家の中から吐き出された汚水が土管を通じて流れ込んでいた。またある場合は、底を抜いた大ガメの中にこの汚水を流し入れて、吸い込み式で処理していた。ごみ箱は家の外壁に取りつけられていて、屋内から投げ入れたごみは街路側から定期的に集められていた。

このインダス文明の社会における特徴は、遺跡から見て軍事的、支配被支配的な関係が弱かったこと、そして同時に、そのもとにある多くの都市の施設の規模が統一され、しかも長い間そのまま維持され続けたことである。このことは、先行した他の文明があって、インダス文明はこれをモデルに建設されたことを教えるものであろう(17)。明らかに、インダスの文明はメソポタミアの文明の影響を受けていた。両者に交通があったことは、インダス文明の円筒形の印章がメソポタミアで発見されていることから証明されている。もっとも、メソポタミア文明の影響は単に東方に向かっただけではなかった。地中海を西進し、まずエーゲ海地域、次いでヨーロッパに大きなインパクトを与えるのである。

## エーゲ海文明の下水道

エーゲ海地域には紀元前三五〇〇年頃から文化が始まっていたようである。この地域はオリエントのメソポタミアとエジプトの文明の影響を受けている地域である。ただし大陸との間に海があったので、それ自体は通路となることはあっても、海軍を持った諸国家（エジプトには海軍はなかった）からの直接的な占領、支配からはまぬかれた地域（直接の支配を経験した周辺に対して亜周辺）であると言えよう。

この地域はほぼ四つの文化に区別して考えることができる。まず最初は小アジア沿岸にトロヤ文化、次にギリシア沿岸にヘラディック文化、そしてクレタ島にミノア文化、後者二つの間の群島にキクラデス文化である。この中で目立つのはトロヤ文化（前第三千年期から始まる）である。これはホメロス（前八世紀頃）の詩によって語られ、ドイツの考古学者シュリーマン（一八二二〜九〇）の発掘によって実証されたものであるが、これ自体が三〇〇〇年にわたって存続し、いくつもの層をなしている。次に注目されるのがクレタのミノア文化で、そのクノッソス宮殿はイギリスの考古学者エヴァンズ（一八五一〜一九四一）によって発掘され、その内容が明らかにされている。この文明は紀元前一五〇〇年頃にピークに達したと思われるが、その頃クレタの都の人口は八万余り、その周辺を含めると一〇万とされている。この文明はメソポタミア、とくにエジプトの文明的影響を受けたけれども、それらとは多くの点で違った印象を与えるものであった。川添登は次のように述べている。

「オリエントの建物は、外部に対してほとんど開口せず、開けたとしても小さな窓にすぎなかったが、クノッソス宮殿は、大きな窓を開け、みるからに近代的印象を与えるものであり、その内部の壁には、色彩豊かにフレスコ画が描かれてあった。渦紋や円などの幾何学模様のほかは、草花や鳥や獣、魚などの自然が、自由で明るく、より写実的なタッチで描かれ、人物も大きな角状盃をささげる廷臣と着飾った婦人など、祭礼に集まる群衆などが取上げられ、神や王の権威を示すよりも、宮廷生活の華麗さを伝えるものであった。なかでも、あまりにモダンな印象を与えるので、『小さなパリジェンヌ』と呼ばれている壁画は著名である(18)。

メソポタミアやエジプトの文明が荘厳で、むしろ重厚感を与えるものであったのに対して、何と軽快な明るい色彩を感じさせることであろうか。この印象の違いは、おそらく大陸の二つの専制国家が穀物生産を経済的な基盤としていたのに対して、クレタの王国は何よりも海洋に生きる国として、オリーヴ油やブドウ酒を生産し、これらの物資の交易によって生活してきたことによるものと思われる。

エヴァンズによれば、この宮殿はホメロスが語っているミノア王の宮殿である。ホメロスはこの宮殿を迷宮であるとしているが、クノッソスの遺跡はまさにそれが迷宮であることを示したのである。エヴァンズは、そこに「浴室や下水道」を復元した。そしてクレタ文明が史上最初の水洗便所や下水道を発明し、エトルリアをへてローマに伝えたのだとした。これに対し、ドイツの地質学者ヴンダーリヒが一九七三年に『迷宮に死者は住む』(関楠生訳、一九七五、新潮社)を発表し、クノッソスの宮殿がもろい石膏でできていることに疑問を持った。また「王妃の浴室」は浴槽としては小さすぎ、給水設備も排水溝もないとした。しかもそれは迷宮の奥、地下の湿っぽい場所に置かれていたことからして、ヴンダーリヒは、発見されたとき浴槽と思われたのは棺であると結論づけた。整備されていたとされる井戸、水道、排水溝、水洗便所は、実は死体をミイラにする設備であり、したがって宮殿は死者の宮殿である、というわけである。

川添登はこのエヴァンズとヴンダーリヒとの対立を、両者それぞれが生きた社会的背景から見直そうとする。すなわち、エヴァンズの見方は、彼が生活していたヴィクトリア朝(一八三七~一九〇一)のロンドンのイメージがあるという。つまり、当時のロンドンにはまだ水洗便所も下水道も整備されず、ようやく出現しようとしているところであった。だから彼のクレタのイメージは、ロンドンの理想像を投影したものであり、クノッソスの遺跡はそれを紀元前二〇〇〇年ないし紀元前一五〇〇年に実現したものと見えた、というのである。実際の「王妃の浴室」、つまり個人用浴槽のバスルームに関しては、ローマはもちろん、ヴェルサイユ宮殿にさえなく、ヴィクトリア朝になってようやく登場したものであった。

これに対し、ヴンダーリヒの背景には化学工場から出される有害ガス、汚物、汚水に悩まされる現代都市があるという。つまり、彼の場合はエヴァンズと違って、それをミイラ製造の棺、悪臭が立ちのぼり汚物や汚水をたれ流していた棺と見たのである。

なお、エヴァンズは、クレタの文明が紀元前一五〇〇年頃の火山の爆発と大地震によって破壊され、ドーリア族の侵入によって完全に滅亡したと見たが、ヴンダーリヒの方は、クレタの文明はエジプト文明と深い関係があり、クノッソスの「神殿」は宗教制度の革新による機能の変化によって放棄されたにすぎないとした。[19]

紀元前一五二〇年から紀元前一五〇〇年の間に発生したと推定される大地震は鈴木秀夫によって研究されたが、そこではサントリーニ島（エーゲ海の中央部の島）を吹き飛ばした大爆発と、文明史に及ぼしたその影響について分析がなされている。[20]彼によれば、この大爆発は、ミノア文明を崩壊させたのみならず、これと何らかの関係があると思われる三五〇〇年前の気候変動＝気温低下によって、ミケネー人（＝ドーリア族）の南下をも引き起こしたとされている。

川添登はエヴァンズ対ウンダーリヒの対立についてとくに自らの立場は明言しないが、クレタ文明の文明史的意義については、オリエントの諸文明が死者のために莫大なエネルギーを費やしてきたように、クレタ文明もまたこの点で同様であったとしている。[21]ただしそれは、エジプトのピラミッドのように巨大なモニュメントを死者に捧げたのではなく、小さな島、谷、海岸平野しかなかったので、ミノアの「迷宮」のような形をとらざるをえなかったとしている。

### ギリシアの汚物処理

エジプト（中心）→レヴァント（周辺）→クレタ（亜周辺）の文明圏の外側にギリシア（もう一つ亜周辺）がある。紀元前一五〇〇年前後のクレタ文明の断絶が何を意味するかについては、なお究明されなければならないが、そこに転換があったことは間違いないであろう。それは、建造物が死者のためから生者のためのものに転換したというのがヴンダーリヒの考えである。もはや一人一人の王や英雄ごとにモニュメントを造ることはしない。その代わりとしてギリシアの人々が選んだのが、額縁として祭祀用の建物《はこもの》を案出し、そこで死者を生き還らすというやり方であった。それが劇場である。ここに社会のヴェクトル方向が反転し、かくしてオリエントの都市と違ってギリシアの都市（ポリス）にはアゴラ（広場）、神殿、劇場、運動場など見事な公共建物ができたのである。しかし、ギリシアにおいては、まだ一人一人の生活は貧しいものであった。

生活にとって最も重要な水を供給する上水道は、すでに見たように、着手はされていたがまだまだ小規模で貧弱なものであった。ごみや汚物、汚水の処理についても同様であった。オリエントと違って、ギリシアにおいては個々の市民についての記述＝関心が現れてくるが、その実状はまだオリエントの生活に及ばないところすら多々あったようである。ギリシアの住宅には便所があったけれども、公共便所はなかった。高津春繁訳のアリストパーネス（前四五〇頃～前三八五頃）の『平和』（岩波文庫版）の中で、登場人物のトリュガイオスは言う。

「告げよ、人なみにしずまれと。
雪隠と糞垂れ小路を
新しい煉瓦で塞げよ、

尻の穴には栓をしろ」。

これに高津は次のような訳注をつけている。「昔のギリシアの町では、家と家とのあいだに路地があって、そこには汚物がいっぱい滞っていたらしい」。

アリストテレス（前三八四～前三二二）の『アテナイ人の国制』によると、アテナイには一〇人の市域監督官がいて、このうち五人はペイライエウス（アテナイの外港）を、残り五人はアテナイ市域内を取り締まることになっていた。彼らはさまざまな任務を持っていたが、その中には、「汚物集め人が城壁から十スタディオン以内に汚物を棄てぬよう監督する」[22]ことになっていた。一スタディオンは約一八〇メートルであったから、市外のほぼ二キロメートルぐらいのところに汚物が捨てられていたことになる。なお、上述のようにアテナイにはペイシストラトスによって上水道が引かれたが、その水が余ったときには、汚物やごみを洗い流すために使われ、流されたものはディピュロン門（アテナイの城壁の一つ）の外の池に集められて、そこから近郊の農園に肥料として送られていた[23]。

このギリシアの水準は、彼らが到達していた技術知識よりすれば、ずっと貧しいものである。すでにアルキメデス（前二八七～前二一二）はラセン式水揚器を発明し、ヘレニズム時代のクテシビオス（前二世紀前半）は吸い上げ＝押し上げポンプを発明していた。さらに重要なのは水車であるが、これを最初に造ったのはギリシア人であったと思われる。しかし、彼らはこれを実際に利用することはなかった。現実にそれらを利用して、巨大な成果を残したのはローマであった。

## ローマの下水道

ギリシアの次にローマがくるわけであるが、両者の間にはエトルリア人が介在している。ギリシアの文化はまずエトルリア人が学んでイタリア半島に定着させたのである。その都市は城壁、道路、用水路、外水道を建設していたが、ローマ人はこれを奪い、破壊し、抹殺した。ローマの都市ですら、最初に建設したのはエトルリア人であったと思われる。ローマ人は同じくこれを奪い、破壊し、抹殺したのである。エトルリア人が書き残したギリシア文字系統の文字は発掘されているが、その言葉はギリシア人やローマ人の属するインド=ヨーロッパ語族とは違った言語であって、今日なお未解読であるため、事情は文字から知ることはできない。

ローマはティベル河畔の七つの丘の協働体として成立した。民族的にはラテン人とサビニ人というインド=ヨーロッパ系の言葉を話す部族によって発生した。これにエトルリア人が加わり、やがてエトルリア人を背景に選出されたのが第五代の王ルキウス・タルクイニウス（在位、前六一六〜前五七八）である。この王はローマの都市計画を立てた。まず七つの丘の間にある湿地帯の排水を行い、フォールム（広場）を造った。

この湿地帯の排水のために造られたのがクロアカ・マキシマと呼ばれる大下水路である。当初は開溝式下水道であったが、紀元前五世紀から紀元前三世紀にかけて漸時、アーチ式に埋められ、ほぼ有蓋式の下水道となった。この頃、その高さは四・二メートル、その幅は三・三メートルで、ゆうに人が中に入って掃除ができ、今日もなお雨水排出のため使用されている。

このクロアカ・マキシマの整備と併行して市街に下水道網が設置された。かつて自然の排水溝となっていた三本の小川が次々と下水道に造り変えられてゆく。初めは溝の両側に石を積んで崩れないようにし、底には石を敷き詰めていた。次にこの溝の上を平らな石で覆ったが、やがて紀元前四世紀頃からアーチで覆うようになった。それも紀元前二七年で終わる共和政時代には凝灰岩、その後の帝政時代には漆喰いが使われた。これらの下水道はローマ市内を縦横に走っているパイプの汚水を集めていたが、それらも結局はクロアカ・マキシマと同様にティベル河に流入されることになっていた。かくて、洪水のときには水が逆流して、パンテオン神殿の床から水が噴出するようなことまで起こった。

ところで、このように体系的な下水道網を必要としたローマ市民の排出する汚水とは、どのようなものであったろうか。まず排泄物である。この排泄物を処理する便器は今日の欧米の椅子形のもので、排泄されたものは水道管から出る水によって外水道に押し流されるというシステムであった。これは一戸の家屋を所有する上層市民が享受していた便所であって、ローマの住民すべてにゆきわたっていたわけではない。

大衆の多くは高層住宅に住まわざるをえなかった。人口の流入に対応して、上へ上へと増築されていったのであるが、基礎がしっかりしていなかったので危険極まりないものとなり、アウグストゥス帝は、その高さを七〇フィート（約二一メートル）に制限している。問題は、数階にもなる建物の各階には水道管が引かれていなかったばかりか、便所も付設されていなかったことである。それ故、住民は水を住宅外の公共の水汲み場まで求めるため、階段を上下しなければならなかった。また、室内便器を窓から道路にぶちまける者もおり、当時の法律には、高層住宅の所有者は毎日その前の道路を水洗いしなければならないというものまであった。一般には、便器を持って外の汚水溜めにあけてこなければならなかったのである。

史上ローマで初めて出現したものの中に公共便所がある。その一つはガストラと呼ばれる単に路傍に壺を埋めただけのものである。そこに溜まった尿は洗濯に使えるというので、各所にガストラを設けて回収する者も現れた。もう一つはクロアキアと呼ばれ、大理石で造られた水洗トイレである。暖房装置まで付いているクロアキアもあったようである。それは早くから設けられ、紀元前三一五年には一四四カ所、紀元前三三年には一〇〇〇カ所あったという。この公共便所は無料で利用することができたが、ヴェスパシアヌス帝（在位、六九〜七九）のとき、ごく短期間の先帝ガルバ（在位、六八〜六九）をはさんで前々任者ネロ（在位、五四〜六八）によって破綻に瀕した国庫の足しにするため、有料にした。これを批判した者に対して帝は手に入れた貨幣を突きつけて、「この貨幣に臭いはあるか」と反問したという笑話が伝えられている。

閑話休題。食べることと排泄することは生物としての人間の基本的かつ普遍的な行為である。これらを行わない人間はいない。そのうち排泄物を処理するためのシステムとしては二つある。一つは水が豊富にあるところでは水で流し去ること、もう一つは水が入手しがたいところでは放置するか、集積しておくことである。日本では便所をカワヤと呼ぶが、それは流れる川の上に「掛け渡し」として設けたところからきている。馬桶（便器）を水溜りにあけることも、その一つであろう。古代ローマの水洗便所はこの方式の到達点である。そして今日の欧米のトイレも同じ方式による。古代ローマのトイレ・システムはすでに最高の水準にあったと言えよう。その他、洗浄用、調理用、浴場用の廃水も外水道で処理されたが、その管理は共和政まで放置されていた。その後、上水と同様にアウグストゥス帝のとき、下水監督官とティベル河監視官が任命され、さらにのちには下水長官が設けられた(24)。

このローマの外水道システムは、ローマほど整ってはいないものの、それ以外のローマ人の都にも多少なりとも設けられたようである。例えば、発掘されたポンペイの遺跡は紀元前七九年のヴェスヴィウス火山の大爆発によって埋没したのであるが、上水道も下水道も整備されていたようである(25)。

## イスラームの下水処理

このローマの下水道文化を継承するのがイスラームの下水道文化である。オリエントはギリシア＝ローマ以上に早くから高密集住の都市を持っていたが、紀元七世紀からのイスラーム文明のもとでは、排水をめぐる住民間のトラブルの処理方法においても、イスラーム法によって詳細に規定されることになった。まず排水といっても、雨水と汚水が厳重に区別される。このうち雨水は神からの恵みであるから、一方が独占しないようにするとともに、不用な排水として隣家に迷惑をかけないように配慮されている。汚水も、食材や衣類の洗浄によって出る汚れと排泄にともなう汚水とは区別される。雨水などは戸口の下にある排水口から道路上に流すことができるが、生活汚水は別の排水管によって流される。排泄物は集められたが、農園や庭園の肥料として使われることもある。

イエメンのサヌアでは、高層の住宅の一戸ごとに垂直のパイプで落とされた排泄物が壁の内側に溜められ、菜園の肥料として使われた（なお、排泄物の処理において、水が手近かなところにない場合は、水の代わりに砂が使われた）。

イスラーム圏ではあるが、熱帯の降雨地域である東南アジアでは、上水に人工水路が使われることもあるにはあったが、通常は水源が近いので竹の樋で容易に入手できた。他方でこの水の豊富さが下水処理をなおざりにすることとなった。川や水路の水を上水として使用するのみならず、そこで水浴、洗濯、排泄を行うことは近代に至るまで稀ではなかった。また高い柱の上に建てられた高床式住宅の場合は不用水、ごみ、汚物は等しく床下に投げ棄てられ、いつか雨水や洪水によって洗い流されるにまかされた。それ故に、高地を除いて、上水が汚染される可能性が高かったので、華僑は漢族の風習によって必ず飲料水を煮沸したのである。

## 漢族都市の下水処理

中国の都市における上水については、すでに見たとおりであるが、一般的に市内を縦横に走る水系は主に清掃用に使われた。マルコ・ポーロを驚かした臨安（杭州）の例を挙げると、この都市には大小の水路が走り、一二七一年にはこれに一一七の橋がかかっていた。道路を清掃して出てくるごみは船に積み、運び出すことができた。このごみはいくつかの場所にまとめた上、市外の荒地に捨てていた(26)。排泄物は、大邸宅の場合には汚水溜が設けられ、貧民の場合には馬桶（便器）が使われて、これらを「傾脚頭」と呼ばれる清掃人が集めていた。彼らはそれぞれ顧客を持っており、毎日集めていたが、この顧客をめぐって争奪が行われた。また、一般的にこの国では排泄物が農地の肥料としてのみならず、豚の飼料としても利用されていた。豚が便所で飼われている姿を描いた漢代の瓦器が発掘されているし、豚が街路をうろついて排泄物などのごみをあさっている光景もかつては見られた。

元代より中国の首都が北京に引きつけられたことは、この国の構造にとって非常に意味深いことである。この都のインフラ整備は、この国としては例外的な発展を見ることになる。元代には江南より延びる大運河のターミナルとしてばかりか、勃海湾より船が遡上できる水路もまた整備された。それはユーラシア大陸の東西を結ぶ大キャラヴァン・ルートの東の出発点として陸上輸送とも結びつき、この都を大帝国のメトロポリスとして機能させたのである。

明、清代には道路の水路はほとんど豪雨時の排水のためのものとなったが、明の正統年間（一四三五〜四九）に暗渠式の下水道が設置された。これを利用して、城内においては街に設けられた穴に汚水、ごみ、不浄物が投入されたり、路面に溜った雨水がこの穴に流入して、固型物をも押し流したのである。これらの暗渠は北京の各大街を貫通しており、最終的に城外の護城河にたどり着いたのであるが、河との接続点には水門があって、洪水の際に城外から濁流が逆流してくるのを防いでいた。

## 日本の下水処理

カワヤについてはすでに言及したが、日本における排泄物処理は農耕の発展とともに肥料としての利用が中心となってゆく。すでに『延喜式《えんぎしき》』(延喜五〔九〇五〕)の記述によるならば、平安京近郊の菜園においては、厩肥《うまやごえ》(家畜小屋の排泄物)のほかに下肥が使われている。

鎌倉時代に入ると、水田にもムギを裏作とする二毛作が普及したので、下肥を耕地に施すことが一般化した。それにまた、排泄物は便所から汲み取ってすぐに肥料とするよりも、しばらく熟成させてから利用する方がより効果があることも理解されるようになった。

このことは、排泄物などの汚物を単に排除すべきものとしてではなく、むしろ資源として活用する方向に社会の流れを持ってゆくこととなる。それは窒素分、リン分を豊富に含むところから、貴重な肥料として求められ、農民によって積極的に収集されたのである。その結果として、室町時代末期に日本にやって来た東洋および西洋の外国人たちは、当時の東西諸国の状況と対比して、日本が清潔であるという印象を抱いたのである。

江戸は一七世紀初めに突如として日本の政治的中心として選ばれ、以後、まずは政治都市として急速に巨大化したところであるが、この江戸に「エド・システム」と呼ばれるにふさわしい都市浄化・リサイクルのシステムが成立するのも、そうした社会状況をふまえてのことであるのは言うまでもない。

巨大都市の成立とは人口の異常な集中を意味し、それがまず上水に対する巨大な需要を引き起こすことは、すでに見たとおりである。それは同時に大量の排泄物やごみの処理の必要をもたらすことになる。これを江戸は周辺の農民による下肥の引き取りによって処理した。この引き取られた下肥はほとんど菜園における野菜栽培に用いられたが、それによる生産量の増大は同時に下肥の増加をもたらし、江戸の人口がほぼ一〇〇万で安定するに至るまで、その需要と供給を安定させることができた。

当初は無料で収集されていたが、やがて有料となり、その需要と供給の均衡は市場的な関係によって成し遂げられるに至った。当時の江戸は、武家屋敷や寺社を主とする山の手と、これとはけわしい階層序列のもとにある商人や職人、日雇いの住む下町とに分かれていたが、下肥は基本的に人口比と輸送条件にしたがって、貨幣や現物と引き替えで近郊農村に引き取られていた。下町については、道路に面したおもてだなでは間口に比例し、うらだなの長屋では住民数にしたがって、汲み取り人が代価を支払っていた。長屋において代価を受け取る権利を持っていたのは、その管理人である家守、俗に言う家主である。文久二（一八六二）年の資料によるならば、江戸町方の一年間の排泄物の代金の総額は四万九五〇三両で、このときの家守の総数は一万五五〇六人であったから、一人当たり一年に三両余りとなる。長屋ではなく、一軒家の場合、滝沢馬琴の日記によれば、汲み取りの謝礼として一五歳以上の者一人につき年に大根五〇本、茄子五〇個の割合で受け取る約束をしているという(27)。

かくして桶によって集められた下町の排泄物は、河と堀によって船が至るところに到達できたので、まずは船に積まれ、その多くは隅田川をさかのぼって葛西方面へと運ばれていった。

## 4 近代の上水道

ヨーロッパにおいてはローマ帝国以後、ローマやローマ諸都市の水に関わる公共施設の多くは放置され、やがて荒廃してゆく。いかなる施設であれ、清掃や補修をしなければ機能しなくなるのである。それは都市そのものの頽廃にほかならない。いわば、ローマ文明は歴史的には終焉したのである。ただ、ローマ法を除いて、物質文明の若干はイスラーム文明によって継承された。また、西ヨーロッパにおいては修道院にほそぼそと継承された。

もちろん、西ヨーロッパ世界では集落はたくさん存在していたものの、いずれも小規模だったので、飲料水は井戸や湧泉で充分にまかなうことができた。だが、集落の域を越えて成立した中小の中世都市においては、狭い城壁内で充分な井戸水、泉水を入手することがむつかしくなるばかりか、それ以上に、排泄物の処理が深刻な衛生問題を引き起こすに至った。比較的大きなパリやロンドンのような都市では、郊外の泉水をパイプで市内に導入することも行われたが、一般的には河の水を水売りから買って用いていたので、その結果として飲料水の汚染を避けることはできなかった。

この間、ビザンツ（東ローマ帝国）においては、ローマの技術が継承されるだけでなく、かつてコンスタンティヌス帝のもとで建設された水道システムの改良が行われた。堂々たるアーチ型の暗渠の水道と二つの巨大な地下貯水槽が六世紀のユスティニアヌス帝（一世）（在位、五二七〜五六五）によって造られたのである。これは、首都コンスタンティノープル（今のイスタンブール）がその後しばしば包囲され落城寸前までできたときにそれを切り抜け、一四六五年のオスマン・トルコ軍による攻城陥落まで生き続けさせた最大の条件であった。その大貯水槽のうちの一つは一〇〇一本の柱があり、縦六四メートル、横五五メートルの広さを持ち、もう一つは大理石の三六五の柱が二八列に並び、柱と柱の間が一二メートルあって、いずれも今日でも見ることができる。また、イスラーム諸国においても多くの影響が見られるが、その中で著名なものは天文学者イブン・カーティブ・アル＝ファイガニーが九世紀に建設したアーチ型の暗渠で、カイロの新市に南の砂漠を通って導水されていた。

西ヨーロッパで継承されたローマの技術の中で顕著なものは、カンタベリーにあるクライスト教会のベネディクト派小修道院に一一五三年に設置された給水システムである。これにより、すでに修道院の付属病院と外部の墓地にあった井戸は予備として使われ、主要な水は修道院から一〜二キロメートル先ある水汲み場から引くことになった。そのパイプは橋で堀を横切り、町の壁を貫き、修道院に入ると埋設されて給水の役を果たしたが、このような施設は各派の修道院にも広くひろまっていた。この教会施設に設けられた水道は、やがて一般市民にも利用され、最後には都市当局の責任で運営されるようになる。例えば、イギリスのサウザンプトンでは、一二九〇年にフランシスコ派の修道院がコルウェルの泉水の利用権を得たが、その二〇年後には余剰水を町に解放しているし、一五世紀までにその水道管が荒廃すると、修道院による保守ができないため、都市がシステム全体を肩替わりしている。イギリスでは一六世紀の「宗教改革」によって修道院が解散させられたものの、同時に、都市の増殖と発展は、都市当局による水道の管理を促進していたのである。

他方、アイルランドのダブリンでは一三世紀の中頃から水の供給を都市の負担で行っていたし、同じ頃、北ヨーロッパの商業センターであったブリュージュでは水槽や噴水に引く地下導水管のシステムができており、人力や馬力で運転されるポンプによって水が高所に引き上げられ、引き上げられた水は重力によって民家に配給されていた。当時のヨーロッパにおいて、このブリュージュの例は一つの驚異であったが、ローマの水道と比較するとき、やはり遜色あることは言うまでもない。西ヨーロッパの水道が古典時代の水準を乗り越えるのは、配水に加圧ポンプが使われる一六世紀になってからである。

## ロンドンの上下水道事業

ロンドンに初めて加圧ポンプが導入されたのは一五八一年のことである。オランダ人のペーテル・モリスがロンドン橋の下に水車を使った取水口を取りつけ、汲み上げたテームズ河の水を聖マグナス教会の尖塔にポンプで引き上げて配水した。その後、取水口用水車は順次五台が追加稼動し、橋のたもとに建てた高い塔から市内、とくにロンドン東部に配水された。これがロンドン橋水道会社である。

ところで、このテームズ河から取水する水については、衛生面で問題がないわけではなかった。そこで着目されたのがロンドンの北方三〇キロメートルにあるハートフォードシアの湧水で、これを隣接するリー河に流入するにまかせず、水路を新しく掘削して直接ロンドンに導入するという、いわゆるニュー＝リヴァー計画が立てられた。これが企業化してニュー＝リヴァー会社が創立され、一六〇九年に着工、一六一三年にはロンドン市内の配水池までの六二キロメートルの水路が完成した。この間、丘と丘との間には七メートル以上の橋脚に支えられた水路橋が建設され、地盤が砂利層のときは、粘土で水路を固めて漏水を防いだ。流水は湧水だけでは不足したので、近くのリー河の河水を導入して混入したり、また、水路は被覆されていなかったものの、テームズ河の水を使うロンドン橋水道会社の水よりも良好であった(28)。

しかし、これらの水道事業の発足にもかかわらず、膨張する都市の水需要を満足させることはできなかった。そのため、テームズ河のウォルター橋のところで蒸気ポンプによって取水し、テームズ河南岸に配水するランベス水道会社が一七八五年に創立された。さらに一八〇七年にはウェスト・ミドルセックス水道会社、一八一一年にはグランド＝ジャンクション水道会社、一八三九年にはサザーク＝アンド＝ヴォクスホール水道会社が創立されている。他の水源から取水して成功した他社のあおりを受け、一八二二年にロンド橋水道会社は解散したものの、一九世紀中葉には八つの水道会社が営業していたのである。この頃には、配水管も木製や陶製から鋳鉄管に切り替えられ、資力のある家庭では給水蛇口を家の中に引き込んで、屋内給水が一般化していた。しかし、湧水を水源とする良質な水の水道は高価であった。逆に河水に依存していた水道は安かった。当時の河川は上水を取水するばかりでなく、下水も受け入れて無秩序であり、水道水といえども下水を薄めたものであったからである。

これに対しては一八二九年、チェルシー水道会社によって砂の濾過装置を使った河水の処理が行われたが、こうした展開は河水による水道事業の根本的な矛盾を露呈した。そもそも水道の需要は産業化の進展とそれによる人口の集中、膨脹によって急速したのであるが、この理由そのものがまさに河水の汚染の推進、河川のドブ河化をもたらしたのである。その結果として、一九世紀のテームズ河は遠方からも臭うほどの悪臭を放ち始めた。そのひどさは、国会の窓にさらし粉をつめ込んだ袋をつるすほどであって、ことの重大さがうかがわれる。とくに一八三二年および一八四八年にイギリスを襲ったコレラの流行は社会を震撼させた。インドのベンガルに発生したコレラ菌が世界貿易の進度によって西ヨーロッパを襲撃したのである。当時はまだ、パストゥールやコッホによって細菌が病源体であるという科学的な立証はなされていなかったが、一八五〇年頃には河水による

めた。その結果、テームズ河の水を使用していた地域で患者数が増え、死亡率が高まっていることが理解されていた。[29] そのため一八五二年には「首都水道法」が公布された。それは、テームズ河からの取水はロンドンから三〇キロメートル以上離れた上流にすべきこと、向こう五年以内に時間給水を常時給水とすることなどを決めたものであるが、この法律がその目的を達したと言えるようになるのは一八七〇年代のことであった。

しかし、清潔な水を求める努力がそれだけで目的に到達するわけではない。それは、その目的がもともと市民の衛生のためであることを考えれば明らかであろう。産業化や都市化は廃棄物、汚物、汚水を大量に生み出すが、これを処理することのない衛生管理は不充分なものとならざるをえない。それに廃棄物の処理の方法は、(特定の場所への放置を除けば)一つは焼却や埋め立てであるが、もう一つは「水に流す」ことであったのである。つまりこのことは、同じ水でも浄水(上水)と汚水(下水)があり、〝清潔〟さの維持は両者の峻別によって可能なことを示している。上水施設と下水施設が表裏の如く前後して成立した理由はここにある。

ヨーロッパにおいては古典古代の崩壊後、上下水施設はともに衰退した。そして人口増の結果として中世都市が発生すると、まずやったのは廃棄物をまとめて捨てることであった。なかでも大きなのが死体であるが、それは土葬されねばならないことになっていたので、教会堂の内か外に埋葬された。[30] 水を大量に汚染する手工業には規制が加えられた。とくに屠殺場、鞣皮工場は町の外側、河の下流に移すよう命令された。日常的に発生する排泄物については、まず便所が作られた。しかし便所は定期的に清掃されなければならない。そこで富める人は水流の近くに住むことを好んだり、あるいは水流に張り出して便所を作った。この意味でロンドン橋やヴェネチアなどに見られる橋の上の住宅は便利であった。やがて汚水溜めが各所にできた。ルネサンス時代に至っても、一般的に汚物は街路の溝に投げ込まれ、ときどきの大水によって押し流された[31]。

すでに見たように、ロンドンでこのような状態が放っておけなくなったのは一九世紀に入ってからである。「産業革命」当時の一八世紀末に水洗便所が発明され、表面的には便所の不潔な問題が解決したかに見えたが、汚水を汚水溜めにただ流し込むやり方なので、すぐさまその汚水を排水溝に流すことが必要となった。その許可が下りたのは一八一五年のことである。かくして排泄物と家庭雑排水が直接、河川に放流されることとなり、とうとう河川までドブとなったのである。このことの怖しさは一八四〇年代のコレラの大流行によって曝露され、一八四八年の「公衆衛生法」の制度化へとつながった。そして、一八六〇年から七五年にかけてはロンドン市内の家庭雑排水と水洗便所排水および雨水をともに流す「合流式下水道」が整備された。ただし、集められた下水はテームズ河の河岸に沿って流し、結局下流に放流されていたので、下水道の整備が進展するに従って、下流の水質汚染はますます深刻化することになった。そこで下水は単に放流するだけではだめで、それを処理することの必要性が痛感させられることとなり、沈澱処理が始まるのである[32]。

## ヨーロッパ大陸の下水道

中世フランスでは、王国の首都としてのパリが上下水道の面でイギリスよりも早く整備されていたようである。パリでは一三世紀以前から、サン＝ローランとサン＝マルタン＝デ＝シャンの修道士たちが都市市民や修道院への水の供給を鉛製や陶製の水道管を通して行っていた。一七世紀までは井戸と河の水から直接水道管を引いていたが、アンリ四世（在位、一五八九〜一六一〇）は一六〇八年、フランドルの技術者ジャン・リントレールを使ってロンドン橋に取りつけられたものと同じポンプによる取水口をセーヌ河のポン＝ヌフ橋に設けた。このポンプはその後二〇〇年にわたって稼動し続け、一台の大水車と四つのポンプで毎分四五四リットルの水を汲み上げることができた。その大部分はルーヴル宮とテュイルリー宮の庭園用に使われたという。一六七〇年頃には三台のポンプを備えた同様の設備がノートル＝ダム橋に設置された。

ルイ一四世（在位、一六四三〜一七一五）は、ヴェルサイユ宮の庭園のために、パリの近郊に大規模な二つの給水設備を造ろうとした。その第一は、セーヌ河畔のマルリーのポンプ場で取水し、水道管で導水しながら高所の貯水池に導くものである。その第二は、ユール河から取水して貯水池に導くものであるが、これらの事業はいずれも完成しなかった。セーヌ河からの本格的な取水は、ペリエ兄弟によって一七七八年から八一年にかけて行われた。場所はセーヌ右岸のシャイヨー、すなわちポン＝ヌフ橋より四キロメートルも下流で、しかも当時のパリに唯一あった下水道の放水口の近くである。したがって、沈澱処理が不可欠であった。また、ペリエ兄弟はパリの街路に水道管を通して各戸に給水を考えていたが、実際には全く追いつかず、フランス革命時代のパリには六〇も

の水汲み場と二万人もの水売りがいたという。(33)

より清潔な水をパリ市民に供給しようとしたのはナポレオンである。一八一一年に彼は一〇三キロメートルも離れた東方からウルク運河によって水をもたらした。それは新設の導水管によって水汲み場に配水するものだが、水路を船舶用にも使ったので、たちまち水は汚染された。結局、パリの水問題は第二帝政期にセーヌ県知事オスマンによって解決された。オスマンは街路を直線にし、今日のパリの景観の原型を作った人であるが、彼の取り組みはナポレオン三世の一八五二年の命令「水問題の解決」に基づくものである。オスマンはパリの東方一三一キロメートルのデュイ河および東南方一五六キロメートルのヴァンヌ河の水に着目し、これを水路でパリに導こうとした。この仕事のうち、まずデュイ水道が一八六五年に完成した。オスマンは一八七〇年の第二帝政の崩壊とともに職を去ったが、彼の方針は受け継がれてヴァンヌ水道が完成し、さらに一八九三年には西方一〇二キロメートルからアーヴル水道が引かれたのである。こうしてパリの飲料水は確保され、ウルク運河の水は飲料以外の雑用水として使われることとなった。

パリの上水問題の解決の特徴は下水問題と一緒に行われたところにある。一九世紀の中頃まで、パリの排泄物は汚水溜めによって処理されたほか、二~三階の窓から便器をひっくり返して捨てられていた（捨てるときギャルデ・ド・ロー〝水に気をつけて〟と呼ぶ）。このとき汚物はV字型の街路の溝に流れ落ち、溜った固型物は夜間に運び去られたりした。ボードレールのパリは悪臭に満ちていたのである。この状況を古代ローマに引けをとらない堂々たる工事によって打開しようとしたのがオスマンである。かくて一番狭い下水道でも労働者が立ったまま点検・清掃できるだけの広さにし、その底には下水管を、天井には飲料水と雑用水の二本の上水管本管を取り付けることとなった(34)。しかも、集めた下水をそのままセーヌ河に放流したのでは、問題を先送りするだけである。そこで下水はコンコルド広場の地下にいったん集められ、蛇のようにうねるセーヌ河の下流二〇キロメートルのアニマールまで直線五キロメートルの下水道を通って、そこでセーヌ河に排出することにしたのである(35)。

## 5 現代における上下水処理

上下水の利用の近代化は、イギリス、フランスを先頭として一九世紀中に推し進められた。そのスピードの速さは、ちょうど鉄道の普及のそれと同じように、ヨーロッパが一つの文明圏にあることを思い知らせるものとなった。なかでも最も顕著なのが、上水の水源と下水の処理法を次々と探求してゆく努力である。すでに見たように、ローマ帝国崩壊以後の西ヨーロッパは、その残骸の中で生存し、水は原始的な配慮だけで充分に足りていた。しかし、中世都市の成立・勃興とは、言うまでもなく人口の集中=膨脹であるから、水に対する需要を爆発的に増大させないわけにはゆかなかった。やがて「産業革命」を経過しながら、西ヨーロッパは上水と下水の対策を同時的に解決することができなくなり、都市が立地する中河川の水に、上水の水源のみならず下水の放出口を求めざるをえないという矛盾をたちまちに破裂させた。水洗トイレは排泄物を処理する究極の方法であるが、そのためには大量の水が必要となったし、新たに勃興する化学工業、金属工業、半導体産業などに至っては、洗浄、冷却によって飲料水どころではない尨大な水を必要としたのである。

## 英仏以外での上水の探求

手近かな泉、井戸の水では足りなくなったとき、まず手をつけるのは河の水である。人間が河の水に手をつけるようになるこの状況は、人口が増え、商工業が繁栄するという前提の中で、時の流れとともに河の水の汚染をますます進行させてゆく。必要度が増せば増すほど、そのものの質が劣化してゆくという皮肉は、取水口と放水口の二つを距離的に遠ざけることによって一時的にしのぐことはできる。しかし、それは事情をより深刻にするにすぎない。このことは一九世紀の西ヨーロッパ社会のいずこにおいても(ロンドンにおいても、パリにおいても)見られたが、行きつくところ、より清浄な水を求めて、取水は河の上流にさかのぼり、ついに河が流れ始める泉にまで至るのが常であった。流れのない湖水に水を求める場合も、ほぼ同様と考えることができるだろう。

ところで、距離を隔てて汚染から逃れるこうした方法と並んで用いられたのが、地中奥深くに水源を求めるやり方である。それは、河水にしろ湖水にしろ、表面の水からより深所を流れる水、さらには河川から生じる伏流水を求めるやり方である。あるいはまた、噴出する水を求めて、より深く孔をうがち、地下水を掘り当てるやり方である。この後者の方法は近代以前においても広く使われた方策であるが、近代における地下水の汲み上げは、手工的には掘削が不可能な深いところにある水を機械で掘り、蒸気機関その他によるポンプ稼動によって行われた。

ウィーンはドナウ河に沿った都市であるが、河の利用はもっぱら水上輸送であって、水位の上昇による洪水災害に注意しなければならなかった。この都市の上水は一八四一年の「皇帝フェルディナンド水道」から始まっている。これはドナウの洪水予防のために掘削したドナウ運河の伏流水を蒸気ポンプによって汲み上げて、それを集水池に集め、集めた水を再び蒸気機関を使って高台の配水池に送水し、これを自然流下によって配水するものであった。しかし、伏流水とはいえ、水源は正確には河水の一部である。したがって、伝染病を防止することはできなかったし、細菌学的にはまだ確認されていなかったが、とくに水道水の温度が夏には異常に高くなって、人々を不安にさせた。蒸気機関を利用する以前は、夏でも冷たい泉や地下水を頼りにしてきたのであるから、再びそれに回帰したいという世論が生まれてきても当然である。そこで、ウィーン南西のアルプスのシュヴァルツァ渓谷の良質な泉水が着目されることとなる(36)。

その結果として建設されたのが「第一高地泉水水道」で、これは一八六九年から七三年にかけて工事が行われた。水源地とウィーンの標高差は二八〇メートルであるが、この間を高さ二メートル、幅一・六メートルの石造水道が九〇キロメートルにわたって貫いたのである。そのルートは丘あり谷ありの凹凸の多い地形だったので、トンネル、サイフォン橋、水道橋などで切り抜け、そのあとはウィーンのローゼンヒューゲル配水池へと導かれ、そのまま市内に給水された。これにより水系伝染病はなくなった。ただ、この「第一高地泉水水道」一本だけではウィーン市民の需要を満たすのに不充分となっていたので、この水道の西五〇キロメートルに新しい「第二高地泉水水道」が計画され、一九〇〇年から一〇年を要して完成された。水源地とウィーンの標高差が三六一メートルで、同じようにトンネル、サイフォン橋、水道橋が途中にあったが、全部が石造ではなく、一部はコンクリート管が使われ、マウアー配水池に到着するとそのまま配水された。

ウィーンはアルプスの山麓であるから渓谷の泉水にめぐまれているが、西ヨーロッパにおいて、単に泉水のみに依存できる都市は少ない。例えば、ドイツでは一部なりとも泉水を使える都市はケルン、マインツ、シュトゥットガルト、ウルムなどかなりある。しかし、その不充分な泉水を河水で補えるところは少ない。ほとんどはそれを地下水に頼っているところにドイツのみならず大陸部西ヨーロッパの特色がある。わずかにスイスのジュネーヴがローヌ河の水を蒸気機関で揚水してそのまま水道で配水していたが、これはローヌ河やその水源であるレマン湖の水が良質であったからであろう。

ところで、不可避的に表面水の影響を避けることができないのは河水のみではない。地下水もまた、浄化装置で浄化されるのである。浄化装置の基本は沈澱と濾過で、前者には普通沈澱と薬品凝集沈澱の二つが主要なものとしてあり、後者には緩速砂濾過と急速砂濾過の二つがあって、これらを組み合わせて異物を取り除くのである。異物には有機的なものと無機的なものがある。有機的なものとは、水の中に生きているアメーバ、細菌、プランクトン、小生物など水を変質させるものであり、これを除去せずに飲料水とするとき、伝染病の蔓延を引き起こす。無機的なものとは、物体の微粒子であって、水を単なる$H_2O$でなく、現実の水とするものである。現実の水はそれ自体において存在することはなく、何らかの他の物質との接触の中で存在するもので、他の物質を溶かし込む性質も極めて豊かである。これらの異物によって飲料水は人間にとって不快かつ有害となる恐れがあるから、それを取り除かなければならないのである。しかも取り除くためには塩素のような化学物質を添加することもしばしばだが、この添加物も異物であることには変わりない。

これらを除去するための方策は、一つはそれまで流動していた水を静止させて、そのまま所定の時間、放置するなり、化学剤なりを加えることによってその異物を沈澱させることである。もう一つは砂その他の層をなす空間をフィルターにして水を通過させ、通過できない異物を取り除くことである。後者においては、フィルターの材質がさまざまあるから、通過できない異物の大きさを決めることもできれば、凝集材を使って、微粒子をより大きな粒子に凝集させ、沈澱を促進させつつフィルターの目にひっかかりやすくすることもできる。しかも沈澱や濾過の所要時間は目的によって決めることができる。また、処理の時間の長短は処理水の滞留時間でもあるので、設備の規模を決めることになる。小規模の沈澱池・濾過池を使用する場合には、殺菌のために手っとりばやく塩素などの化学物質を添加することもある。

## 地下水の造成――オランダ

こうした水の浄化は河水の使用にとって不可欠なものであるが、ヨーロッパにおいてそれは地下水の使用についても言えることである。それはウィーンの「皇帝フェルディナンド水道」の源水である地下水のように、必ずしも汚染をまぬかれているとは言いきれない要素があるからである。もっとも、地下水といっても山岳地帯の雪どけ水から、田園とりわけ森林地域での降雨による浸透水、住宅地とりわけ工業地帯での汚染の激しい河川湖沼からの浸透水まで、さまざまある。したがって、河の表面水の使用を忌避して地下水への依存度を高めてきた西ヨーロッパでは、地下水の浄化が今でもほとんどのところで行われている。しかも、西ヨーロッパにおいては地下水の造成すら行われているのである。この取り組みに水供給を賭けているのがオランダである。

オランダは平原であって、その多くは海の干拓によって作成されたものであるだけに、国土の四分の一が海面より低い地域からなっている。また、国土の真ん中を南北に縦断しているライン河はその最下流となっており、汚染され尽くしている。したがって、オランダ＝ネーデルランド（低地地方）においては、飲料水の確保が大問題であった。まさにオランダは水の中から生まれ、原初的には小河川の河水を利用して縦横に水路を走らせていたが、井戸水は塩分が多く、一六世紀頃から都市が膨脹し始めると、その利用も不可能となった。そのため、飲料水は内陸部から舟で運び入れなければならなくなり、一五六五年にはアムステルダム市民は各戸で大きな水樽を常備し、市の入口には水質検査官が配置されて、運び込まれる水は検査された上で売却されることになったのである。しかし、水樽に貯められた水質は劣化するし、運び込まれる水も科学的な検査を受けるわけではなかったので、水系の伝染病は断えることがなかった。

とはいえ、オランダで良質の水を手に入れることは絶望的なわけではなかった。アムステルダムの西二〇キロメートルにあるハーレムは良質の水を大量に必要とするビール醸造で有名で、良いビールを産出している。このハーレムが利用していた水は、付近の砂丘の地下水であった。そこで地下水の良質さが見なおされることになり、砂丘地帯で蒸気機関を使った地下水の汲み上げと、それを鋳鉄製パイプでアムステルダムへ送水する事業が、一八五三年から始まった。

その方法を可能としたものは何であろうか。それはオランダの平野、とくに海岸に近接しているかつては海だった地帯が単に陸化したということだけではない。かつての海岸、とりわけライン河のような大河の河口部分には土砂が尨大に流れ込んで堆積し、海を埋め、埋めないまでも浅いものとしてきたのであるが、このようなところに風の方向と土砂の質とによって砂丘が形成された。しかも地球的規模の海水量の増減によって海上面が上下すると、低地帯は水没したり陸化したりする変化を繰り返す。つまり地質史的に言えば、氷河期には地球の水が氷雪として極地に堆積したため、海水面が下がって浅海が陸化したが、氷河期が終わり、極地の氷が融けると海水面が上がって低地帯が海化するのである。オランダはこのような地質史を経験してきた地域で、国内には砂丘が累々として存在している。今日のフリースランドもかつては砂丘であって、背面の低地が水没したため、取り残されて島となったものである。また、現在、干拓が進んでいるアイセル海はかつて平地であったところなのである。

砂丘は降水を大量に滲透させ、それを地下に蓄蔵するが、この地下水は砂の中を通ってきたもので、いわば自然の厚い濾過装置をくぐり抜けたものだけに良質な水であり、上水として好適である。したがって、これに着目したのはアムステルダムだけではない。他のオランダの都市もこの方法をとった。しかしこの地下の砂丘水も無限にあるものではない。近現代において加速度的に膨脹する水需要はこの砂丘水を涸渇させ始めたのである。それは、地下ではつながっている海の水が砂丘に押し出してきて、淡水に混じり始めた結果である。これは、砂丘水の単なる汲み上げから、砂丘水の造成へとアムステルダムを押しやった。すなわち、ライン河はオランダの国内に入ると北のレク河と南のヴァール河に分かれるのであるが、このレク河とアムステルダム=ライン運河を結びつけているレク運河の水を取水して、この水を五五キロメートルのパイプで北西の砂丘地帯まで送水し、砂丘の地下に滲透させるに至ったのである。ただし、ライン河下流の水は相当に汚染されているので、そのまま地下に送り込むことはできない。予備的な浄水が必要であったが、結局一九七四年からは、沈澱池に撒いた薬品で凝集沈澱させてから急速砂濾過したものを浄水とし、これを地下浸透溝に通して砂丘の自然濾過にゆだねた。こうしてできた人工地下水が本来の地下水とともに揚水され、それが水道原水として使用されるようになったのである。(37)

このアムステルダム方式はオランダの他の都市でも行われた。例えば、ハーグでは一九七四年から砂丘地下水を使った水道を始め、アムステルダムとほとんど同じ年からほぼ同じ方式で人工砂丘地下水の造成を始めている。

砂丘だけが人工地下水の造成に利用されているわけではない。西ヨーロッパ内陸部においては森林が着目されている。地上水でなく地下水を信用する西ヨーロッパにおいて、地下水が森林と密接な関係を持っていることは早くから理解されていた。同じ雨量の場合でも、森林で被覆されている地域の方が露出した平地の地域よりも数倍の水分保全力を持ち、その水分の浄化能力も顕著に現れることは、ギリシア＝ローマ時代からの経験によって知られていた。とはいえ、先述したように、西ヨーロッパの農地が森林の伐採によって造成されるという文明的特徴よりして、森林の保守＝造成は充分に意識的に追求されなければならなかった。したがって、不充分な地下水に依存しなければならなかった都市は、森林の地下における地下水の造成に至るわけである。例えば、ドイツの都市フランクフルト＝アム＝マインでは一九七〇年代にマイン河の表流水を森林地帯の地下に注入して人工地下水を造成しようとした。ここでは河水の汚染がひどいので、注入に先立って、薬品凝集沈澱、急速砂濾過、粒状活性炭濾過によって浄化し、さらに地下水として汲み上げたのちも、エアレーション（空気にさらす法）、急速白雲石濾過、粒状活性炭濾過などの工程をへて、ようやく上水として配水できたようである。(38)

## 現代の下水の処理

上水と下水とは不可分の関係にある。上水の発展は必ず下水の展開を必然のものとし、下水の増大はさらにより多くの上水を必要とする。ただこの過程でも、依然として下水は河川に放流されており、やがて浸水、悪臭、汚染などの環境問題が深刻化して、下水処理は避けることのできない課題となっていった。しかも、上水の源水の入手方法が地理的、気候的条件の違いによって千差万別であるのに対して、下水処理はどの都市においてもほぼ同じように立ち現れるものであった。

下水処理はまず、汚水と雨水をどのように取り扱うかが問題となる。その方式は合流方式と分流方式の二つに分かれる。合流方式は汚水と雨水とをまとめて集めて、下水処理場に運ぶやり方である。この方式では、家庭汚水と宅地内雨水を、あるいは、事業場の稼働による排水と事業所内の雨水を、ともに宅地内や敷地内において一本の排水管にまとめて排水する。道路や公共施設における汚水・雨水も側溝によってまとめて排水する。これらの下水が流されて、より大きな導水路、中継ポンプ場、さらに下水処理場において処理され、汚泥を分離するわけである。この方式の問題点は、天候による雨量の増減に従って汚水の総量が劇甚に上下し、排水管、排水路、処理場などの可能容量を突破して溢れるのが避けられないことである。このため処理量を超過する部分を貯留池に一時的に貯留させる必要が出てくる。

これに対して、分流方式においては、家庭汚水、宅地内雨水、事業所汚水、事業所内雨水、そして公共施設内の汚水を原則として別々に排水して、別々の導水管、導水路によって収集する。この場合、雨水はそのまま放流することができるが、道路、側溝、屋根などからの汚濁物質が雨水の中に流入してしまうことは無視できない問題となる。

この二つの方式を比較するとき、合流式の方がシステム的には簡単であって、建設費も低く抑えることが可能である。しかし、合流方式の場合、汚染が薄められているとはいえ、処理しなければならない下水総量は分流方式と変わらないし、工業排水など特殊な物質から出た汚水が一般的なパイプや施設を通過するので、それらの腐蝕、損傷をひどくする危険もある。したがって、合流方式と分流方式との長所短所を単純に評価することはむつかしい。それはその地域の気候的条件、水環境、歴史的経緯など、さまざまな要素を考慮して判断されなければならない。

下水処理は下水から汚濁物質を取り除いて、安全な水にすることであるが、処理の方法には三つの段階がある。まず第一次処理では、流入した下水に含まれる浮遊物をスクリーン（網）で取り除き、沈砂池や第一沈澱池で土砂・小形粒子を沈澱除去する。第二次処理は、第一次処理が物理学的除去であるのに対して、生物学的除去と言えるもので、そこでは第一次処理をへた汚水の有機的汚濁物質を微生物によって摂取・分解させ、水、炭酸ガス、アンモニアなどの無機物に変換させる。つまり、汚泥に含まれている微生物を利用したり、汚水をエアレーションすることによって、微生物の働きを活性化させ、それを第二次沈澱池に導いて、主として微生物からなる汚泥と上澄み水とを分離するのである。

この上澄み水が河川・海洋に放流されるのであるが、放流される公共水域の性格によっては、第三次処理が必要になることがある。つまり、リン、窒素など栄養素を多く含んだ水が閉鎖水域に放出されると、その水域が富栄養化し、動物性、植物性の微生物を異常発生させて、その生態系を歪曲してしまうため、これらを除去することが必要になる場合である。窒素を除去するには、生物学的に窒素の硝化、脱窒素反応などを起こさせる方法があり、リンを除去するには、嫌気性および好気性の条件を組み合わせる方法などがある。いずれも活性汚泥を利用するものであるが、これ以外では、第二次沈澱池において鉄やアルミニウムの凝集剤を注入し、リンを沈澱除去ないし付着結晶化させる物理学的方法などもある[39]。

## 下水の利用

どの都市の下水処理も、合流・分流の二方式、一次・二次・三次の沈澱池、そこでの緩急の濾過法、フィルターの各種素材（活性炭、白雲石その他）、各種エアレーション法、そして各種凝集剤などを取捨選択したもので、いずれも科学の利用で法則どおりと言えよう。

変わったところは、その利用法である。すでに見た砂丘の人工地下水や森林地下水のように、今後、水の再利用の道はさまざまな方法で開かれてゆくことだろう。例えば、ドイツのミュンヘンにおいては、イーザル河の水を取水・浄化して上水化しているが、そこでは第一次処理をへた下水の水を天然水でうすめて養魚池に導き、鯉を飼育している。すなわち、養魚池の微生物が下水の有機物を分解して無機化すると（第二処理）、これを栄養源として藻類などの下等植物が増殖し、この藻類によってプランクトンが発育して魚類の餌となるのである。ただ、この養魚法の欠陥は、その利用期間が五月から一〇月に限られ、冬季には養魚地を乾燥させておかねばならないので、年間利

用ができないところにある。(40)

下水、それに帰着する排泄物による食物の生育は、日本の下肥と同様である。それは、日本の下肥の方法が植物の茂る土壌に浸透させて行う直接法によるのに対して、ドイツの養魚の方法は排泄物を養分としてプランクトンを増殖させて行う間接法によるだけの違いである。鯖田豊之はこの鯉の養殖をドイツの当時の貧しさの象徴であるとしているが、(41)むしろそれは、中部ヨーロッパに居住するアシュケナジーム・ユダヤ人の食生活と関係しているのではないか。すなわち、彼らは苛烈な冬の栄養食品としてドイツ人が食す豚のベーコンをユダヤの律法によって禁止しているから、豚肉に比べられる脂肪源として鯉を愛用する必要があった。このアシュケナジーム・ユダヤ人の食習慣が一般ドイツ人にも影響して、鯉料理を食べるようになったと思われる。

# 第5章

# 水によるアメニティ

水が人間の生物学的な生存のために必要であることは上述の如くである。しかし、人間の生活という視野から見ると、水は単に人間の体液を作り、補い、さらに生物として排出する老廃物を身辺や生活の環境から取り除くだけのために必要なわけではない。人間は快適を求める。それほど積極的でなくても、快適さは誰しも求めるものである。この快適さをアメニティと呼ぶが、アメニティ欲望を満足させるために、やはり必要なものの第一は、水なのである。

この種の水の必要性については、おおむね人類一般について言いうることである。しかし地球上のさまざまな地域の気候と地形と植生の違いによって、程度と量と様態を多様なものとする。同じ水でできている海の風景にしても、海岸のリゾート地における光景はアメニティそのものであろう。逆に、漂流船の乗組員は海のただ中に置かれているが故に、苦しみ、絶望し、わずかな雨を溜めて、からくも生命を維持することを余儀なくされる。それは水がない砂漠で迷った旅人と同じような状況であろう。これらは水の役割の両極をわかりやすくした例であるが、これほど極端ではないけれども、地上の地点や地域によってアメニティ源としての水の意味は違ってくる。すなわち、熱帯、温帯、寒帯のさまざまな程度の違い、降る雨の量やその季節の違いなどによって、例えば、バグダッド、ローマ、パリ、江戸などにおける水によるアメニティは違ってくるのである。

## 1　庭園

### ローマまでの庭園

極限状況を別として、水が人間にとってのアメニティ源であることは一般的には言いうるように思われる。それは大地に手を加えた都市においては、多くの場合、庭園として現れているが、その主要な要素は水と緑であるからである。水が表面に出ないことがあっても、その背後には水は厳然としてひかえているのである。それは人間にとってのいやしの場であって、ブノア＝メシャンによれば、文明化以前から存在していたものである。彼は言う。

「何ごとも始めからと言うから、まずは原始の庭から始めることにしよう。〔中略〕それは空間的にも時間的にもはっきりと確定することは出来ない。それはポリネシアやアフリカ、南アメリカ、アジアなどに散らばっていたのである。それは魔法と薬の庭であった。至福の観念はすでに兆《きざ》してはいたものの、それはほんのきっかけ程度のものであって、むしろいまだしと言っておいたほうがよいだろう。〔中略〕それはいまだ至福を表明するものではなく、石女《うまずめ》や病気、孤独、死など、人間に重くのしかかる不幸を癒すためのものであった。その意味では、これは人々の生活に最初のなぐさめをもたらしたのである。［行カエ］こうした庭は、しばしば森林地帯の繁みの中を不規則に走る数条の小径《こみち》の形をとった。［中略］旱魃《かんばつ》の折には、雨を降らせ、畑にゆたかな実りをもたらし、家畜の病を治す超自然の力の出現を求めて人々が森の空地に集まってきた(1)」。

この人間の欲求は文明＝都市の出現とともに必然的に庭園を造り上げるに至ったのである。例えば、エジプトにおいては、第一八王朝のパトチェプスト女王（在位、前一四九五～前一四七五）のもとで、テル＝エル＝バハリの葬祭殿の前に立派な庭園が設けられていた。そこは緑豊かに樹木が茂っていたが、それは灌水によって可能となったことは言うまでもあるまい。また紀元前一四〇〇年年頃のエジプトのテーベ出土の壁画には、養魚池を取り囲む果樹からなる庭が画かれたものがある。それは同じ第一八王朝のアメンホテプ（アメノフィス）三世（在位、前一四〇五～一三六七）の治世における重臣の邸宅の庭を表した図であろうと思われる(2)。

こうした事情はメソポタミアにおいても同じように見られたように思われる。アッシリア第四王朝のティグラトピレゼル一世（在位、前一一一二～前一〇七四）の記録に庭が表れているし、同じようにサルゴン二世（在位、前七二二～前七〇五）、その次のセンナヘリブ（在位、前七〇四～前六八一）のもとの記録にも庭園が表れている。とくに有名なのは、新バビロニア時代のネブカドネザル二世（在位、前六〇四～前五六二）のいわゆる空中庭園であって、ティグリス＝ユーフラテス河の水を高く汲み上げて、貯水し、その水によって灌水し、植物を育てたものと推測される。

このオリエントの宮庭文化は周辺に拡がり、ホメロス（前八世紀）の『オデュッセイア』にはアルキノオス王（ギリシア神話の王）の庭園がうたわれているし、クレタ島のクノッソスにあるミノア王の王宮遺跡には庭園空間が発見されている。

地中海東部に紀元前第一千年期に拡がった都市国家（ポリス、キヴィタス）においては、庭園は専制君主によってではなく、多くの市民によっても造られるが、そこでは庭園は邸宅の内部に取り込まれる。その状況は近代に発掘された遺跡によってしのぶことができるが、古代ローマにおいてそれは、屋敷の入口を入ってすぐにあるアトリウム、さらに内部に進んでペリスティリウムと呼ばれる屋根のない空間として設けられていた。前者は商談や訪問者のための空間であり、後者は家族や親しい人のための空間であったが、いずれも家屋の規模相当の広さを持ち、周辺は列柱によって取り囲まれていた。そこには自然土があり、低木が植えられ、草花が栽培され、そして必ず池が中央にあって、噴水が設けられていたのである。もちろん、ローマ帝政期には皇帝によって広大な庭園が造られた。今日、ローマ観光の目玉となっているコロセウム（野外円形闘技場）はネロ（在位、五四～六八）によって造られた宮殿の池のあたりに建設されたものである。とはいえ、この古典古代の大きな特徴は、市民層にまで邸宅を構える風習が及んでいたところにある。

イー・フートゥアンによれば、このローマの造園技術は西ヨーロッパのそれの源泉であるという。そして、ローマの文献においては、庭園には必ず水の記述が見えるという。それはローマには上水道設備が整っていることにより可能とされたのである。もちろん、ローマ市外の平野や山間の別荘の庭園においては自然の細流の水が利用された。ローマから二〇マイル（約三二キロメートル）離れたティヴォリのハドリアヌス帝（在位、一一七～一三八）の離宮のテーマは水と大理石であった。『博物誌』の著者プリニウス（二三頃～七九）はローレントゥムの海岸とトスカナの山中に別荘を持っていたが、水のないローレントゥムの別荘よりも、トスカナの別荘を好んだのは、そこに池があり噴水があったからである。

ローマの庭園の新機軸は池に噴水があったことである。水盤の水が溢れて滝となって流れ落ちたり、パイプの口から水を噴き上げたりした。ただし、プリニウスのトスカナの別荘ではトスカナの地形の起伏を利用したもののようであり、ハドリアヌスの離宮の噴水も噴射式ではなかったようである。ギリシア人が持っていたらしい水圧の知識の利用をローマ人は知らないで（巨大な上水道を持っていたにもかかわらず）、もっぱら自然の重力に頼っていたわけである(3)。

この噴水の技術が噴射式まで進歩するにはルネサンス期まで待たなければならない。一六世紀にまずローマ式の水の庭園が再現されるが、一七世紀に入ると、運河、暗渠、水道管を活用し、ついにポンプも出動して、水のドラマが演出されるに至るのである。

### イスラームや中国の庭園

この古代ローマの庭園文化の伝統を今日に至るまで保持しているのがイスラーム文明である。そしてこのイスラームの庭園文化においても古代ローマ以上に重要視されたのが水である。それはイスラームが乾燥地帯に発祥しただけに、清冽な水が快楽の象徴とまで観念されていたことによるものであろう。そこにはまた、ネブカドネザル王の空中庭園以来の伝統もあった。サーサーン朝時代（三～七世紀）にも独特の泉池のデザインがあった。そのペルシア風の庭は十字型の水路で四分され、中心には亭と泉があって水を供給していたと言われている。ただし、水への渇望が充たされるには、オリエント地域ではあまりにも巨大なコストが必要であった。それ故に、今に残る水の庭園が刮目すべきものを残しているのは、後期ウマイヤ朝（八～一一世紀）のもとでのイベリア半島南部ということになる。そこには「中庭」（パティオ）を真ん中に置く建築物（古代ローマにその原型をたどることができる）が各地に造られたが、このパティオの最重要の要素が噴水であった。その分布の中心はコルドバ、セビリア、グラナダといったアンダルシア地方であって、その頂点にグラナダのアルハンブラ宮殿が立っていたのである。そこにはパティオ文化が満開した。清冽な水の躍動を中心に、緑濃い樹木、これと対称的に目にも鮮やかな色とりどりの草花があったのである。(4)

もちろん、イスラームの庭園文化はアンダルシアだけのものではない。アンダルシアはむしろ辺境の花である。ダマスカスや古代ペルシアの伝統を受け継ぐテヘラン南方のシーラーズやイスファハンの庭園を忘れてはならない。時代は下るが、一七八八年にカジャール朝イランの都となったテヘランのゴーレスタン（バラ宮殿）を取り囲む、水を豊富に使った庭園は、なかでも注目されるところである。また、上述のように、古代ペルシアにはイスラーム以前から独自の庭園文化があり、そこで八五〇年頃、噴水が出現している。イスラーム化したペルシアの庭園文化の中で今日もなおしのぶことができるのは、ティムール帝国のティムール（在位、一三七〇～一四〇五）によって建設されたものである。すでに廃墟化してはいるが、その首都サマルカンド近郊のバーギ・イ・ディルクシャやバーギ・イ・ビヒシュトの庭園の素晴らしさは伝承され、ティムールの廟などにも残されている。その他、オアシスの町ヒヴァ（今のウズベキスタン）のメトレセ（学校）のそれも有名である。

インドの庭園にはヒンドゥー教文明の流れとムガール朝が持ち込んだイスラーム系の流れがあったようである。前者は遺構がほとんど残されていないので、現在、なお光彩を放っているのは後者のみである。それはパティオという形式を乗り越えた広大なスケールのもので、ラホール、アグラ、デリーに現存している。しかしインドの庭園文化の極致は、カシミール高原の夏の避暑地シリナガルのダール湖周辺に立地している王侯の別荘であろう。なかでも有名な別荘はダール湖の北にあるニシャット・バーグで、一三の段を持つ立体的な構成となっており、そこを流れる運河の中から噴水が舞い上がったという。これらはとくにインド独自のものではないが、アンダルシアのパティオ形式やペルシアの水盤、水工、植栽の技術を摂取し、風土にふさわしく拡大したものである。

イスラーム圏の東の漢族国家では、古代には狩猟園とも言うべき広大な苑囿が営まれたが、計画都市である首都の構成や王宮の庭園にも必ず園池があった。ただし、漢族の国では水の面から見ると、寒暖の差が大きく、乾燥している北部と漢以後（二～三世紀以後）に漢族が進出した南部の温暖湿潤な江南とでは大きく違っていた。

あえて言えば、北部の黄河流域の庭園文化の性格は西ユーラシアのそれと連続しているが、南部の江南のそれはこれとは異質なのである。それはのちに詳しく説明するように、漢族国家の南北は文化的基盤を異にしているからであって、庭園文化も同じである。とくに水に対する姿勢にその違いがはっきりと現れている。黄河流域では水は人の外側にあり、江南では水は人の内側にある。この風土差にもかかわらず、漢族の南進、江南の中国化は江南の独特な庭園文化を生んだのである。その代表的なものは、杭州と蘇州にあると思われる。

杭州は銭塘江のデルタ地帯の西湖との間にできた町で、古くからあったが、北宋が滅び（一一二六）、帝室の趙氏の一人（当時、南にいた遠縁の趙構が即位して高宗となる）が南渡し、一一三八年に都として臨安（臨時の行在所）と名づけられた。

この杭州は文字どおり水生都市であり、まさに水を内側に抱えていたのである（これに対し、北宋の都は開封であって、黄河のほとりになり、大運河と交差するところにあったから、水とは縁の深い都とはいえ、水はあくまでも外側のものであり、その本性は襲ってくる恐怖であった。したがって黄河の氾濫によって、宋代の開封は十数メートルの土で埋まっているわけである）。杭州は町それ自体が銭塘江と西湖の間にあるばかりでなく、市内には縦横に運河や川が流れていた。あえて言えば、杭州の町そのものが西湖を中心とする大公園の一部なのである。[5] このことが、南渡してきた北方人に極めて深い印象を与えたようである。そのため、漢族が北方を取り戻してから造った庭園は西湖のおもかげをしのぶものとなっている。北京の中心にある万寿山なども杭州の西湖畔の風致を模写したものにほかならない。この万寿山を築く土を採取するために掘られたあとが北京郊外の昆明池であって、それを中心に西太后（一八三五～一九〇八）は頤和園《イワエン》を造ったのである。

水のある庭園らしい庭園を備えた都市はやはり蘇州であろう。この町は江南文化の中心であり、富豪および富豪をパトロンとして持つ文化人が多く集まったところである。それ故、当然に庭園文化も開花した。もともと北宋時代から庭園は重視され、北宋の西都である洛陽にも多くの庭園があったが、その中心は花の鑑賞であり、とくに牡丹が愛好された。しかし、南渡すると水が中心になるのである。その中の有名なもののリストを挙げてみよう。(6)

| | |
|---|---|
| 北宋 | 滄浪亭 |
| 南宋 | 網師園 |
| 元末 | 獅子林 |
| 明中葉 | 拙政園 |
| 〃 | 留園 |
| 〃 | 西《セイ》園 |
| 清初 | 可園 |

〃　耦《グウ》園
〃　環秀山荘
清中葉　劉《リュウ》園
清末　怡《イ》園
〃　鶴園

## 2　肌に触れる水

庭園のアメニティは、水のあり方で決まる視覚の世界＝風景におけるよろこびである。これに対して、水浴び、冷水・温水による入浴、水蒸気に蒸されるといった触感、というより身体感は、これらを通すことで精神状態に及ぼす効果も大きい。冷たく、さわやかな感じ、温かく、いこいの感じ、それは清潔といやしをもたらす触感であり、これをふまえて医療、宗教的救済とさまざまな分野での効果が生じてくる。

すでに見たように、排泄物を片づけるために水が使われるのは、人間と自然との本質的な関係である。トイレット・ペーパーが使われても、基本的に水で流さなければならないのである。排泄物のみではない。人間の身体からは常に一定の体液が滲み出て、さらにこれにほこりが粘りついて、乾いてはがれてゆく皮膚と混ざって垢となり、身体を蔽うのであるが、人間はこれを時どき洗い流すのである。そのため、どうしても水が必要となる。もちろん、その使い方は風土によって違ってくるが、まずは雨量が多くて、入手できる水量が豊富でなければならない。しかし、年間降水量が多くても、乾季と雨季との利用可能な水量の格差が大きすぎるところ（アフリカ、ラテンアメリカなど）と、乾季、雨季の違いはあっても、年間を通じて豊富な水が利用できるモンスーン地域とは、条件が違ってくる。また水は豊富にあっても、気候が冷涼なところと、温帯、熱帯とは事情が違ってくる。この制約は温水によってしのぐことができるが、その行動様式も別のものとならざるをえないであろう。

## 水浴

この水文化の中で、最も簡単、いや、原始的なものは、河、湖、泉、池における水浴びであり、これがとくに日常的な風景となっているのは東南アジアである。この地域の特徴はモンスーン地帯であるだけでなく、いわば常時、社会そのものが水の中にあることである。この水辺での風景はインドシナ半島から北上して江南へと拡がり、その流れが日本にまで及んでいる。それはまた、西に向かって、スリランカからインド亜大陸へと拡がっていく。インド全体は極端な湿潤と乾燥の対極よりなっているが、西部のタール砂漠が死と灼熱の地帯であるのに対して、東部、とりわけガンジス河の流域は生命が過剰に繁殖するところである。その聖地であるバラナシー（ベナレス）の河岸では、死体を火葬した灰が河に掃き入れられる傍らで、水に浸って生命を手に入れる人たちがいる。

この水浴をめぐる文化の最も重要な要素の一つは、多かれ少なかれ、身体を人目にさらすことである。一切を脱ぎ去るにせよ、薄物で、水に浸ったとき身体の線をあらわにするにせよ、皮膚をあらわにすることにはいろいろなやり方がある。まず性の違いが大きいが、上半身のみか、下半身、とりわけ性器とその他の部分の違い、さらに時、場所、機会、目的などの違いもあり、さまざまである。これについてはハンス＝ペーター・デュルの『裸体とはじらいの文化史』（藤代幸一ほか訳、法政大学出版局、一九九〇）で詳細に取り扱われている。この風習が文化として自覚されるに至る起源においては、洗浄による清潔化が一般的な基底にあるが、それはやがて実行のみならず隠喩的に宗教目的に広く使われてゆく。それはユーラシア東端の日本における「みそぎ」といった素朴なものから、水の供給が窮屈になる西アジアに至っては、より多彩なものとなってゆく。

古代においては、五〇〇〇年前のインダス文明のモヘンジョダロにおける公共沐浴場がこの文明の特徴の一つをなすものであろう。この文明は湿潤地帯と隣接している乾燥地の文明であるだけに、そこには屈折した観念が渦巻いていたと思われる。また、クレタ島のミノア文明においても、紀元前二〇〇〇年から紀元前一八〇〇年にかけてのクノッソスの宮殿には浴槽がすえられていた。エジプトにおける沐浴の風習については、トゥキュディデス（前四六〇頃～前四〇〇頃）以来あまりに有名なものとなっており、祭司たちは毎日、昼間に二回、夜間に二回、自分の身体を冷水で洗っていたという。エジプト人はナイル河によってこの上なく水に触れて生活していたのであるが、テル＝エル＝アマルナのイクナートン（アメンホテプ四世。在位、前一三七七～前一三五八）の都市では、ミノア文明の設備とよく似た浴槽が見られた。紀元前第三千年期のシュメール人も、バビロンの近くのキシュに沐浴装置（建物の内部に）を持っていた。それは浴室と思われる部屋からパイプを通じて排水を行い、泳ぐための大きなプールもあった。

水浴は、ユーラシアの東では自然の流れや水溜まりで行われたが、西に行くほど施設の中でなされた。イスラエルにおいてもエジプト寄留の経験からか、水洗による清潔を高度に求め、しばしば「斎戒沐浴」（心を清め身を洗うこと）が儀礼の一つとして律法で規定されている（女性の儀礼的沐浴であるミクヴァハもその一つ）。ユダヤ王国のダヴィデやソロモンの時代（前一〇世紀）にはパレスティナに大規模な給水施設が設けられていた。

ギリシア、ローマにおいては明らかに新しい水文化が生まれている。浴槽が生まれ、それはふつう、石、大理石、木材によって造られた。しかもこの浴槽には冷水のみではなく、釜の中で加熱された温水が満たされた。さらにまた、ユーラシア草原西部で遊牧生活を営むスキタイ人から学んだ蒸気浴も導入された。このスキタイのサウナからフィンランドやロシアの蒸気浴が出てくるのであるが、これがギリシア、ローマにも入っていたのである。

ギリシアでは、温浴がホメロスの時代からの主流であったようである。一般に水浴では温水が使われていたことは、ペルシア戦争（前四九九～前四七九）以後、学校ではそれが贅沢だというので冷水を使うようになった事実から知ることができる。この冷水や温水は陶製の浴槽の上からシャワーで注ぐという方法で使用されたが、そのための施設は時代とともに普及し、手の込んだものとなった。すでに紀元前五世紀のアテナイには公共浴場が出現しており、ソクラテス（前四六九〜前三九九）の時代には一般に普及して、ギリシア人の生活の不可分な一部をなしていたことは、残されている壷絵からも知ることができる。しかし浴場文化が大発展したのはローマにおいてである。

## ローマの浴場文化

始めローマ人たちもギリシア人と同様、沐浴にそれほど関心を持っていなかったが、紀元前四世紀の末には、まだ冷水のみではあるが公共浴場が設けられている。それが帝国期前後に入ると、市民の好みがだんだんと贅沢になり、首都ローマだけでなく、帝国内の各都市にも設けられるに至るのである。遺物で残っている最古のものはポンペイのそれで、紀元前二世紀のものである。また、例えばイングランドの今日のバース（当時はアクアエ・スルス）の近くには、鉱泉を中心とした大規模な施設が紀元一世紀に建てられた。ローマ都市のほとんどすべてに設けられた浴場の内容は、ギリシアの方式を模倣することから始まったが、より贅沢になり、庭園、スポーツ館、店舗、詩朗誦のための中庭等が設けられ、入浴は一つの歓楽となっていったのである。入浴のやり方は明らかではないが、次のようなものであったように推測される。まず準備運動をしてから、脱衣する。そしてオリーヴ油をしっかり肌に塗り込み、テピダリウム（微温湯室）、ロルダリウム（熱温湯室）、ラコニクム（熱蒸気室）と順番に入って汗をしっかり出す。そのあと汗と油は垢擦り器によってこそげ落とされ、フリキダリウム（冷水槽）に入って、最後に油を塗られてコースの終了となる。

これらの設備を充分に備えた大浴場の最初のものは、ローマ初代皇帝アウグストゥスの義子で政治家、将軍であったアグリッパ（前六三頃〜前一二）がカンプス・マルティウス（ローマ市内）に建設したものであるという。帝政時代、この種の大浴場施設は各地に設けられ、その都市の社交の中心となったのである。その中で最大級のものはカラカラ帝（在位、一九八〜二一七）とディオクレティアヌス帝（在位、二八四〜三〇五）のもので、前者の遺跡は今もローマに残っていて、その広さは一一ヘクタール、一六〇〇名を収容できる施設であった。また、ディオクレティアヌス帝のそれはカラカラ帝のそれの二倍の広さを持っており、収容数は三二〇〇名、二九〇フィート（約八八メートル）のプールや劇場なども附属していた。のちにミケランジェロがその古代のテピダリウム（微温湯室）をそのまま活用してサンタ＝マリア＝デリ＝アンジェリ教会を作ったほど、建物は宏壮なもので、支え壁、交差アーチ天井、回廊窓、通風孔、明り取りといった建築技法が使われていた。その建築に関しては、紀元前一世紀のローマの建築家ヴィトルヴィウスによる『建築書（デ・アルキテクトゥラ）』（全一〇巻）第五の書の一〇章で取り上げられた。

このローマの浴場では始めは違った時間か違った設備で男女別々に入浴していたが、しだいに混浴の風が生まれてくる。しかし再び、このことは風俗的に好ましいことではないとされ、ハドリアヌス帝（在位、一一七〜一三八）とマルクス・アウレリウス帝（在位、一六一〜一八〇）によって禁止され、さらに、ユスティニアヌス帝（一世。在位、五二七〜六五）の『ローマ法大全』でも禁止事項の一つに入れられた。この入浴の風に対するキリスト教会の反応はとくにない。レジナルド・レイモンド（『エンサイクロペディア・ブリタニカ』の「入浴と浴場」の項目の筆者）は、キリスト教を、世界の大宗教の中で沐浴についての規定を持たない唯一の宗教としている。ローマ帝国時代にはキリスト教徒は入浴の習慣を保持していた。ただユダヤ人と一緒に入浴することは禁止され、違反者は場合によっては破門の罰を受けた。それに、ローマの贅沢な浴場はキリスト教の思想にとって嫌悪すべきものという感覚を与えたようである。一例として、ローマの浴場で一般に売られている化粧品は道徳的堕落のシンボルと見られていた。また、国家から迫害されていたキリスト教徒たちは、ギリシア＝ローマ的な伝統である公衆の前で裸になることそれ自体にも嫌悪感を持ったのである。

## イスラームの洗浄と浴場文化

ローマ帝国の崩壊後、西ヨーロッパはローマの大浴場文化を継承しなかった。現在、ロンドンでもパリでも浴場遺跡を都市の中心部に残してはいるが、文化を受け継ぐことはなかった。それはキリスト教の影響が正面に出てきたものであろう。興味深いのは、このローマの文化を継承し、発展させたのがイスラーム文明であったことである。しかもそれは当然の帰結であるということができる。なぜなら、裸体をさらすことは忌避するにしても、水に対する関心をイスラーム教徒は強烈に持っていたからである。シャリーア＝神法という言葉そのものの原点が「水場への道」であると言われていることはすでに前章で述べた。シャリーアでは、モスクでの礼拝においては清潔が重要視され、そのための洗浄の仕方についても詳細に規定されている。礼拝において洗浄のための水がないときは、緊急避難的に砂でもよいと定められているほどである。

この強い水への関心が、イスラームにおける浴場文化の盛行をもたらした。もちろん、オリエントにおけるイスラーム都市は乾燥地帯に立地していただけに、水への配慮は不可欠であり、こまやかなものがあった。すべての都市は、河川の流域やオアシスや地下に豊富な帯水層を持ち、そこから汲み上げられるところに建設された。言うまでもなく、この水は生活のために必要なものであると同時に、イスラームの宗教生活にとっても不可欠なものである。イスラームは信者に清潔を信仰生活の一部として要求する。水による洗浄にはウドゥー（小浄）とグスル（大浄）との二種類あるが、片倉もとこによれば、礼拝の前のウドゥーは次のように行われる。

「ウドゥーは、［中略］清潔な流水でまず両手首、口の中、鼻を三回ずつ洗い、顔、右肘、左肘、頭をぬぐい、耳の内外をよく洗い、最後に右、左の順で両足、両足指のあいだをていねいに洗う。かれらは、この動作をごく習慣的に手早くやるので、五分とはかからない。もっとも一五分も二〇分もかけてゆっくり、のんびりやっている人もいる(7)」。

これに加えて全身を洗うグスルを、男女のまじわりをしたあとの礼拝の前や、金曜日の礼拝の前、犠牲祭およびラマダン（断食月）明けの祭の礼拝の前、そして巡礼着を着るときなどに行わなければならないという。

この宗教的な水への関心に加えて、イスラームの浴場文化はローマの系譜を引くものであった。それは施設が大規模で、とりわけ水温の異なる複数の浴室がつらなって、それらに順次入浴することからもわかる。最後に入る床下暖房による熱浴室というシステムも、簡略されてはいるものの、基本的にはローマから受け継がれているようである。つまり、冷水浴から徐々に温度を高めて温水浴へ移り、サウナで発汗し、ローマにおけるようにすぐ冷水浴へ移るのではなく、順次より低い水温に移ってゆき、終了するというやり方である。もちろん、このローマ方式が拡まってゆくうちに、簡略化されるところも出てくるし、イスラーム的な特色が出てくることも当然であろう。イスラーム的な特色の第一は、ギリシア、ローマ人がともに忌避することのなかった肉体、とりわけその秘所についてであるが、彼らはそれが人の眼にさらされるのを極端に嫌がった。にもかかわらずイスラーム信徒にとって浴場は楽しみの場所であった。彼らにとって、地上において天国の楽しみを想像させる場所は庭園と浴場であったのである。それ故、腰布をつけ、さらに他の人の肌に眼をやらないことを大事な作法としながらも、彼らは入浴文化を守り続けたのである(8)。

浴場は社会のあらゆる階層がともに顔を合わせる唯一の場であった。もちろん、それにともなう規定はあった。その一つは男女混浴の禁止である。それ故、浴場が男女別に設けられることもあったし、あるいは同一浴場を男と女が違った時間に利用することも行われた。後者の場合は、例えば、女性が入浴する時間帯には、その番人、釜焚き、サーヴィス用員、その他一切の関係者が女性でなければならなかった。しかし同時にそこは、多くの女性だけがヴェールを取って接し合える唯一の機会でもあった。したがって、ここで母親たちが息子たちの嫁探しの場とするようなこともしばしば行われたようである。

この浴場は八世紀から今日に入るまで栄枯盛衰はあれ、一貫して存在してきたものである。つまり、イスラーム都市のまとまった各市街区にはモスクやパン焼き窯、水場、キャラヴァン＝サライ（隊商宿）とともに、浴場が存在したのである。このようにイスラームはギリシア、ローマ人の放縦さには批判的であったが、しかし洗礼に見られるような水の儀式的使用を保持して、文明史においてまれに見る水愛好の文化を生み出した。これは同時代のキリスト教社会に影響を与えることはなかったが、後述のように一八世紀のフランス風俗に影響を与えることになる。

## 西ヨーロッパの沐浴文化

ローマ帝国崩壊以後の西ヨーロッパ社会にも沐浴は存在した。もっとも、文化的には古代のローマ人の肉の快楽をさげすみ、克服しようという潮流もあった。一一世紀においては、ハンブルクとブレーメンの大司教であったマダルベルトが入浴を拒絶し、その態度が賞讃されるということすらあった。その影響で、いくつかの教区においては、教会側の指導として入浴禁止を説く説教師があったくらいである。しかし、禁止を徹底することはひかえられた。つまり、時たまの入浴が健康に良いと説く意味は捨てかねたのである。かくして、入浴は決して禁止されたわけではなかったが、それは古典古代の盛況に及ぶべくもなかったようである。王侯貴族も時おり入浴した。八〜九世紀にかけてのシャルルマーニュ大帝もアーヘンの彼の宮廷の近くにあったローマ人の浴場（一世紀に造られた）を使っているし、イギリスでは一三世紀初頭のジョン王が一年に三回ほど教会の祭儀の前に入浴している。これらの場合、使われたのは冷水で、温水はローマ人的な贅沢として斥けられていた。

この傾向はルネサンスに至っても何ら変わらなかった。入浴に対する消極的な態度は中世末期にはむしろ強まって、しかもそれは、「宗教改革」の立場からも「反宗教改革」の立場からも、ともに見られるものであった。一四九二年にはスペインにおいてグラナダが陥落し、八世紀コルドバのイスラーム国家以来の浴場文化は破壊された。この頃アラゴン王国ではキリスト教徒の公共浴場が開かれていたようだが、一般的にはムーア人の清潔さに対してフランク人（非ムスリム）の不潔さが対照的に語られていたのである。エリザベス女王（在位、一五五八～一六〇三）はとにかく一カ月に一回は入浴していたようであるが、西ヨーロッパ人の体臭は堪えがたいものがあった。香水と化粧品が一九世紀までの二世紀にわたって広く使用されたのはそのためである。

この入浴に対する消極性は医者も教会当局とほとんど変わるところはなかった。時に入浴の治療上の役割が自然科学者によって発見され、一八世紀には鉱泉の医療的有用性も注目され出したが、ヨーロッパ人の清潔さのレヴェルはひどいものであった。

この頃、公共のプールは伝染病の拡大をもたらすと見なされていた。多くの疫病の存在と消毒システムの不在がこの信念を強めていた。かくて女郎屋を意味する言葉が風呂屋を意味するものとして使われたりしたのである。とはいえ、伝染病が身のまわりの清潔さのレヴェルを押し上げていったわけではない。アメリカ大陸への移住者も始めは同じような態度をとっていた。ペンシルヴァニア、ヴァージニア、そしてオハイオの法律は入浴を制限したり、禁止したりしていた。その中にあって、規則正しく入浴していた石けん製造人の息子ベンジャミン・フランクリンは例外であった。

このような西ヨーロッパ的傾向を逆転させたのが、一八世紀、一九世紀にトルコやインドで生活する経験を持った人たちである。毎日入浴するという習慣を持ち込んだのは彼らであり、一九世紀後半にはトルコ式の風呂を導入し、西ヨーロッパ社会の流行を作ったのである(カルネの映画『天井桟敷の人々』のラストを見よ)。

西ヨーロッパの人たちが風呂に入るようになったのは、「産業革命」が要請した「衛生運動」の一環によるものと言える。工業都市のごみごみした悪環境、それにもかかわらず衛生設備が全くない状態、こうした中でようやく環境の改善のための動きが本格化してゆく。その契機となったのが、一八三二年のロンドンにおけるコレラの流行とその衝撃である。これにより、一八四六年にイングランドで公衆浴場に関する法律が成立、以後、次々と必要な措置がとられてゆくことになる。このイギリスの先駆的な試みは、過剰人口の工業都市における衛生対策の可能性を切り開いたもので、入浴設備も(公的にも私的にも)その一環として設置されたわけである。それは、清潔のための施設であって、快楽のための施設ではなかった。この点において、かつての古代やトルコにおける方式とは違った西ヨーロッパ・モデルが生まれたと、前述のレイモンドは述べている。それはただ清潔になるための場所であり、一カ所から管理される個室的バス・ルームでできているものであった。こうしてシャワーや水泳用プールもつけ加えられて、かつてのローマ型の浴場文化は鉱泉、温泉のリゾート地に譲ることとなったのである。

## アジア、とくに日本の浴場文化

東アジアや南アジアの流水浴・冷水浴といった単純な水文化、そして西アジアやそれと接する南ヨーロッパのより複雑で儀式的な水浴とその後に現れる温水浴への変化、さらにはギリシア＝ローマによる北方の蒸風呂の取り入れ等、さまざまな水浴の形を見てきたが、東アジアの東端における日本の風呂文化は、温水浴と蒸風呂の二本立によって始まっているところに特徴がある。これは温帯の古代ギリシアと同じような発生であったと言うことができよう。日本は弥生時代より大陸の江南や南方の島々の余波を受けて東南アジア的水浴地帯にあった。気候的に寒冷な地域であるため、みそぎなどの潔斎儀礼が温水によって行われることとなったのは充分理解できるし、この場合、釜屋で沸かした温水を湯槽に汲み入れる取湯式であったことはギリシアの例と同様である。この温水浴はそのまま温泉の利用へとつながってゆくのであるが、温泉、鉱泉については別項において触れることにしたい。

この温水浴と並んで歴史に現れる蒸風呂は、おそらく大陸より伝播したもののように思われる。ローマからイスラーム時代にかけての蒸風呂についてはすでに言及したとおりであり、究極のところ、日本の蒸風呂もユーラシア北辺起源の文化であったのではないか。

わが国において記録されている最古の蒸風呂は、天武天皇が壬申の乱（六七二）の戦傷者の医療のために造らせたとされる京都八瀬の釜風呂である。これは近世に至るまで有名な施設であった。荒壁によって人が入室できる小屋を造り、その内で青松葉や青木を焚き、燃え尽きた灰をかき出してから、その上に塩水で湿めらせたむしろや塩俵を敷く。その小屋に入って横たわり、蒸気に浴するというのがこの釜風呂であって、薬効があるものとされてきた。これに類するものとして、熱した土壁や石に水をかけて蒸気を立てるというタイプの蒸風呂は、さまざまな名前で各地に見られた。(9)

この蒸風呂と温水浴とは排他的なものではなく、補完的なものであって、古代から仏教寺院によって布教のための施設として造られる例が多く、いくつもの事例が伝えられている。奈良時代の東大寺には「大湯屋《おおゆや》」と呼ばれる大浴場があったという。これは蒸風呂ではなく、鋳鉄製の大釜（約一〇〇〇リットル入る）で湯を沸かし、「鉄湯船《てつとうせん》」と呼ばれる鋳鉄製の浴槽に湯を汲み入れるというものである。形は円形で、底に排水用の穴があけられて、これに木栓がしてあった。この大浴場は源平時代に焼失したが、鎌倉時代に再建され、その後も修理されながら後世まで使用された。そのことは今日に残る遺跡によって知ることができる。東大寺のみならず、この種の浴場は他の多くの大寺院にも付設されていた。いずれも温水浴であって蒸風呂ではなかったが、石風呂と呼ばれる蒸風呂については、使役される労働者の保養と病気治療のために、散発的にではあれ、しばしば設けられたようである。

新しいタイプの浴室が設けられたのは、中世の禅宗寺院であり、おそらく当時の大陸の文化の一つとして流入してきたものであろう。それは釜で湯を沸かして、蒸気を立て、これを密室に導く式のものである。その床には簀子《すのこ》が敷かれ、その正面には蒸気の量を調節するための引違い戸があって、これを開閉することによって利用された。そして、この浴室の隣には陸《おか》湯のための釜と水槽が設けられていた。この施設は小規模なだけに、古くから散発的に造られ、使われていた。中世の勧進のために活動した僧たちは、そのほとんどがこの形式の風呂を設けて一般大衆に利用させたようである。この寺院の「施浴」が都市における公衆浴場の起源であると思われる。現に、この寺院の浴場は遊楽の場としても活用された。浴場が数人の集団に貸し切られ、単に風呂に入るのみでなく、飲茶、酒宴の遊び場となったのである。このような習俗は、江戸時代における「銭湯」の営業にも受け継がれ、また、湯女《ゆな》のサーヴィスや茶菓の販売にもつながってゆく。

## 日本の「銭湯」

「銭湯」とは料金を払って入る浴場という意味であるが、日本の近世における「銭湯」は式亭三馬の『浮世風呂』（文化六〜一〇〔一八〇九〜一三〕）に見られるように、江戸の下層町人を中心とし、武士の中下層から庶民一般の社会生活における一つの接点であった。それは彼らの日常生活における不可欠な光景となったのであるが、この「銭湯」は温水浴ではなく、蒸風呂に出発するささやかな生活の楽しみの一局面であった。もちろん、温水浴の流れをくむ湯屋も存在し、江戸の前半においては蒸風呂と共存しており、この時期、京都においては風呂屋より湯屋の数の方が多かったようである。風呂屋、湯屋はともに浴槽を備えていたが、風呂屋のそれは、床に簀子を敷き、その下に釜をすえて、蒸気を浴室に導いてこもらせたものから出発し、その後、床に湯を溜める板床を敷き、その中に湯を入れて、その湯から立ちのぼる蒸気をこもらせる方式へと進んだ。[10]

図22　戸棚風呂

図23　石榴口

床に湯を溜める後者の方式は、先に触れたように蒸気=湯気を逃さぬよう風呂場を密閉して、出入りを引違い戸によって開閉できるようにしたものであるところから、「戸棚風呂」（図22）と呼ばれた。すなわち、板床=浴槽は箱のようにしつらえられ、そこに湯が入れられて、当初その量は少なかったようであるが、やがて温水浴ができるまで湯量が増やされて、その湯気を引違い戸によって閉じ込めることで、蒸風呂の効果が求められたのである。銭湯の湯が「戸棚風呂」から始まったであろうことは、「石榴口《ざくろぐち》」（図23）という用語からも知ることができよう。この言葉は江戸時代の

銭湯の浴槽への出入り口を指しているが、当時においては浴槽の前を板戸で深く蔽うことによって湯の冷めるのを防いだのである。したがって、洗い場から浴槽に入るときは板戸の下をかがんで入った。これはかつて浴槽が密室であった名残りであって、浴槽内はと言えば真っ暗であった。「ざくろぐち」の名前の由来は、この頃、鏡を磨くのにざくろの実の汁を使ったので、「鏡要る」を「屈み入る」に掛けたシャレで表現したものと言われている。

ところで、入湯は銭湯だけによって行われたわけではない。上層階級の邸宅には湯殿が設けられていた。いわゆる自家風呂であるが、これは大量に水を使うため、自家用の井戸を掘削する必要があり、また単なる炊事以上の燃料も必要なことから、庶民においては普及しなかった。しかし、江戸時代後半に入ると、温水浴用の風呂桶が大量に生産され始めた。内風呂が徐々に普及していったのである。農村地帯においても、各家で風呂の設備が設けられてゆくが、毎日沸かしたわけではなく、むしろ近隣、縁故者同士で互いに呼び呼ばれされる風習を作り上げていった。いわば共同風呂として、都市の「銭湯」のような村の社交の場ができてゆくのである。このように広まった自家風呂の形態は、もはや他所で沸かした湯を汲み入れるものではなくなった。江戸では湯桶に水を入れ、その下に筒形の焚き口と通風孔をはめ込んで（煙突を立て）、そこに燃料をくべるもの、関西では俗に「五右衛門風呂」という大きな鉄釜に水を入れ、その下で燃料を焚くものとなった。後者の場合、釜の底は熱いので、入るとき、足で木片を沈めたのであるが、このことを江戸人が知らなかったことは、十返舎一九の『東海道中膝栗毛』（享和二〜文政五〔一八〇二〜二二〕）の一エピソードで知ることができる。これら内風呂のほとんどは温水浴の系統に属したが、佐渡のオロケ風呂や彦根の桶風呂のように、蒸風呂と温水浴とを合体したものも残っていたという（図24）。

図24　蒸風呂と温水浴との合体
（五右衛門風呂に蔽いをつけたもの）

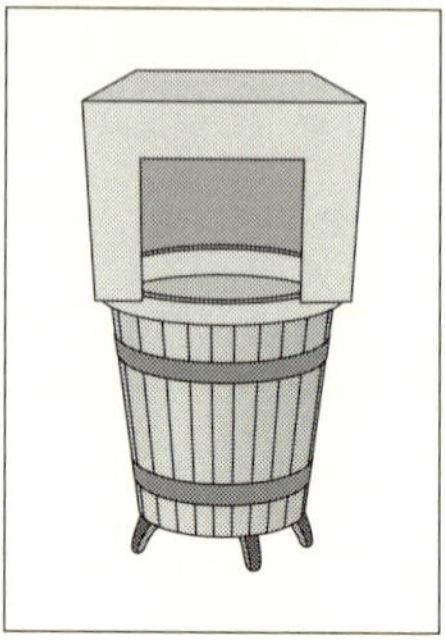

## 温泉＝鉱泉

とりわけ日本人にとって、水によるアメニティに関して重い意味を持つのは温泉であろう。温泉とは泉水の一種で、地下水が地球の内部の熱によって温められたものを言う。それはさまざまな無機物質を大量に溶かし込んでいるので鉱泉でもある。地球上の各地でそれは湧き出ているが、とりわけ日本には集中的に多くの場所で湧出しており、もともと水浴を好む日本人の嗜好や、さらには世界各地で認識されている温泉の持つ医療＝保養上の効能もあって、アメニティの一つの焦点とすらなっている。

日本においては、温泉についての記述は極めて古くから存在する。紀記万葉の時代においてすでに有馬（兵庫）、伊予（愛媛）、牟漏（和歌山）などの温泉の名が挙げられ、それらの地には欽明、舒明、斉明、天智、天武、持統といった日本国家創成期（六〜七世紀）の諸天皇が訪れているが、それは温泉がみそぎの場であったとともに、風光明媚な保養地であったからである。以後日本史において温泉は保養の地として機能し続け、やがて観光享楽の場となってゆき、ついには熱海（静岡）、別府（大分）といった大温泉観光都市にまで発展したのである。この変化が急激に加速されたのは二〇世紀に入ってからである。明治時代にはまだ熱海も別府も湯治場としての色彩を持っていたが、大正末期からモダニズムの流行の中で観光需要が膨脹し、観光地としての性格を強めてゆく。

この変化を促進したものは、交通の便の整備と外来資本の投下が大きいであろう。例えば、鬼怒川（栃木）は大正期にはまだ小規模な湯治場であったが、昭和初期に東武鉄道が東京との距離を著しく縮小したため、全国有数の温泉都市として成長していった。この鉄道、そして最近ではバスが大都会の需要をこれら温泉地に吸い寄せたことは、水上（群馬）、鬼怒川といった北方についてのみならず、伊豆地域や京阪、北陸、紀伊半島といった西側の温泉についても言いうることであろう（その立地がなお地理的条件によるところが多い）。今日、日本人が観光と接するのは温泉からである。日本人にとって風呂に入ることは日常生活のヒトコマでしかないが、宿のユカタ、ドテラで廊下を歩いたときなどに、くつろぐということの意味を知るのである。

日本以外においては、日本ほど温泉に対する思い込みはないようである。北方の寒帯においては蒸風呂が愛好されてきたが、西ヨーロッパにおいては、温泉と重複しながら、むしろ別のレヴェルの概念にまとめられる鉱泉に対する嗜好が目立つように思われる。そしてそれは宗教的な意味づけから始まっている。中世においては、例えば、北方のシャルトル（フランス中北部）の聖堂は病身の心身をいやすという泉が溢れていたし、南方のルルド（フランス南西部）もマリア降臨の奇跡によって聖地となったところで、やはり湧き出る水は聖水として飲料、沐浴用に利用されていた。ただしこれは、いずれも尨大な巡礼者を引きつけたけれども、温泉ではない。日本人のような熱湯に近い高温湯よりも微温湯を好む西ヨーロッパ人にとって、温泉はその関心事でなかったのである。しかし、西ヨーロッパに温泉がなかったわけではない。それは単に宗教的意味だけではなく、社交的＝歓楽的な役割を強く持つものであった。

### 西ヨーロッパの温泉

中世以来この種の場所は存在していた。一七世紀から国王、貴族を中心とする上流社会が集まったところは、ウィーンの近くのバーデン、西南ドイツのバーデン＝バーデン、ボヘミア（チェコ）のテプリツェ、カールスバート、マリエンバート、南東フランスのエクス＝レ＝バンなどであるが、これらの都市は一八世紀、一九世紀における中部ヨーロッパの高級社交場でもあった。[11]一七一一年から一二年にかけてロシア皇帝ピョートル一世はバーデンとカールスバートに滞在していたが、この滞在はロシアにおける温泉繁栄の刺激となった。また、ゲーテ（一七四九～一八三二）は長年にわたって、ボヘミア西部の保養地を愛用していた。カールスバート、テプリツェ、マリエンバートはしばしば彼が滞在したところであった。彼は、住んでみたいと思う土地はヴァイマールとカールスバートとローマだけだと言っていたという。[12]音楽家のベートーヴェン（一七七〇～一八二七）も同様にしばしばこれらの保養地に滞在した。とりわけウィーン近郊のバーデンには繰り返し訪れて、始まっていた聴覚障害を治療しようとした。オーストリアの最後の皇帝フランツ＝ヨーゼフ一世（在

図25　ヨーロッパの保養地

位、一八四八～一九一六）は夏季になると毎年のようにバート・イシュルを訪れている。

国王、貴族、政治家、ブルジョア、そして芸術家が集まってくるのであるから、歴史的に重大な会議、協定、決定もこれら保護地において行われていた[13]。一七一四年のスペイン王位継承戦争を終結させた平和会議（神聖ローマ皇帝がユトレヒト条約を承認した会議）はバーデンにおいて開かれた。ナポレオンに対抗するオーストリア皇帝フランツ一世、プロイセンのフリードリヒ・ヴィルヘルム三世、ロシア皇帝アレクサンドル一世の三者が一八一三年に会合して同盟協定を結んだのはボヘミアのテプリッツェにおいてであり（テプリッツェ条約）、また一八一五年、ナポレオン以後のヨーロッパの秩序派として彼らが集まって「神聖同盟」を更新したのもテプリッツェにおいてである。一八一九年、オーストリアのメッテルニヒを議長にドイツの諸領邦の代表者がドイツにおける民族主義的潮流に対抗する決議を行ったのはカールスバートにおいてであり、さらに、オーストリア皇太子フランツ・フェルディナンド夫妻が一九一四年六月にサライェボで暗殺された翌月、同国皇帝フランツ・ヨーゼフ一世をしてセルビアに宣戦布告(第一次世界大戦勃発)させたのは帝室の別荘があったバート・イシュルにおいてである[14](なお、これら保養地は第一次世界大戦以後、衰退する)。

以上はヨーロッパ大陸の話であるが、イギリス、アングロ=サクソン地域においても温泉は愛用された。すでにローマ帝国時代からイングランド南西部のバースや同国北部のバックストンは保養地として用いられていた。一六世紀以来、イギリスにおいては、スパー spa と言う言葉が鉱泉=温泉場、さらに今日ではヘルス・リゾートという意味で使われている。この言葉はベルギー南部のアルデンヌ森の中にある保養地の名が普通名詞になったもので、イングランドではブリストル、ハロゲート、リーミントン、マトロックチェルトナムなどがその呼び方で流行した温泉場である。その最高の繁栄期はヴィクトリア時代であって、現在ではリハビリテーションの場となっている[15]。スパーという言葉はアメリカ合衆国においても使われているが、主に観光用=保養用のホテル企業を意味するものとなっている。保養温泉=鉱泉地としてのスパーはこの国においても今では衰退しているが、かつてはニューヨーク州東部のサラトガが有名であった。ここはインディアン時代から「偉大な精霊の治療水」の湧き出る場所で、一九世紀前半には、その水は飲料として広く販売された。この泉水には炭酸ソーダが含まれていることから、ニューイングランド地方ではスパーはソーダ水売場を指す語として用いられている。

## 海水浴

古来、人間が海水で沐浴することは、至るところで行われたであろう。海水に接することを禁ずるタブーの事例がないことはあるまいが、それを例証することはむつかしいだろう。目的意識的な海水浴が医療あるいは宗教的な意味でなされることはあったが、それが転じてアメニティとなる風習は近代のイギリスで発生したと思われる。一八世紀の中頃、イギリスの医師ラッセルは、海浜の空気を呼吸し、海水で沐浴し、海水を飲むことの医療的効果を主張した。それをブライトンの海岸で患者に実行させたのがきっかけとなって、海水浴がレクリエーションとして流行したのである。最初それは上流階級の好みであったが、一九世紀、鉄道の発達とともにしだいに中産階級、労働者階級の間にも普及していった。かくして成立した海水浴町はイギリス海峡に臨むブライトンのほか、ウェールズのバーンマスなどが有名で、ホテル、ペンション、別荘などが建てられたが、この流行は大陸にも波及して、南フランスのリヴィエラ地方は一八世紀後半からイギリス人貴族富豪の海岸観光地としてにぎわった。

フックスは『風俗の歴史』（一九〇八）の邦訳第九巻『性の商品化時代』の第三章「ブルジョアの享楽暦」の中で、飲食店、ダンスホール、ワルツ、カンカンすべりダンス、カーニヴァルと舞踏会、遊戯とスポーツ、劇場、ソロダンスとバレー、チンゲルタンゲルとヴィリエラ（ともに世紀末に流行したダンス)、キャバレー、映画館等々と並んで、「海水浴=プール」を挙げている。

「昔の浴場生活やいわゆる温泉行きにかわって、十九世紀の中ごろから、海水浴場行きが現われ、最近では、おそらくベルリンでいちばんすばらしく発達したように、大都市にプールが現われた。このばあいでも、わたくしたちの目的には、男女がいっしょで水浴する場所だけが問題になる。[中略]たしかに、海水浴場や川の水泳場へ通うことは、合理的におこなわれるスポーツと同じように、健康にひじょうに役立つが、この場合でも、フラート[色ごと]との関係を認めねばならない。男女混浴が提供するフラートのうまい機会は、今日でなければ、以前に、つまり、国際的な海水浴場――ここではビアリッツ(フランスのガスコーニュ湾)、トルヴィル(フランスのノルマンディー)、オステンド(ベルギー)、バース(イギリス)だけをあげておく――に行くことが、金持のスポーツにすぎなかった時代に、まず第一に、男女共同の海水浴の組織に導いた」[16]。

トーマス・マンの『ヴェニスに死す』(一九一二。ヴィコンティによって一九七一年に映画化)の時代である。

日本でも平安時代では須磨、明石(いずれも兵庫)が有名であった。それは風光明媚であるだけでなく、みそぎといった宗教的意味を持った場所であったからであろう。

## （付論）料理と水

水を楽しみのために使うやり方は、単に肌を快適にするだけではない。食物を調理することによって、舌を心地よくする料理としての使い方もあるのである。食料をただ水の中に入れて加熱するだけでも、食べるものを柔かく、消化しやすくし、舌の快楽をも生み出せるが、より一歩を進めることもできる。それはより複雑な調理道具を用いることによって、微妙な味のニュアンスを作り出すことである。しかしこうした調理用具はそれ以上に、粗雑な焼き物である原始的な鍋と違い、鍋自体の味が食物に付いて不快感をもたらすことなく、むしろそれを避ける意味を持っている。具体的には、東アジアの蒸籠《せいろ》＝甑《こしき》、つまり蒸器、西アジア、ヨーロッパのオーヴン＝パン焼き窯がそれであった(17)。

いずれも、穀物の採集、生産が始まった段階の時代には、まず穀物は水で煮られた。東ではアワ、キビなどの雑穀（コメを含む）が煮られ、西では主として大ムギが水煮され、粥として食べられた。このとき、蒸籠やオーヴンは粗雑な土器の味が食物にしみ込むのを防ぐことができた。東アジアの雑穀（コメを含む）は夏作の作物であって、脱穀しても胚芽を壊さずに取り出すことができるが、土器で水を沸騰させ、その蒸気で蒸籠や甑の中の穀物を蒸すことによって、穀物の味を損なうことなく食べることもできた。西アジア、ヨーロッパの主要作物であるムギ類の場合は秋作の作物であって、脱穀して胚芽を取り出そうとすると砕けて粉々になってしまう。それ故、始めはこれを粥にし、次にそれをビールにするという手もあったが、やがて粒を完全に粉とし、それを水で煉って、窯＝オーヴンに入れ、間接熱でじっくり焼くという方法がとられていった。

この料理の第一歩における東西文明の差異は、今日に至るまで、それぞれの料理の独特の調理器を蒸籠とオーヴンとし、それぞれの調理法の根幹をなしてきたのである（これ以外に加わった主要な調理器具としては、食物を切り裂くための包丁＝ナイフと、じっくり煮込むためか油を使うための鉄鍋である）。

## 3　水郷としての都市

水と生活の最後の問題は、水郷としての都市の問題である。水郷都市とは水の中の都市ということである。水郷都市それ自体はユーラシア西部にも東アジアにも、ともに存在している。そこに両者に通じる課題があることは事実であるが、しかし、ユーラシアの東西の文明的な違いが水郷都市のタイプを決めるところも多い。とはいえ、水郷都市と言っても多数ある。西では、まずヴェネチアが挙げられるのは異議ないところであろう。アムステルダムも、水郷と言っておかしくないであろう。東アジアにも多数あるが、その一つとして蘇州を挙げることができよう。また、杭州もそうだし、あえて言えば、大坂にしても江戸にしても、歴史的には水郷から出発したと言うことができよう。しかし、とりあえずここではヴェネチアを選び出し、簡単に説明したい。

### ヴェネチア

ヴェネチアはアドリア海の最奥の河口の洲の上に、木材を土台として打ち込んで人工的に造られた都市である。それは、四五二年、西ローマ帝国を滅亡させた戦乱を避けて、アドリア海の奥、ブレンタ川の河口の沖合いの洲に人々が移り住んだところから始まる。文書上、ヴェネチアの名が現れるのは五三八年のことで、六九七年に最初の元首（ドージェ）が選出されたところを見ると、この頃、都市国家としての体裁を整えたのであろう。八〇〇年、シャルルマーニュ大帝がローマで皇帝として戴冠したこの年、ヴェネチアはビザンツ帝国とフランク王国との関係で独立的地位を手に入れている。八二八年には、この町の守護聖人である聖マルコの遺骨をエジプトのアレキサンドリアから盗み出している（現在、その遺骨はヴェネチアの中心部、サン・マルコ教会にある）。

すでにこの頃には商業都市として台頭していたわけであるが、一一世紀にはアドリア海の制海権を獲得、さらに一二世紀には東地中海の覇権国となった。さらに一四世紀には新興ジェノヴァとの戦い（一三七八〜八一）に勝利し、一五世紀にはトルコと戦っている。このヴェネチアの隆盛は一四九八年、ヴァスコ＝ダ＝ガマが喜望峰廻りのインドへの海路を発見するや、それまで地中海、アレキサンドリアを経由していた東方貿易の独占が破られることで、（なおしばらくは繁栄を続けるものの）結局は没落することになる。

ヴェネチアも西ヨーロッパ中世の自治都市の一つとして、その中の南欧型、例えばフィレンツェに見られるように、ある地域の有力者、名望家、領主などのイニシアティヴによって住民の集住が行われ、成立したことは間違いない。つまり、フィレンツェ、ピサ、ミラノなどと同じく、北イタリア中世都市の一つである。しかし、これらの都市の中でヴェネチアは、地理的＝立地的、土木的、建築的構造が全く固有なものによって成り立つ都市であった。それは陸上ではなく、海面に建設されたのである。確かにこのことは部分的にはアムステルダムにも当てはまることだが、アムステルダムの場合はあくまで都市の中に水路が張りめぐらされているにすぎない。

ヴェネチアはまさに水の中に都市が建設された。一一世紀から始まった現存の都市＝建物の建設は、海面下の泥を掘り下げ、粘土層に材木を打ち込み、その上にイストリア石の基盤を築くことによって行われた。したがって、建物（群）の周辺は水面であり、これが水路として道路の役割を果たした。都市の中心部を貫く逆S字形のカナル・グランデ（大運河）を大通りとすると、そこから小運河が都市全体にわたって四通八達している。ヴェネチアの都市の中心にはリアルト広場やサン・マルコ広場があるが、ヴェネチア全体が水面上にあることはまぎれもない。小路までの通行はゴンドラ（独特の一人こぎの小舟）に拠っているのである。

この水路に囲まれた各地域の内部にはカンポと呼ばれる広場と教区教会堂があり、それを取り囲む建物群の中心にはポッツォ（井戸）がある。この井戸は、粘土で造った大きな槽（穴）の中の砂が雨水を吸い込んで水を溜め、それを垂直な桶状の井桁によって汲み上げるものである。もちろん、この古風な井戸水に代わって、一九世紀からは水道管によって本土の水を利用できるようになったが、下水は今も昔ながらの垂れ流しである。

第6章

# 利用される水

## 1　エネルギーとしての水

水は単に食物を生産するためだけにあるわけではない。人間の営み、とりわけ食物の生産において多少の余剰が生まれたとき、文明へのシステム化の一つの枝が生まれ、手工業へと展開してゆく。それは食物を含めて、人間が自然からもぎ取ったものに、第二次的な加工をすることである。土器などの道具の製作はその初期のもので、文明のずっと以前からなされていたものであるが、やがてこうした手仕事は食物の生産に携わる必要がなくなった人たちによって専業化してゆくのである。

この手工業の発展の中で、文明システムの強力な一石が金属の精錬、加工によって投じられた。自然からそのまま使うことのできる金属は、砂金などを除けば銅などわずかだし、銅に錫を混ぜた青銅や、やがて鉄を手に入れるためには、精錬しなければならない。精錬のためには火の形で尨大なエネルギー源（薪）が必要であるが、これを加工するとなると、火とともに動力としてのエネルギーが必要となってくる。このエネルギーはふいごを動かしたり、金属に打撃を与えるためのもので、始めは人間の手の働きによってなされた。それはその後もずっと必要であったが、やがて人間の筋力だけでは足りなくなり、これを助けるエネルギーとして家畜が求められ、これまた最近まで利用されてきたが、これでも足りなくなってくる。結局、人間が頼ることになったもう一つのものが水である。この水の流動力は、人間の仕事を水車にさせることで早くから利用されてきた。

## 水車の発明と構造

水車の出現の現場は判らないとしか言えない。しかし、食物の生産において水をあるがままに利用する段階をへて、これに手を加えて利用するようになってから程遠くない時期に誕生したことは間違いあるまい。そのゆるやかな発達はその素材の発達によるところが多いとされている。なぜなら、組み立ては単純でも、その運転の精密度と道具の堅牢さがものを言うからであって、アイデアによる飛躍はとくに重要ではなかったようである。

M・ドマスによれば[1]、証拠はないが、水車は水かきをつけた車を水流によって回して、流れの水を汲み上げるための装置として最初に使われたという。それはギア（伝動装置）を必要としないので、水車の最も単純な利用と言える（ペルシア風揚水水車〔四四頁、図5参照〕）。それはエジプトではサーキヤと呼ばれて利用された）。以後、技術的には他にさまざまな展開があるが、まず水平型（車軸は垂直）と垂直型（車軸は水平）の違いから見てみよう。

図26　水平型の最も簡単な水車（概念図）

図27　水平型と垂直型の水車のギア（概念図）

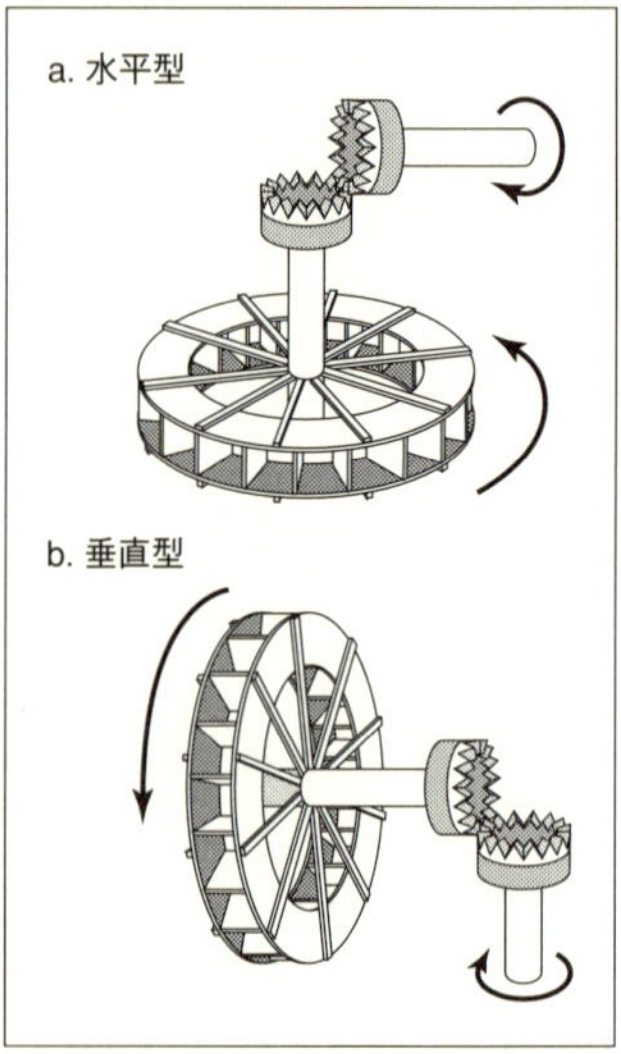


水平型の最も簡単なものは、水車の上にしつらえられた臼を回すのに便利である（図26）。それは穀物（ムギ）を粉にすることから始まったと思われる。この型の水車は、ドマスによれば紀元前二世紀か紀元前一世紀にオリエントの山岳地帯で造られたと推定される。しかし、他の場所で発明された可能性も否定していない[2]。水平型のより発展したものは、ギアによって縦軸の回転運動を横軸に転移させるだろう（図27a）。

垂直型の最も簡単なものは、すでに述べたように、水かきに容器をつけて、水かきが上昇するにつれて入った水を揚水し、樋に流し入れるものである（四四頁、図5参照）。そのより発展したものは、ギアを使って横軸の回転運動をそのまま側面に引き伸ばし、軸の方向を縦に変えたりすることができる（図27b）。

いずれの発展が早いか。平田寛[3]は、悩みながらも、あえて言えば水平型の方だと感じているようである。いずれにしても、水平型は穀物の製粉をきっかけに、垂直型は灌漑のための揚水をきっかけに考案され、灌漑農耕が発展したところで造られ始めたとされているだけに、文明的にはオリエントがその発明の時期であったとして大過ないであろう。とはいえ、紀元前第二、第三千年期における水車の遺構が発見されているわけではないし、記述があるわけでもない。

しかし、紀元前第一千年期になると各地に水車の存在を確認することができる。紀元前五世紀から紀元後三世紀の間のエジプトでは、先に触れたサーキヤ、すなわち水かきをつけた車輪の最も低くなった部分が水の流れにひたされ、水の動きによって回転する水車が用いられていた。車輪には多くのバスケットが括りつけられ、車輪が水にひたったときに水を汲み入れ、車輪の回転とともに上昇して、高い位置についたときにそれを樋に放出していた。

この頃のバスケットは木製であったが、紀元数世紀後には陶製になる。この方式による水車にギアをつければ、家畜の動力によっても稼動させることができるが、家畜を使わず水の流動力によった場合と比べてどちらが早く汲水できるかは即断できないだろう。ただ、家畜を動力とする方式の中で最も素朴なものとしては、井戸からの汲み上げ、後には、水の動きのない池溝からの汲み上げ（水車を使う）などがあり、地中海地域のみならず、広くアジア、アフリカの各地で採用されていた。

図28　水車の二つの型（概念図）

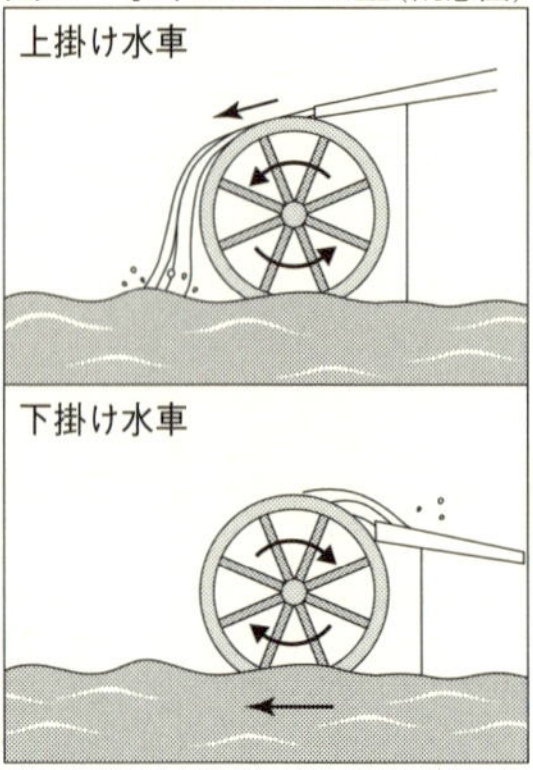


水車は井戸と同じように、旧大陸、つまりアメリカ大陸以外の大陸の農業地帯で一般的に普及したものとしてよさそうである。コロンブス以前の南北アメリカでは、そもそも水車の構造的原型である車が成立しなかったのであるから、水車が生まれなかったことは当然であろう。このことは逆に、旧大陸においても、車の発生以後にそれが誕生したと考えてよいということであり、車があるところには水車があったと言ってよかろう。文明の発生において大土木工事が行われるときには、重い物を動かすのに潤滑器具としてのシュラやコロが使われたはずであるが、この一般的な土台から車が立ち上がるには、その車を牽く動力としての家畜がなければならない。南北アメリカにおいては大土木工事のための潤滑器具が当然あったけれども、コロの回転をヒントにした車にまでは成長できなかったのであり、車の不在が水車の不在ということになったのである。

したがって旧大陸においては、水があって車のあるところには、車大工によって水車が造られた。ただし、水のあり方や水車の利用目的などによって、水車のタイプや規模もさまざまに違ったのである。まず、水の量である。豊富であるか不足ぎみであるか、あるいは、季節によって違ってくるのかこないのか、そのことを考慮しなければならない。さらに、水の形態が水流であるか湖沼であるかによっても違ってくるだろう。水が豊富な場合には、河や湖から溝を掘って造った水路に水車を掛けることも行われた。その他、地形（例えば傾斜度）によっても変わったし、水車への水の導き方においても、上からの上掛け式、流水に底がひたされる下掛け式と、さまざまあったのである（図28）。

## 古代ローマとイスラームの水車

このように水車は古代から旧大陸の各地で使用されたのであるが、その資料はオリエントでは断片的なものでしかない。それが比較的まとまった形で残されるのは、むしろギリシア、とりわけローマからである。

記述としては、プリニウスの『博物誌』が製粉用の水車を、またウィトルヴィウス（前一世紀）の『建築の書』が揚水用の水車を取り上げている。それのみならず、ローマにおいては水車そのものの遺構も発見されている。

遺構の一つはナポリの北のトゥリヴェルノ河沿いの町、ヴェナフロで発見されたもので、三世紀のものと思われる流水溝や水路橋のほか、水車の痕跡も見られるという。この水車は一八枚の羽根が放射状につけられ、それをはさむ形で二枚の大きな車輪が平行に取りつけられて、車輪の直径は一・八五メートルあったとされる。この水車は下掛け式で動かされ、そこから生まれる動力により、ギアで伝動された石臼が毎分四六回転し、一時間に一五〇キログラムの小ムギ粉を生産したはずである。この頃、二人の奴隷が手動の臼で一時間に七キログラムの小ムギ粉を作ったと言われているだけに、その生産能力は劇的なものであった。

もう一つ、南フランスのローヌ河下流のアルルから一〇キロメートル離れたところにあるバルブガルにも、三世紀から四世紀にかけて大規模な水車群があった。その遺構によると直径二・二メートル、幅七〇センチメートルの水車が八個あり、これを動かすための導水溝もあって、三〇度の勾配で流れ下った水が上掛け式で水車にそそぎ入れられていた。この動力は鉄製の軸からギアによって方向を変えられ、下にすえつけられた引き臼を動かして、一時間に一つの臼につき一五〜二〇キログラム、八つの臼で一二〇〜一六〇キログラムの小ムギ粉を生産していた(4)。

その他、製粉のための水車工場がローマ帝国末期に数多く存在したことが明らかにされているが、それは二つの理由によるであろう。一つは、地理的環境である。オリエント地方の場合は、水はまず巨大であり、分散させるためには多大の工事が必要であったから、手頃な水源＝河川は周辺の山地に限られていた。それに比べ、ギリシアからローマ、とりわけ帝国期にローマに組み入れられた地方の場合は、分散した地点で手軽に水を入手できたのである。二つ目の理由は、そのローマにおいて紀元前一世紀から小ムギ粉によるパンが常食となり、都市にはパン屋が成立して、小ムギ粉に対する需要が高まったことである。ローマの盛期までは多数の捕虜奴隷が流入してきたため、彼らに臼をひかせることができたが、帝国後期には奴隷供給が少なくなったので、水車に依存することが多くなったのである。

ローマの水車文化はローマ帝国の崩壊以後も二つの方向で継承され、進化する。その一つは、ローマ帝国の一部とされた西ヨーロッパ世界において、帝国末期の傾向をより発展させる方向である。もう一つは、イスラーム文明のもとにおいて、単にローマ文明を継承するだけでなく、ペルシア文明、インド文明などの影響や、さらにはオリエントとは違った風土の地域をも包摂することで、より洗練された水車文化を生み出す方向である。

イスラーム文明の技術の一つは、農耕面で、従来の冬作に加えて夏作を復合させたことである。夏作をする以前は、オリエントでは水の豊富な冬にもっぱら耕作が行われたため、揚水用水車は存在しながらも、広く普及することはなかった。しかし、乾季の夏において、水を大量に必要とする野菜や果物などの作物栽培が急速に流行すると、複雑な灌漑施設とともに、揚水用水車に対する需要が増大したのである。エジプトにあったサーキヤがそれである。これは家畜の動力に代えて、垂直型水車によって水を汲み上げるものであった。

もう一つ、イスラーム文明のもとでは、ナーウーラ（これは英語の下掛け式水車ノーリアの原語でもある）があり、これも垂直型水車で、底部を流水にひたし、車輪を回転させ、バスケットを引き上げて揚水し、水路に流し込むものであった。この水車にギアをつけて動力にしたものは、かつてはそのほとんどが製粉のみに使われていたが、イスラーム時代にはさまざまな加工（木材や金属を原料とする手工業）の動力としても使われることとなった。

イスラーム文明において水車の記録が豊富になるのは九世紀からである。その中でとくに有名で、今日でもまだ稼動しているのが、シリアのオロンテス河沿いにあるハマーの大型水車である。その

図29　水平型の浮き水車の利用（概念図）

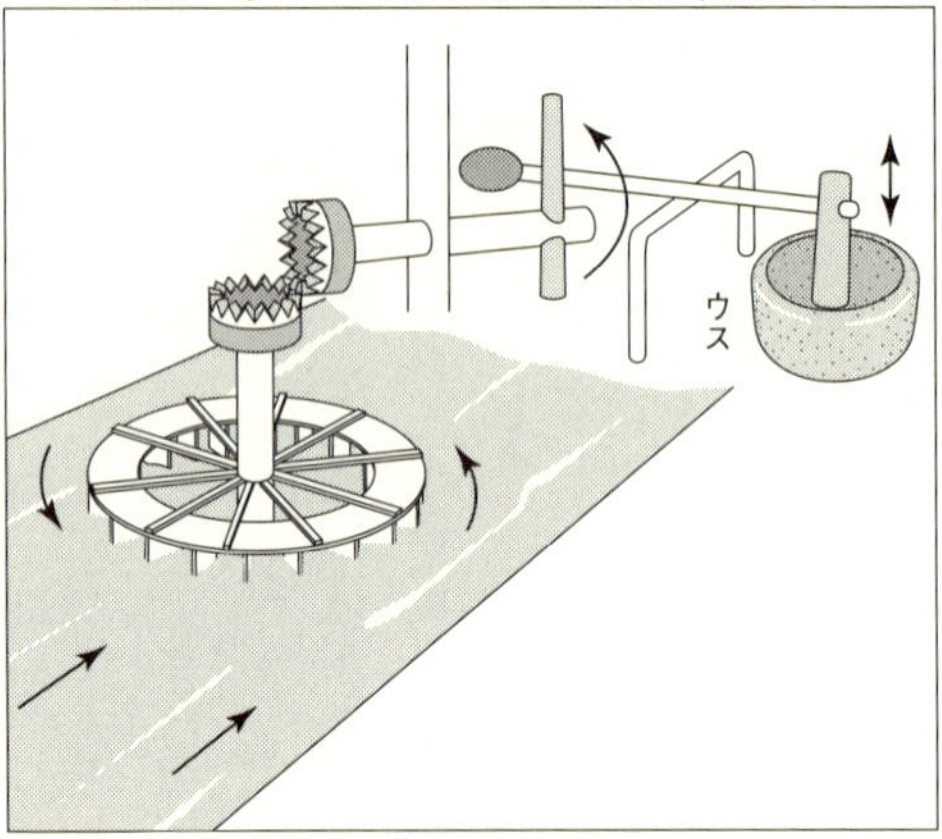


直径は二七メートルもあり、ほぼその高さまで揚水することができるが、製粉、その他の作業に使われた。あるいは一〇世紀のティグリス＝ユーフラテス河に沿った都市では、同じく製粉だけでなく、サトウキビ圧搾、毛織物縮絨、あるいはその頃の新興産業であった製紙にも使われていた。紙が初めて作られたのは東アジアの漢代、紀元一〇〇年頃であり、続いてティベット、インドに伝えられた。イスラーム文明圏に製紙法が伝えられたのは、七五一年のタラスの会戦（サラセン軍が唐の高仙芝《コウセンシ》と戦う）で捕虜となった漢人の紙工の手によってであり、この年にサマルカンド、七九四年にはバグダッドに製紙工場が造られた。このとき水車は、植物をパルプにするために稼動したのである。[5]

それは水平型の浮き水車（図29）であった。この型の水車は六世紀にローマのティベル河で用いられたものの普及版である。地主や領主によって設置されることもあったが、多くの場合、農民たちの共同出資により造られ、その出資率によって利用権が配分されていたという。[6]

## 中国の水車

漢族文化においても古代から水車は利用されていた。ただそれは黄河流域においてである。揚水用としても使われたが、とくにこの地域においてはやがてムギが主要作物となったので、製粉用として使われる機会が多かったであろう。その中で特筆されているのは、後漢の杜詩が南陽の大守となったときに造られた装置である。それはふいご（金属の精錬に用いる送風器）を水力で動かすものである。とくに記録はないが、このことは揚水、製粉、脱穀用として、すでに水車が広く使われていたことを暗示するものであろう。

この中国における水車の歴史の山場、一つの転回点は唐朝中期（八世紀）にくる。それは晉代（三世紀）より政府により保護されていた水車が、南北朝時代（四〜六世紀）から政府の統制の対象となり、唐朝中期に至ると突如としてあらゆる制約が取り払われるという屈折した政策に見ることができる。この歴史の背景にあるものは、農作物の変化と水車の経営主体（商人、寺院、官人、貴族）の問題であると思われる。

まずそれは、黄河流域＝華北大平原における主要穀物がそれまではアワなどの雑穀であったことによる。これらの穀物は粒食されることが多かったが、そのために是非とも必要な作業は脱穀、精白であった。晉代から普及した水車は杵による臼への垂直運動を利用したものである。臼については古代から遺物や記録が多く残されているが、最初は脱穀と精白のために手動による杵《きね》と臼が使われた。これは今日でも使われているが、漢代（前三世紀）に入ると、足で杵を動かせる碓《うす》（カラスウス）が出てくる。この杵を水車で動かしたのが水碓（図30）で、これが晋代に普及したのである。

碓よりずっと遅れて出現したのが磨《ま》（ヒキウス）（図31）である。磨は石製であって、上下二つの石で穀物をすりつぶして粉にする。これも始めは手動であって、平面に溝を刻みつけた円形の二つの石（上石と下石）のうち上石を回転させて、二つの石の間に流し入れた穀粒をすりつぶすのである。そして他と同じようにやがては家畜の動力で回すこととなり、水車の動力へと発展してゆくのは当然の成りゆきであった。製粉の道具の中で、臼ではなく石板の上で転石（ローラー）を回して押しつぶすものは碾《てん》（図32）と言い、磨に遅れて発明されたという。

このように、人力にせよ畜力にせよ水力にせよ、製粉のための道具が次々と現れるのは、西嶋

図30　水碓（概念図）

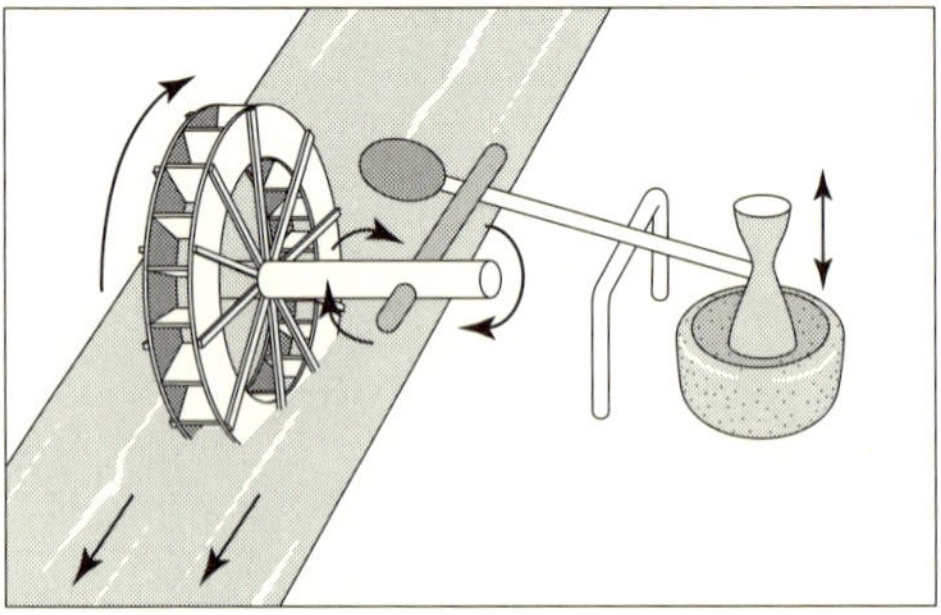

図31　水車によって動かす磨（概念図）

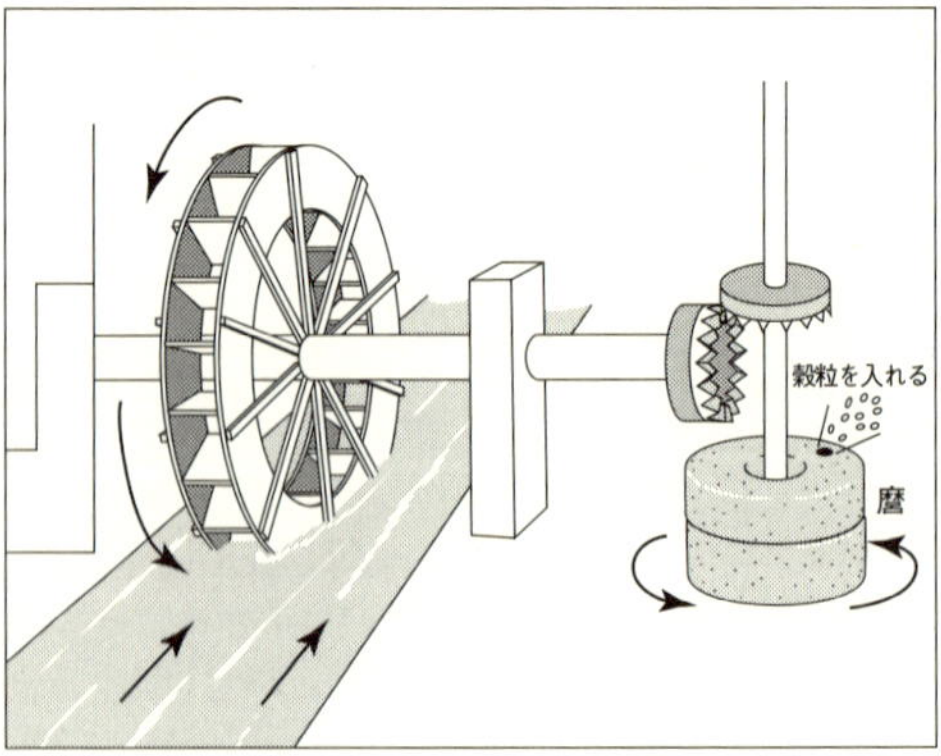

図32　碾

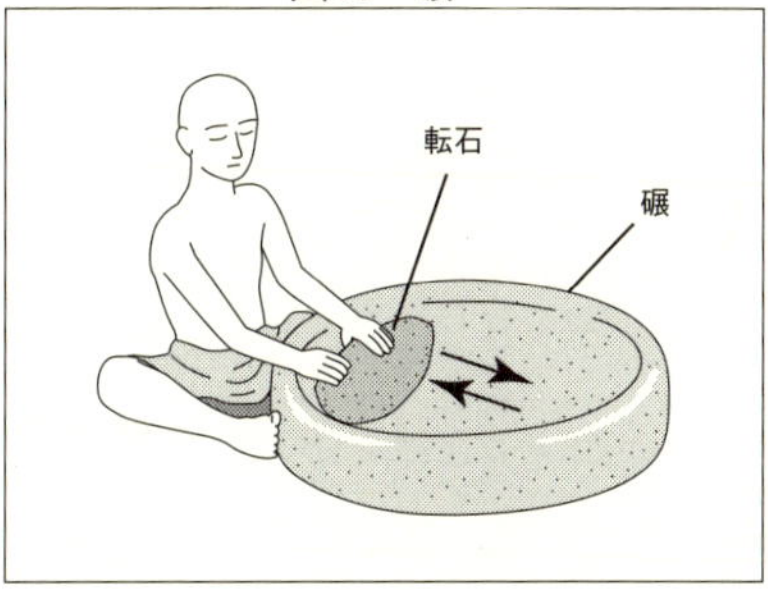


定生(7)によれば、黄河流域における主要作物がアワなどの雑穀のみならず、ムギやコメへと拡大していったことによるという。この中でとりわけ小ムギは製粉してから食べるのが一般であったから、磨あるいは碾が拡がってゆくのは、麦作が南北朝時代から増大するのにともなっている。ただし、ムギ、コメを華北平原で栽培するには灌漑によらなければならない。それ故、小ムギの生産増大にともない、製粉のための水と灌漑のための水とは競合する可能性を高めることになる。隋唐に入って（六〜七世紀）、麦作がさらに増大し、かつこれを製粉するための道具が大規模になったとき、競合がいよいよ対立に発展したのである。

それは、製粉のための水車を動力とするヒキウス＝碾磑《てんがい》（南北朝に出現）が唐代に至り商人、官人、大寺院、貴族によって大規模な営利事業として設置されるや、これに対する抑止の政策が繰り返し取られる形で現れてくる。その理由は、碾磑の設置が農地の灌漑を不可能とするというものであった。そのため、灌漑用水のほとりに碾磑を設置するときは、水車に使われた水を再び灌漑にまわすよう命令が下った。この政策がなかなか貫徹できなかったことは、それがたびたび発令された事実によって明らかにされている。ところが、永徽六年（六五五）に始まったこの抑止政策が太暦末年（七七九）を最後として消えてゆくこととなる。何故か。

図33　礱（礲）

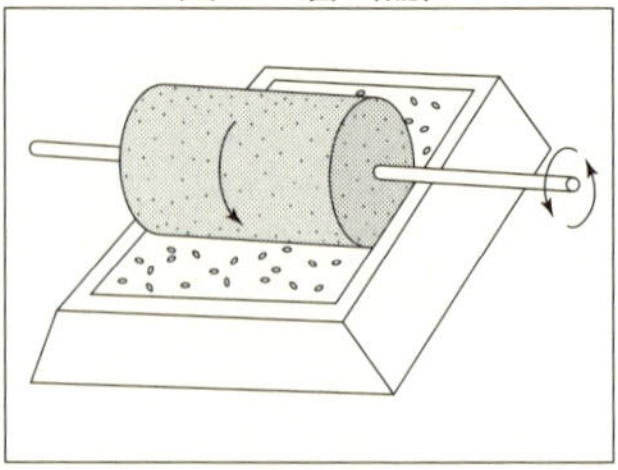

西嶋によれば、それは華北平原における農業の集約化、具体的には二年三毛作の普及によるものであるという。それまで作物の多くは一年一毛作で、アワなどの雑穀が輪作されていた。アワの場合はムギと違い、豊富な水を必要としないからであるが、河川灌漑がより拡大し、さらに黄土それ自体に含まれるミネラルと河水に含まれる栄養分が保たれることによって、とくに追加肥料なしでもムギの作付けが可能となった。その上で、夏作物である多品種のアワと冬作物であるムギとの栽培期間のズレを利用し、例えば、ムギを収穫してから晩熟性のアワを播くとか、あるいは早熟性のアワの収穫の後にムギを播くといったように、まず三年四毛作、さらに二年三毛作への輪作に組み換えた。かくて、ムギの大量収穫の実現は、ムギの大量製粉の需要を生み出し、碾磑経営への誘因となったばかりか、それにともなう税収増により、碾磑阻止の要求をなくさせることになったと言えよう[8]。

江南においては事情はいささか違う。江南には水問題はない。すでに述べたように、唐代から江南の水郷の塘（堤）による水田化は始まっており、この分野のフロンティアはまだまだ開ける展望があった。また宋代（一〇～一二世紀）に入ると稲の品種が晩生の粳《うるち》（ジャポニカ。音はコウ）から早生の秈《うるち》（うるちの新品種インディカ。音はセン）に移って、多収穫のみならず、稲の多毛作を可能としたのである。それ故、水車の需要は揚水用でも製粉用でもなく、もっぱら稲の籾すり用であって、ひき臼の型としては北方の磨から礱《ろう》（礲、図33）への発展が見られた。この礱は本来は石製であるが、利用法よりして木製でも可能であったので、広く普及したのである。(9)

## 日本の水車

江南文明を重要な要素としている日本文明においては、江南と同様に水車をとくに必要とせず、水田灌漑にしても、用水路における堰堤で分水したり引水したりするのが一般的であり、次いで谷間の水を堰き止めた小溜め池の自然流水によるものが多かった。それ故、水車は、文献的には大堰川や宇治川など平安中期から京都を中心にして散見されるぐらいである。道具による揚水はほとんど用いられず、一七世紀においてすら、人力による揚水機である龍骨車（六二頁、図7参照）もほとんど普及しなかった。日本で水車が普及するのは一八世紀以後のことであり、それもほとんど揚水以外の用途に使われた。小川に設けられた水車小屋で脱穀、精米が行われているなつかしい伝統的な風景も、古いものではなく、むしろ近代の息吹なのであろう。

## （付論）風車

水車を語った以上、同じ自然エネルギーである風を使う風車について一言しておかなければなるまい。水が不足するか、水はあっても流動性のない場所で動力が必要な場合、それに対応する技術の一つが風車であった。その起源は、風車《かざぐるま》のようなオモチャは別として、ペルシアとヨーロッパの二つがあるようである。十字軍による伝播という考え方もあるが、その気候の違いから、両者の発端は違っていたと考えられる。イスラーム文明圏の風車は一〇世紀の記録があり、イラン高原など水車が使えないところで、その代わりを担ったようである。一二世紀に現れるヨーロッパの風車は、ペルシアからロシア、スカンディナヴィア経由で北欧へ入ったとする考え方と、スペイン経由で西ヨーロッパへ入ったとする考え方とがある。イスラームの風車は水平型で、垂直軸によって回転させるために、一方向からの風を集中して送るのに壁が設けられ、そのほとんどが製粉用であった。それに対して、ヨーロッパ型の風車は垂直型であって、水平軸で回転する翼は風のくる方向によって回るようになっていたが、このタイプは海水面下の国オランダにおいて低地の排水用の風車として大活躍した(10)(オランダの事情については先述した(一九八頁参照))。

## 水力発電

水車は水流のエネルギーをそのまま人間が利用する道具であるが、近代に入るとそれを電気という様態に変えて利用する方法が普及してくる。この電気というエネルギーの利用は近代に入って拡まったものであるが、その存在は古代から知られていたようである。そしてその利用は、モンゴルの世界支配の結果、東方から一二世紀末に伝った羅針盤により始まった。ルネサンスからは電気や磁気の現象の研究が始まり、イギリスのゲーリックは硫黄の球を回転させ、これを手でこする起電機を発明し（一六七二）、同じイギリスのホークスビーはガラス球を使った摩擦起電機を考案している（一七〇九）。また、発生した電気を蓄積する方法も工夫され、瞬間的な起電ではなく持続的に発電するための理論がイギリスのファラデーによって発見された（一八三一）。

この電磁誘導現象の発見は発電機、電動機の原理が明らかになったということであり、この原理を使ってフランスのピキシが磁石発電機を発明した（一八三二）。しかしそれはまだ実用には及ばなかった。発電機の実用化を開いたのはイタリアのパチノッティで、その発明は一八六〇年、実際に使われ出したのは一八七〇年のことである。この発明によってエネルギーとしての電気が人間に支配されるようになると、その技術は照明の分野で広く利用され始める。この照明の分野では、一八世紀の末からすでに可燃性ガスが生産され、まずランプにそれが使われていたが、一九世紀前半にはガス灯が普及し、次に放電を利用したアーク灯が出現する。しかし、アーク灯は取り扱いに面倒なところがあった。そこで一八六〇年に炭素繊維による白熱灯が発明されることになり、その使用を経営的に成り立たせる技術が求められた。これを可能としたのがエディソンで、彼は一八七八年に電気照明会社を設立した。

この電気の本格利用の確立は、その需要を増大させ、送電法、変圧法、発電法、電動法の技術的洗練とあいまって電気産業を成り立たせた(11)。大量の電気の生産が必要となったが、そのために最初に使われたのが、すでに普及し洗練されていた蒸気機関による火力発電である。これは石炭、後には石油を燃焼させてエネルギーを発生させ、発電機を回して電気を作るのであるが、当然にして発電機の回転はただちに水車を連想させて水力発電を工夫させた。かくして、河川湖沼を利用して水を高い位置から急速に流下させ、そこに生まれる水のエネルギーで水車を動かし、これを原動力として発電機を回転させて電気エネルギーを発生させるに至った。この発電の方法はやがて大規模なダムを設けて水位差を生み出し、水を急激に流下させる方式へと発展したのである。

水力発電は、ヨーロッパやアメリカでは一八八二年頃から小規模なものが出現している。日本では一八九〇年に足尾銅山その他に設置されたのが最初であり、一般的には一八九二年に琵琶湖疏水の水を使って設置された京都の蹴上発電所が有名である。その後、木曽その他各地に水力発電所が建設され、明治、大正、昭和と、日本の水力発電事業のブームの時代を作り上げる。

日本は年間降雨量が平均で一七〇〇ミリ、多いところでは四〇〇〇ミリを越えるところもあり、世界でも有数の雨量を持つ国である。それにまた、明治に日本に来たオランダの治水技術者が日本の河川を見て、これは（ヨーロッパの河川を知る眼から見ると）瀧であると語ったと言われているように、日本には急勾配な河川など水力発電に向いた地点が多く、それらの地点が電気事業の発端から好適なエネルギー源として開発されて、以来一九六〇年初期まで水力発電は日本の電力供給量の大半を占めることになった。しかし、以後、高度成長期に入って電力需要を伸ばしたものの、水力開発にふさわしい立地が少なくなり、開発コストが高くなるばかりか、不可避な自然破壊反対による抵抗が高まったために、その比重を低下させてゆく。そして電力需要の増大は、火力発電の技術進歩と原子力発電の発展によってまかなわれることになったのである。

水力発電の稼動と展開は、世界的にはアメリカ、ロシア、カナダ、ブラジルなど、今日でもなお続けられてはいるが、やはりその黄金時代は二〇世紀アメリカ合衆国のＴＶＡであったと言えよう。ＴＶＡ＝テネシー河流域開発公社は、ニューディール政策（世界恐慌後の経済再建計画）の一環として一九三三年に設立されたものである。ルーズヴェルト政府は、第一次世界大戦中に造られて放置されていたダムや施設を核として、総合的地域開発計画を立て、洪水調節と電力生産の多目的ダムを建設するとともに、植林や土壌保全、河川整備、あるいは、電力の活用により窒素肥料その他を生産する化学産業の振興、さらには漁業・鉱業・観光資源の開発を行った。それは地域経済の振興というニューディールの看板政策の一つの実現であったが、その後も電力生産を拡大・多様化して環境保全にも尽力した。

## 2　交通・運輸・消防における水

水は単にエネルギーとしてのみ利用されるわけではない。例えば、人間のエネルギー利用を語るとき、絶対に忘れてはならないのは、運動が大地の上で行われる以上、運動体が動く場においては摩擦という現象が起こることである。摩擦においては熱が発生する。それは運動体を動かすエネルギーのロスであり、これを最小に抑えることはエネルギーの効率を上げることになる。そして、この摩擦の緩和は、運動体とそれが位置する場との間にすべり（滑性）を大きくする物質を注入することによって行われる。陸上においてそれはコロであり、それが器具として発展したものが車である。しかも、その位置する場そのものが滑性を持つならば、また、運動体自身がこの場の滑性を活用するのに適した形態（例えば、流線型）を持つならば、一段とエネルギー効率は上がるであろう。それは車輪とレールとの関係に見られるものだが、実は、その効率を最も古くから追求してきたのが、船と水との関係であった。

水は単にエネルギーとしてだけでなく、そのエネルギーを可能な限り有効かつロスのないようにするためにも早くから使われてきたのである。もちろん、かつては水も人間にとっての障害であった。徒歩する人間にとっては、水は歩くことを困難に、あるいは不可能にするものであった。しかし、やがて水は、交通、運輸を容易にする手段であることが発見されたのである。このとき水は、まず木材そのものを筏《いかだ》にし、水上に浮かせて通交させるために使われたであろう。それだけでも充分に効率的な運搬方法であったが、やがてそれは運動体の滑性を高める船の発明へとつながってゆく。先を尖らせ側面をなめらかにしたこの船は、オールによって今度は水を抵抗体とし、人力（人間のエネルギー）を船の推進力に転化することで、すべりの良い水の上をすいすいと前進することになる。人間はこの水の滑性の面と抵抗体の面とのデリケートなバランスを利用できたわけである。

確かに、水の流れのエネルギーが人力のエネルギーを越えたとき、そのバランスは崩れた。しかし、その場合も人間は自然の力を使う手だてを見出していた。それは風の力の利用である。古代のガレー船やボート、そして石炭や石油で動かす近代以後の汽船の誕生まで、船の歴史は帆船の歴史であったのである。

## 船の発達

浮力あるもの（草木、皮袋など）に取りすがって人間が自力で推進すること、それがおそらく水の滑力の最も本源的な利用であったと思われるが、やがて舟・船が誕生する。その一つは一本の丸太であり、あるいは細長い枝や水草を束にしたものであって、丸太の中に人間の座席をくり抜いたり、草木の束の中をその形にして人が乗る。もう一つは動物性のもので、羊などの皮を袋とし、それに液体（水や乳や酒など）を入れるか空気を入れて、水中での浮力をつけるためにそれらをつなぎ合わせることで、人間が乗れる座をしつらえる。この丸太をくり抜いたものや皮袋で座を作ったものが船の発達の出発点となる。

丸木船から始まる船の発展の流れは、一つは丸太から肋骨を張り出させ、これに板を張り、さらに甲板ができてゆく。もう一つの流れは、草木の束や動物の皮袋ないし動物の皮をはり合わせ、縫い合わせ、束ね合わせて舟の形を作り、その内側に木の枝や動物の骨格を組み合わせることで枠組みを作ってゆく。この二つの系統はやがて融合してゆくが、船の発展の流れは風土による素材の質によって影響されたようである。雨量が多く、木材が豊富なところでは、まず丸太はカヌーとなるが、カヌーが木材の堅牢性にのみ依拠している限りは、その舷側《ふなばた》から張り出したアウトリガー（舷外浮材）によって舟体の安定を図ったり、カヌー本体をアウトリガーにして二隻併行させて安定と

図34　ポリネシア人の活躍

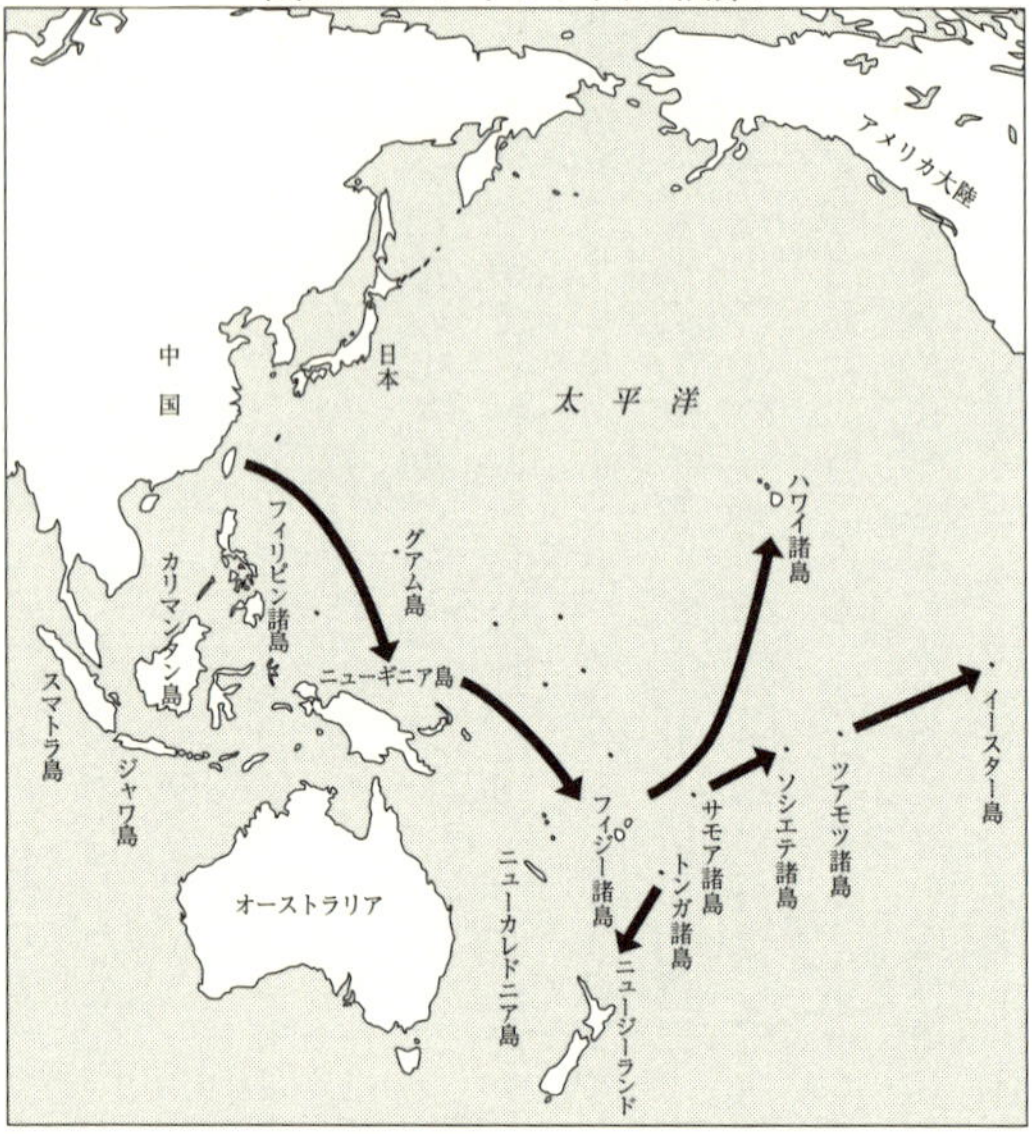


容積を増やしたりするのがせいぜいである。ポリネシア人による太平洋と一部インド洋（マダガスカル）への雄飛（紀元前より、集中的には四～八世紀）はこのカヌーによって行われ、すでに推進力としては風を使う帆を備えていた（図34）。しかし、外洋においてより発展するのは縫合船の方であろう。インド洋を駆けぬけたダウ船（図35）は木材を縫い合わせ、木材の枠で構造を作ったものである。小木材を接合するこの方法は木材の少ないエジプトで古くから始まっていたが、それがダウ船として発展したのはペルシア湾で、紀元以後には生まれていたようである。この造船技術は北方スカンディナヴィアに影響し、八世紀に生まれたヴァイキングの船（図36）は薄い木板を鉄釘で縫い合わせて作った構造に木材で枠付けしている。その船体は地中海において一応の発展をし、北海の流れと大西洋において合体して、あとは推進力の問題となるのである。

図35　ダウ船（インド洋）

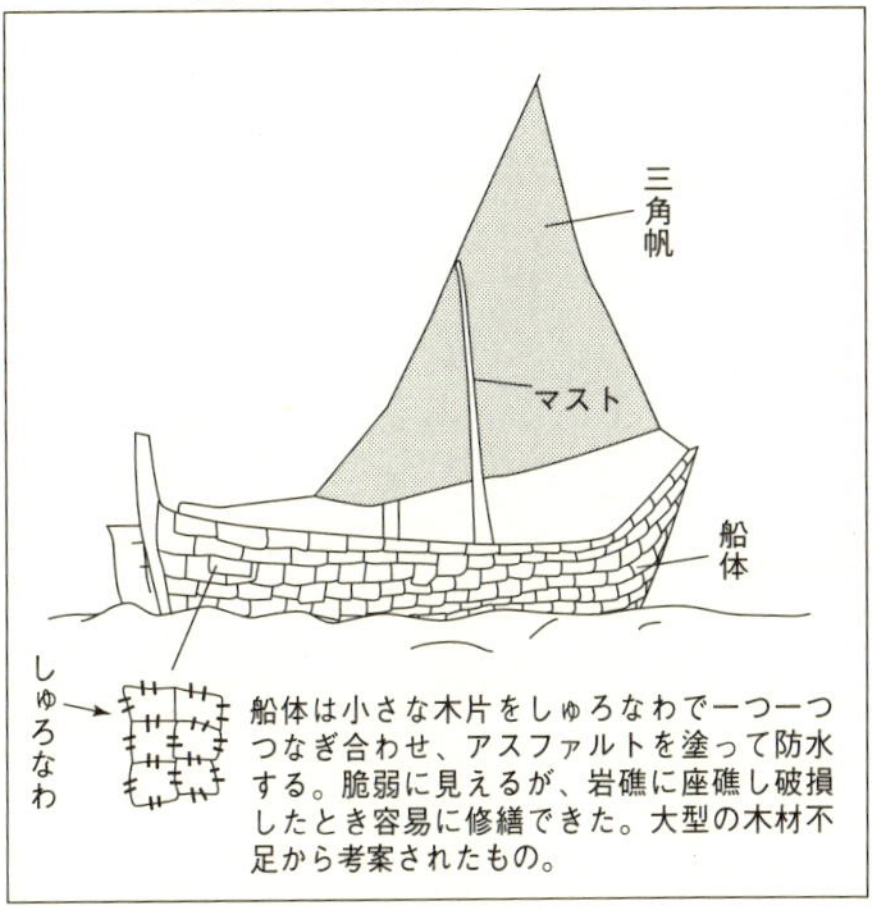

船体は小さな木片をしゅろなわで一つ一つつなぎ合わせ、アスファルトを塗って防水する。脆弱に見えるが、岩礁に座礁し破損したとき容易に修繕できた。大型の木材不足から考案されたもの。

図36　初期ヴァイキング船（北海）

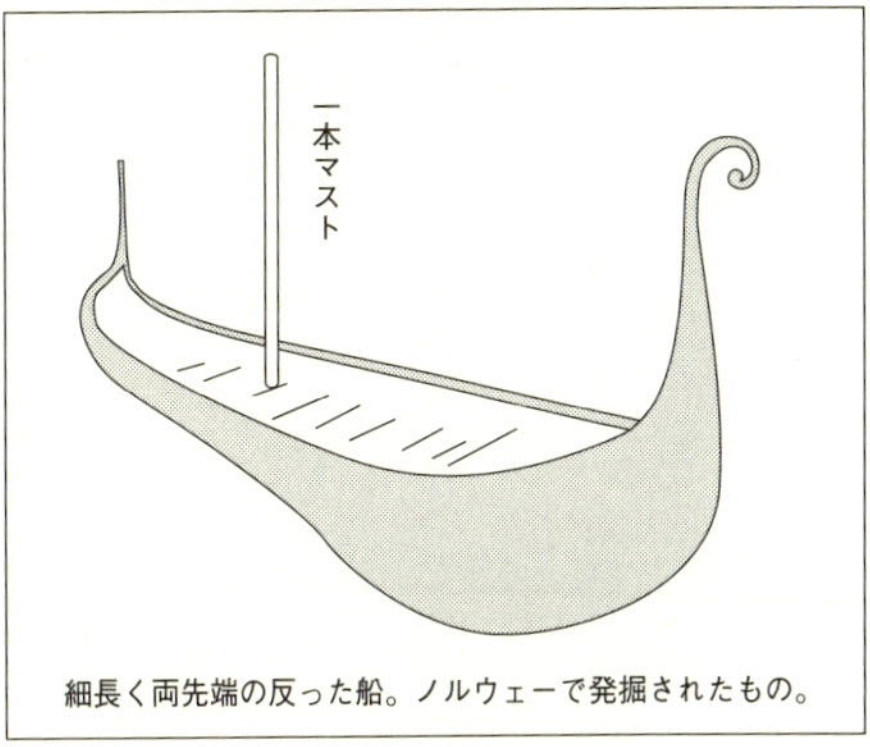

細長く両先端の反った船。ノルウェーで発掘されたもの。

## 運河の造成

ここでの主題は船ではなく、水の滑性の利用である。その面で言えば、船という極めて効率の高い道具の活用エリアをいかにして拡大するかが課題となる。それがまさに水路の改良と開発の問題である。水路の改良とは、河川海洋において舟航を妨害する岩石や暗礁の除去、舟行を便利にするための水路や港湾の工事などである。後者の水路の開発は、まず治水灌漑のための水路の造成とともに始まるであろう。メソポタミアにおける灌漑網の造成は同時に小舟による運輸交通の始まりでもある。

やがて小舟の交通にとどまらず、外洋に出てゆける大形船さえも一つの海から別の海へ導いて、それまで絶望視されていた航行可能な人工水路が考えられるようになる。その最初のものと言われているのはアジア＝アフリカ地峡を水路で切断する構想である。エジプトではかなりの昔から、地中海と紅海・インド洋とを連続した交通路で結ぶことの利便性が理解され、いく度か工事が行われていた。第二六王朝（前六六三〜前五二五）のネコ二世（在位、前六〇九〜前五九四）の時代には、ナイル・デルタの一支流に面したブバスキィスの町から紅海に至る運河が計画され、後にアケメネス朝ペルシア帝国のダレイオス一世（在位、前五二二〜前四八六）によって完工されて、現在でもその遺跡が残っている（「ファラオの運河」）。ローマ帝国時代（一世紀頃）にも改修工事が行われ、使用されていたが、やがて荒廃した。この運河はアラブ＝イスラーム軍がフォスタート（今のカイロ）を建設した六四二年に再開発されるが、スエズから一・六キロメートル先にあるアル＝クルズムはこの運河の起点として古来有名であった。

## 「大運河」

東アジアの漢族においては、運河が極めて大きな役割を果たしていた。その完成形は、北の北京から南の杭州に至るまでの、最終的には一八〇〇キロメートル近い「大運河」である。(12)それは華北大平原から杭州を河口とする銭塘江まで、大陸の東辺を南北に縦断し、黄河、淮河、揚子江を結んでおり、黄河流域と江南を政治経済的に統合する軸とも言える装置として、長城とともに中国の二大土木の一つとなった。つまり、東アジアは西部の山岳高原から東に向かって平原となっているので、河川は高い西側から海岸に向かって流れるのであるが、「大運河」はこの東西の流れを南北に横断するという形で、人間と物財の交通運輸の機能に巨大な役割を果たしたのである。

もちろん、この大運河は最初から全体として構想されたわけではなく、春秋時代（前六～前五世紀頃）から少しずつ積み上げられ、隋代（六世紀）に大運河としてひとまず完成し、元代（一四世紀）にさらに充実して、公式には一九〇〇年に制度的な消滅に至っている。その間、この運河は黄河流域の政権が江南の富を吸い寄せるためのパイプの役割を果たした。先駆的ないくつかの運河はあったものと思われるが、画期的な第一歩は、呉が今日の揚子江岸の揚州から北の淮河ほとりの淮安までの邗溝を掘削したとき（前四八七）に踏み出された。これにより揚子江と淮河はあい通ずることになったが、漢代に入ると首都の長安と黄河を結びつけるために、水量が少なく舟運に不便な渭水の南に直渠（渭渠）が

図37　中国の運河（隋代を中心として）

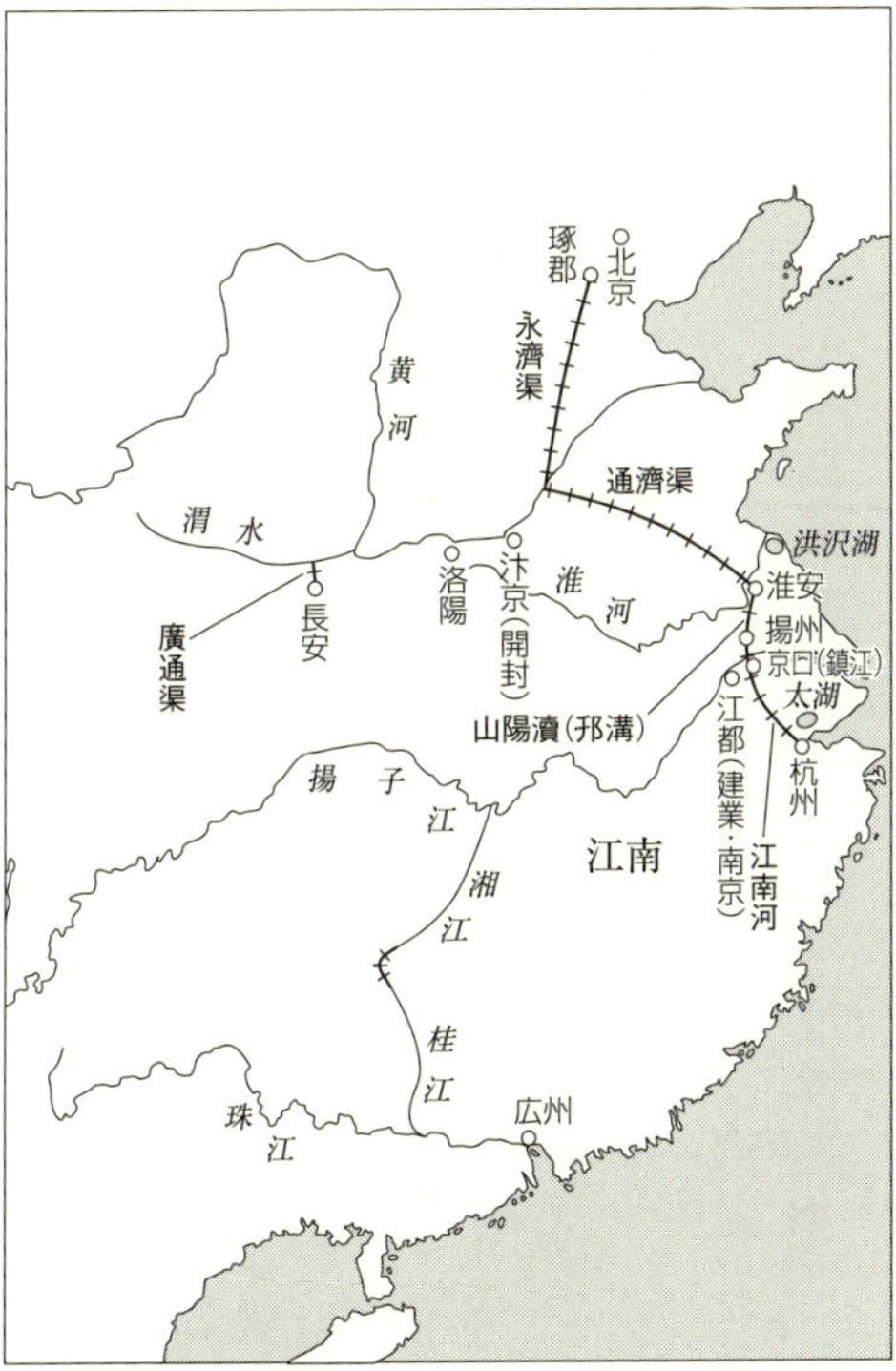

開かれた（前一二九）。三国時代（三世紀）から南北朝時代（五～六世紀）にかけては、いろいろな運河が掘られたが、なかでも呉（三世紀）が首都の建業（南京）から太湖にかけて運河を掘っているし、東晉（四～五世紀）や南朝の宋（劉宋）（五世紀）のときには淮河を経由して黄河と揚子江を結びつけるいくつかの工事がなされた。そしてこれらを整備して大運河に仕上げたのが隋である。

隋代（六～七世紀）ではまず、首都長安の補給のため五八四年に廣通渠を開いたが、本格的なものとしては五八八年に山陽瀆を開いている。これは、春秋時代の呉の邗溝を浚渫して淮河と揚子江の結びつきを確実にしたものである。六〇五年には煬帝（在位、六〇四～六一八）が通濟渠を開いて黄河と淮河とを結びつけている。この運河は唐宋時代（七～一三世紀）にも使われた。六〇八年には永濟渠が開かれたが、これは黄河から北へ今日の衛河に沿って琢郡《タクグン》（北京西南）まで行くものである。この永濟渠は当時進められていた高句麗征伐のために造られたものであった。六一〇年には揚子江南岸の京口《ケイコウ》（鎮江）から今日の杭州にまで至る江南河が開かれている。かくして北から南までの「大運河」が完成したわけで、煬帝は六一一年に江都（南京）から山陽瀆、通濟渠、永濟渠を使って琢郡まで行っている。今や軍事的にはもちろん、開拓も著しく進んでいた江南の財が、洛陽ばかりか北辺にまで送ることができるようになったのである。なお、この時代、「大運河」には入らないが、すでに秦代（前三世紀）に湘江と桂江との間に運河が開かれていたので、湘江の流れは珠江とつながっていた。したがって、隋代には南の広州から北の北京まで水上交通だけで行くことができるようになっていたのである。

このシステムは唐代、宋代にまで続けられる。ただ唐の首都長安と黄河の間には廣通渠があったものの、直接に結びつけられたわけではなかったので、唐代には改良が行われ、陸運の部分が短縮された。もっとも、長安が黄河の河畔になかったため、南方の経済力にもっぱら依存する唐朝は大いに苦しんだところから、五代（一〇世紀）に入ると、後唐は洛陽を首都としたほか、後梁、後晉、後漢、後周はいずれも汴京《ベンケイ》（開封）に首都を置いているし、宋もまた同様に開封を都とし、このシステムを生かす努力をしている。しかし、一二世紀末に黄河下流の河道が東南に移動した上、その奔流を淮河も受けとめることができず、淮河の下流の洪沢湖《コウタク》を造る仕末であった。したがって、大運河も脅威を受けたが、すでに金（北朝）の圧力のもと一一二六年の靖康の変で宋は翌年に南遷していたので、運河は南北を結ぶというより、南宋の江南における補給に使われた。南宋を一二七九年に滅ぼしたモンゴル（元）は大都（北京）に首都を置いていたが、始めは南北の運輸に部分的には陸上輸送、時には海上輸送に頼っていた。しかし、一二八三年から九二年にかけて運河の再整備を行い、北京から杭州までひとまず一六〇〇キロメートルの「大運河」が完成する。これが、「大運河」の第二の画期であった。

明代（一四〜一七世紀）には、「大運河」は元代のそれをほぼそのまま受け継いだ。この頃、大運河は六つの部分に分けられ管理されていた（図38）。南から順に挙げると、第一段階は、杭州から鎮江までの江南河であり、その南を浙漕、北を江漕という。第二段階は、鎮江の対岸の揚州から淮安に至り、淮河に入って黄河に至るまでで、これを湖漕という。第三段階は、清口から黄河をさか

図38　明代の大運河（概念図）

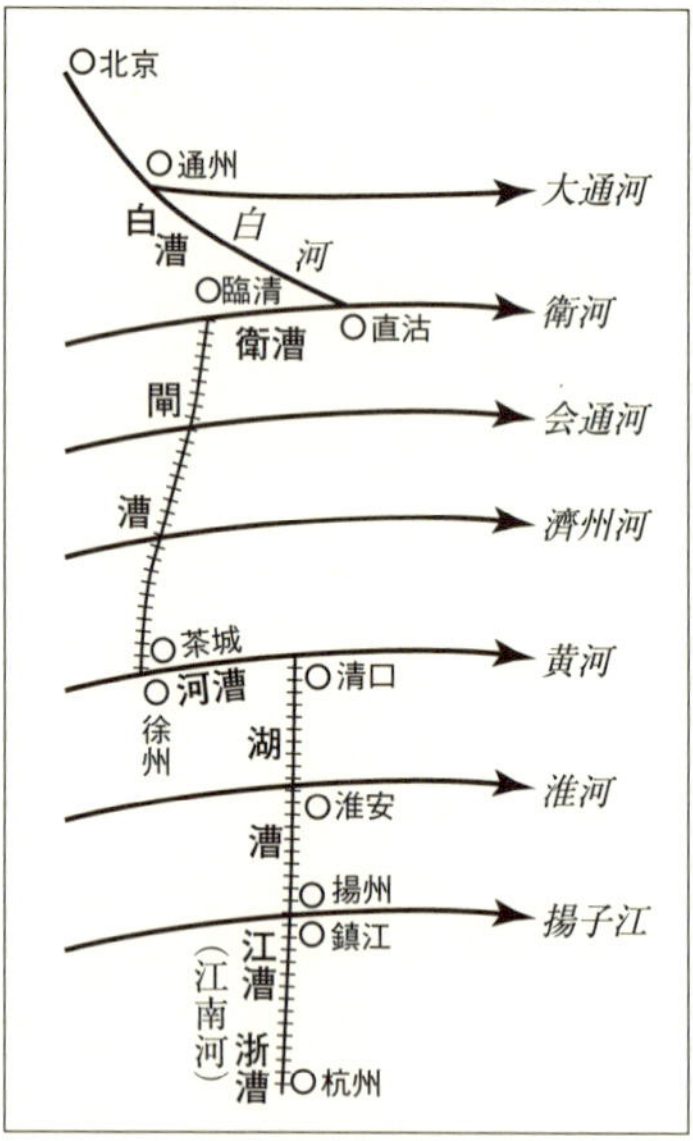


のぼって、徐州の北の茶城に至って元代の濟州河と合うもので、これを河漕という。第四段階は、茶城から明代の濟州河、会通河をへて臨清に至り、衛河に合するもので、これを閘漕という。第五段階は、臨清から衛河によって北に向かい、直《チョク》沽《コ》に至り、白河に合するもので、これを衛漕という。第六段階は、直沽から白河によって通州に至るもので、これを白漕という。そこから大通河（通恵河）をさかのぼって北京に到達したのである。もちろん、大運河の運営はいつも順調であったわけではないが、清代（一七〜二〇世紀初頭）もほぼそのまま明代のそれを受け継いでいる。一七世紀の中頃からの一〇〇年は、中国史上まれに見るほど運河が円滑に機能した時代だと言われている。しかし、それも一八世紀の末には舟運が不可能になる。一九世紀には物資輸送は海上輸送に切り換えられる方向に進み、いく曲折はあるが、結局、一九〇〇年には制度的に廃止されるのである。

「大運河」についての深刻な問題はいずれも黄河からくる。それは、黄河は水量の三分の一が泥土であるところにある。黄河が直角に湾曲し、華北大平原に入ると、それまでの急流がゆるやかな流れとなり、含まれている泥が沈澱し始める。沈澱の速さは急激で、たちまち河底は周辺よりも高くなり、天井川となる。いくら堤をかさ上げしても、天井川はいつか必ず決壊して、河水は流れ出し、洪水となる。まわりはすべて沖積原であるから、河道は自由に変わり、やがて新しい河道に落ちつくが、しかし、同じようなサイクルで再び洪水となり、再び新しい河道に行きつく。この河道の変化は歴史上しばしば起こっている[13]。そしてこの動きは、接続する「大運河」に影響を与えないわけにはゆかない。黄河の水は運河に当然流れ込み、河道と同様に運河の底にも泥土を沈澱させる。そのため、運河を順調に稼働させるには、毎年、定期的に浚渫しなければならず、それを怠るとたちまち運河は浅くなり、使用することができなくなるのである。

よりしばしば起きるのは、このように黄河の洪水に運河が巻き込まれることである。洪水の中の運河はいつ決壊してもおかしくない。黄河の洪水が運河の機能を麻痺させ、淮河をも巻き込むということである。もちろん、運河の泥は定期的に浚渫して取り除く必要があるが、それを可能にするのは国家の力量である。国が健全である限り、運河は機能することができるだろう。しかし、黄河の天井川化→決壊を防ぐことは長期的には極めて困難である。しかも、内乱は、戦術として黄河の堤防を爆破して洪水を起こすことをあえてさせる。例えばそれは、一九三八年に開封付近で国民党軍によって行われたことである。これにより大洪水が発生し、四〇〇万近い人がまき込まれて、水死と餓死で九〇万近い人々が犠牲となった[14]。

## 近代の運河

近代に入ると、西ヨーロッパ諸国の国民生産力が生成しようとしている中で、内陸に中船舶を通行させる運河が造成され始め、鉄道時代が到来するまでの間、運河時代が盛行する。それは船舶の航行する河川を水路で結合して、一つの海洋ともう一つの海洋を内陸を通じて横断する運河であるため、さまざまな工事が必要であった。例えば、大陸の起伏ある地形を乗り越えてゆくための計画、河川の急流部を回避するバイパス、閘門によって水位を上下させる堰の活用などである（図39）。これにより、とりわけ起伏を段階的に移動する方式などの新しい技術がレオナルド＝ダ＝ヴィンチによって考察され、この技術によって河川を改修して内陸の都市を港とすることができた。

図39　運河の閘門

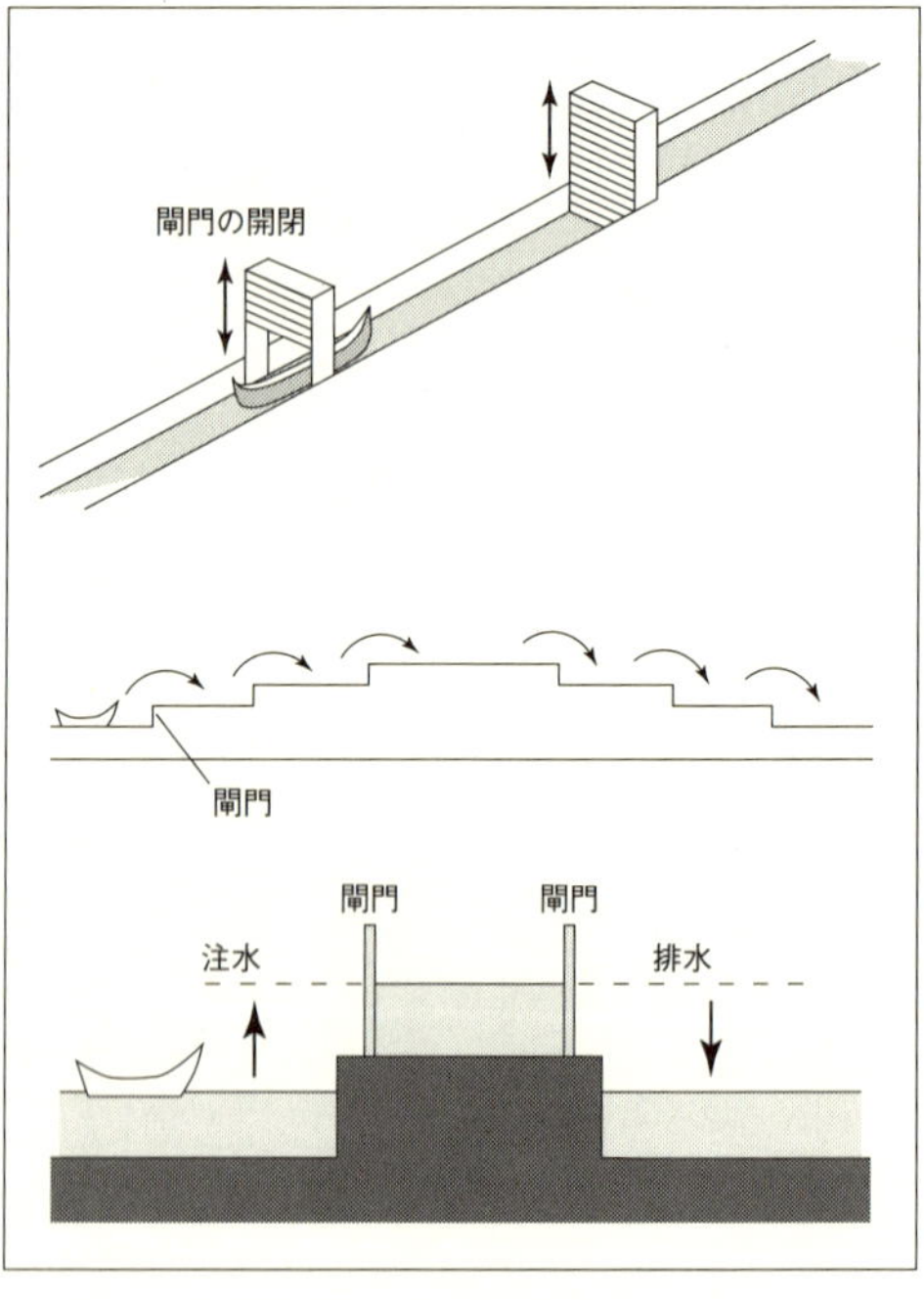


まず、フランスでは絶対王制の重商主義的経済政策によって、一六二四年にローヌ河とセーヌ河

図40　ヨーロッパの運河

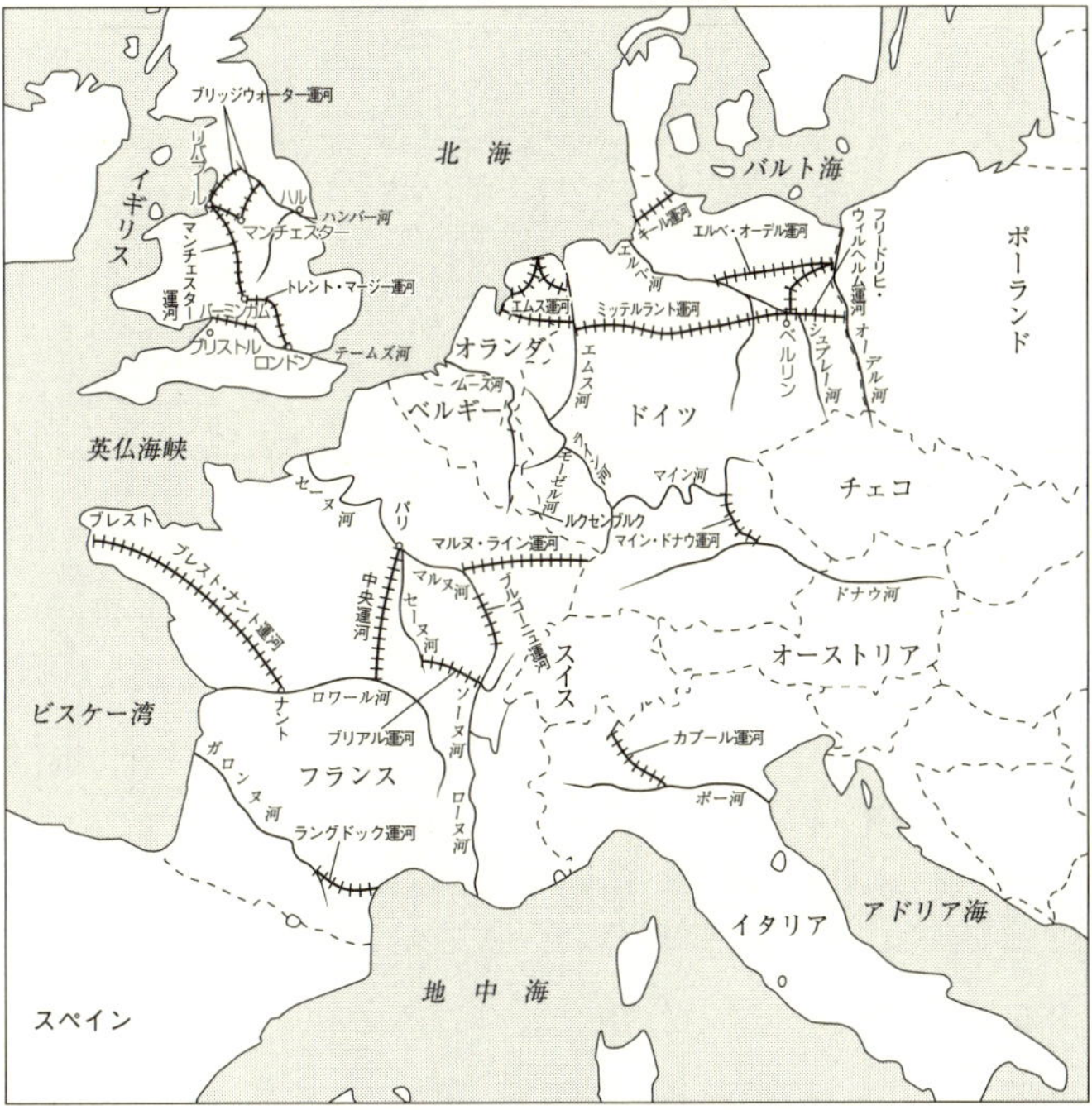


が結合されてブリアル運河が完成し、船が地中海から英仏海峡に出られるようになった。一六六六年から八一年にはビスケー湾にそそぐガロンヌ河を地中海に結びつける二四一キロメートルのラングドック運河ができ、船が大西洋から地中海に出られるようになったが、これは六五の閘門をもって丘を越えており、さらに一八世紀中にも次々と閘門が建設された。ドイツにおいても、プロイセンにおいて一六六八年から八一年にシュプレー河とオーデル河を結びつけるフリードリヒ・ウィルヘルム運河が完成し、続いてベルリンを中

心にエルベ河とオーデル河を結びつける運河網ができて、ドイツの内陸都市をバルト海や北海と連結できるようになる。そして一九世紀半ばまでにローヌ河とライン河、あるいはマルヌ河とライン河などを結ぶ運河ができ、とくにオランダの運河網の整備は充実した。

イギリスにおいては一八世紀に入って、経済の地域的分業の展開を中心に、民間資本による有料運河が各地に造成された。それはさらに一層、社会的分業の展開を推し進め、とくに石炭を輸送するために役立った。一七六一年のブリッジウォーター運河は北西部の諸都市に石炭を輸送するものであるが、後にはマンチェスター運河まで延長された。一七六九年には炭田地帯とバーミンガムを結びつけるマンチェスター運河、一七七七年にはテームズ河とミッドランド地方を結びつけるトレント・マージー運河が造成された。このように一八三〇年頃まで次々と運河が掘削されたが、それらは重いかさばる商品を当時の陸上輸送と比べて数十分の一のコストで運輸することが目的であった。農業地帯でも農産物や肥料を運ぶために利用された。かくして「鉄道時代」に先立って、輸送費の大幅な切り下げ（マンチェスターでは石炭の価格を半減）を実現し、国民経済の生産性を大幅に高めるために水の滑性が利用されたのである。

「産業革命」までの内陸輸送のための運河に続いて造成されたのが、大洋間の海洋型の運河である。そして上述のエジプトの例を先駆として、その最初のものが、一八六九年に完成したスエズ運河である。古来この地域では、アジアとアフリカの間の地峡を掘削して地中海とインド洋との間に連結した水路を造ることが夢であった。古代ファラオ時代（前一七〜前一五世紀）のエジプトにも、ナイル河経由で地中海と紅海を結ぼうという試みが実行されたことはすでに見た。しかし、その後、運河は荒廃して、砂漠の砂に埋もれてしまった。その一方で、一五世紀末、西ヨーロッパからアフリカ南端の喜望峰を回ってインド洋に出るというアジア貿易の海上ルートが、陸上のシルク＝ロードと比較して圧倒的に低廉な輸送・交通費をともなって確立した（それ以来の大飛躍がスエズ運河の開通につながる）。

それは、リスボンを出発し、アフリカ大陸の西側を南下し、その南端の喜望峰を回って、今度はアフリカ東岸を北上し、モンバサをへてインド洋を横断してインド西岸のカリカットに到着するというルートで、ヴァスコ＝ダ＝ガマが一四九八年に達成したものである。かくして開発された東インド航路は、これよりわずかに先立って一四九二年にコロンブスが到達したアメリカ大陸と併せて、地球上の主要な土地を一つのものとして統一する画期となった。

こうして始まった世界的な航路網の中で、西ヨーロッパからインドに行く最も意味ある短縮ルートとして、地中海からアフリカ大陸を迂回することなく、ただちに紅海経由でインド洋へ出る道が希求されるのは必至である。そのための運河建設のプロジェクトはこの事業によって多大な利益を引き出しうるイギリスとフランスが計画したが、エジプトはまずイギリスの鉄道計画（掘削事業の準備）を採用し、次いでフランスの運河計画を採用して、英仏両国から事業費を借り入れた。

運河工事は利権を取得したフランス人外交官レセップスによって一八五九年から着工され、一〇年の歳月を要して一六二・五キロメートルのスエズ運河が完成する（一八六九）。それは有効幅九九メートル、水深一四・五メートルの壮大な工事であった。その経営においてはエジプト藩王が株式の四四・四パーセントを所有し、最大の株主であったが、財政難のため、一八七五年には事業家ロスチャイルドの支援でイギリスがエジプトの持株を買い取り、この運河を支配することとなる。運河への発言権を失ったエジプトはその後イギリスに植民地化され、スエズ運河に対する主権を取り戻すのは一九五六年になってからであった。それは、独立を回復したエジプトのナセルがスエズ運河を国有化したときである。ナセルは運河の収益でアスワン=ハイダムを建設しようとし、運河を閉鎖、これに英仏が抗議して出兵したが、運河に対するエジプトの主権は維持された。さらに一九六七年にはエジプトのシナイ半島がイスラエルによって占領され、運河は再封鎖されている。

こうした紛争の中、ナセルはソ連の援助のもとでナイル河の上流にアウスワン=ハイダムを建設することとなり、それにともないナイル河上流の水を堰き止めてナセル湖を作った。このナセル湖はアブ・シンベル遺跡ほか、多くの古代エジプトの遺跡を水没させたのみならず、社会経済的、さらには気候的にも大きな影響を及ぼすものとなった。すでに見たように、エジプトにおいてはナイル河の毎年の溢水が流域を蔽い、それが引いたとき河水中の泥土をうっすらと残したが、この中には上流から流れてきた栄養分が含まれ、エジプトの肥沃な農地を作っていた。しかしダムで溢水がなくなって肥料分の沈澱が止まったため、ダムの発電所の電力によって作られる窒素肥料に頼る必要がでてきたのである。また、それまで河水の栄養分は地中海に放出され、海産物を養っていたのであるが、それがダムでほとんど遮られたため、エジプトの漁業にも大打撃を与えることとなった。

さらには、ダムによって砂漠的地域に大きな水面ができたため、水蒸気がたちのぼって雲となり、ほとんど降雨がなかったエジプトの地域に不意の雨をもたらし、泥造りの家屋を崩すという気候上の変化すら生じさせることになったのである。(15)

## パナマ運河

スエズ運河の開通(一八六九)は、その開通式典に各国首脳の筆頭としてイギリス国王にしてインド皇帝のヴィクトリアが出席しているところから見ても、産業時代の欧米の世界支配を謳歌するパクス・ブリタニカ祝賀のセレモニーであった。これに対し、一九一四年のパナマ運河の完成はパクス・アメリカーナの基礎を作り上げるものであった。

パナマ運河は中央アメリカの南部にあるパナマ地峡を横断して太平洋とカリブ海・大西洋とを結びつける運河である。それは上部としての北アメリカと土台としての南アメリカからなるアメリカという砂時計のくびれた中間にあたり、アメリカ東海岸、ひいては西ヨーロッパから太平洋に行こうとする場合、その距離を大幅に短かくするものであった。地峡の六四キロメートルの水路は、東のニューヨークと西のサンフランシスコの間の航路を一万五〇〇〇キロメートルも短縮したのである。このことは、軍事的には二つの大洋に分割されざるをえなかったアメリカの艦隊に著しい機動性を与えるとともに、太平洋と大西洋との間の商船の移動効率も飛躍的に高め、世界の交易の活性化を著しく促進した。

パナマの地峡に水路を設けるという発想は、すでに一六世紀にメキシコを征服したスペイン人コルテスが持っていた。そして実際にパナマ運河の建設に本格的に取り組むのは、スエズ運河建設に成功したレセップスである。しかし彼は、一八八一年に起工に着手したものの、いろいろとトラブルがあって、一八八九年には計画は挫折、さらにスキャンダルに巻き込まれて、事業は中断されたまま世を去った。かくて未完成に終わった事業を受け継いだのがアメリカ合衆国である。一九〇三年にパナマが国家として独立した直後、パナマ運河条約を締結し、一九〇五年から再計画に着手したが、工事がスピードを上げ、一九一三年にともかくも船が通行できるようになり、翌一四年には通航業務が開始された。そして整備のための工事はその後一九三三年まで続けられた。

パナマ運河はスエズ運河と比べて困難な工事を必要とした。スエズ運河は平地に水路を掘削すればよく、その整備も横幅を広げ、水深を深めるだけでよいものであったが、パナマ運河の場合は、いわば山脈を船で越えようとするもので、複雑な技術を必要とした。まず海水面と等しい水位の水路が掘られ、それからダムによって堰き止められてできたガトゥン湖の水位まで船を約二五メートル押し上げる水力の閘門が設けられた。さらに、台地を切り開いて水路が掘られ、導かれた船を水位によって上下させる閘門がここにも設けられて、再び海水面と等しい水路に船を運んだ。閘門は水を流入させたり放出させたりして、囲い込まれている水路の水位を上下させるものであるが、ガトゥン閘門の場合はそれが三段になっており、一段で八メートルあまりの水位を上下させるので、大量の水を必要とするものであった。

## 消火のための水

船舶は水の滑性を利用して人や物の移動能力を効率化するものであるが、水の持つ温度（冷たさ）を利用することもまた人類に大いに役立った。人類は火を使う。それは草木や動物の脂、あるいは石炭・石油、その他の物を燃焼させる。この燃焼は調理、点灯、暖房、冶金のために行われる場合、人類に大いに役立つ。いや、この利用自体が人類を他の動物より区別する能力ですらある。しかし、人間の意向を越えて、火が燃え上がり、燃え広がるとき、人間にとってそれは焼失であり、災厄である。この災難を防止し、鎮火するのが水である。水をかけるだけで、火を維持する熱を奪ってしまうのである。

この熱を奪う方法は原初より今日に至るまで変わらない。ただ水をそそぎ、かけるだけである。水をただ手桶や壷からそそいでもよいのだが、一般にそのための道具は、植物に如雨露が使われたように、ここではホースが使われた。このホースの先端につけられた筒先を消防夫があやつって、防災のための対象にそそがれたのである。消火や防火の歴史は、この放水や注入のための消防夫の組織化の方法と、水が持つ運動エネルギー＝水圧を高める方法、そして根本的に水そのものを供給する方法の三つの発展の歴史と言える。これらの歴史は世界的にほぼ共通しているが、近代的消防についてはイギリスがそのモデルを提供した。

火による災厄はいろいろあり、燃える性質を有するすべてのものが、それによって襲われる可能性がある。山野、建築物、車輌、船舶などがさまざまな要因（放火や自然発火を含めて）を経由して火がつけられると、あとは自力で拡大して、風向きなど酸素が供給される限り、水分を含んだ燃焼しにくいものがなくなるまで燃え続ける。これがいわゆる火事であるが、今中心となるのは建造物、その中に収納されているものの火事である。それは人間が家屋に住み始めたときに始まり、村落、都市に発展するに従い拡大し、頻発するようになる。もちろん、人間は火事に抵抗し、それを消し、消せないものは拡大を防ぎ、根元的にはそれ自体を発生させぬよう努力し始める。それが消火・消防であり、それを組織したのが消防隊であった。

その最も古いものはエジプトにあったと言われるが、よく知られているのはローマのそれである。ローマにおいては都市が建設されて以後、しばしば火事があった。(16) ローマの都市はティベル河流域の七つの丘を城壁で囲い込んだ狭い場所に紀元前八世紀に築造されたが、でき方が自然成長的に発展したので、人口稠密で衛生事情が悪く、しばしば伝染病が跳梁した。大邸宅はともかく、貧しい人々の住む高層住宅は上へ上へと継ぎ足され、しかも水は下の水汲み場まで行かなければならなかった。暖房も炊事も火鉢でなされなければならなかったので、火災はしばしば水のないところで起こることが多かった。やがて、その対策として消防夫の組織が必要となったのである。

彼らは一〇〇〇人で七隊に編成され、それぞれに〈見張番〉ほか、消火係、人命救助係、照明係などがおり、道具としては斧、ハンマー、のこぎり、放水器を積んだ車、あるいは高層階の住民の脱出用の受け止め用ふとんなどを常備し、一〇〇万人都市となっていたローマの各地区に配置されていた。この組織は初代皇帝アウグストゥスによって編成されたもので、消防隊員は同時に首都警備隊でもあって、解放奴隷（奴隷ではなく、自由人と奴隷の中間身分）より採用され、服務終了後は自由人の身分を与えられた。

もう一つ前近代について例を挙げるならば、それは日本である。わが国の建造物はもっぱら木造であったため、建造物の出現とともに火事が出現した。火災の原因は失火や放火であるが、乱世には兵火によるものが多くなる。法隆寺の焼失のような雷火、大地震による震火もあった。これらは奈良時代から江戸時代まで、いずれの時代においても公式に記録されている。江戸時代に入るまでに取られた火事への対策は、焼失に脅やかされている財物を持ち出して、人とともに避難させることしかなかったので、鎮火は天然にゆだねられた。しかし、江戸時代になると、初めて組織的な消防が現れる。江戸は幕府が始まって以来、たちまち諸国の士、商工を集めて、人口を膨張させ、やがて一〇〇万都市となった。その市域の大半は武家屋敷、寺社仏閣が占め、町人の住宅地や商店街は二割弱でしかなかった。しかも身分的に武家（大名、旗本、御家人、陪臣）、僧尼、神官等が大半を占めていた。しかしながら人口的には町人も半分いたし、彼らの七割以上が長屋に店借りしていたので、その居住地は超過密状態にあった。その家屋の大半はまさに「木と紙」、屋根は板屋根であったので、火事がひとたび起これば、たちまち周辺に延焼して大火となったのである。大火は徳川家康が入府直後の慶長六（一六〇一）年、寛永一八（一六四一）年、明暦三（一六五七）年、元禄一〇（一六九七）年、元禄一一（一六九八）年、元禄一六（一七〇三）年、安永一（一七七二）年、文化三（一八〇六）年、文政一二（一八二九）年、安政二（一八五五）年と、江戸時代の始めから終わりまで起こっている。

このうち有名なのが一六五七年の「明暦の大火」（振袖火事）、一七七二年の「目黒行人坂の大火」、一八二九年の「文政の大火」であるが、江戸に大火が多かったのは乾燥と突風の続く春先で、これを制するための水もまた不充分な季節であったようである。歌舞伎の舞台の書き割りには、店頭に大きな水桶とその上に菱形に並べて積まれた手桶という光景を見ることができるように、江戸の町は常日頃から消火に備えられていた。それに飲料のために引かれた水道が一旦緩急あれば消火水として使用されたことは言うまでもあるまい。江戸の消防は手桶リレーによる水のぶちまけのほか、龍吐水といったポンプも使用されていた。これは水を箱の内に吸い込み、人力によって強められた圧力で噴出させるものである。とはいえ、江戸の消防の中心は何といっても破壊消防である。強風にあおられて飛ぶ火焰に対しては、抑えるに足る水を噴きつけるすべもなく、風下の家屋のほとんどは粗末な板葺き屋根であったから、その多くが破壊消防となり、その主要な道具として鳶口が使用されたのである。

日本の消防は早くから公的に組織されたところに特徴がある。建物はすべて木造であっただけに、焼失は全人にとっての脅威であり、消防は日常的に当面しなければならない課題であった。しかも、消火水の入手がむつかしく、消防の能力がいかにも低かったため、まず強調されたのが失火の皆無化（「火の用火」）であった。寒さから火を使う機会が多くなり、失火が大事に至る可能性を高める乾燥期の冬場には、拍子木を打ち鳴らす夜廻りが日本の冬の町に見られる風物詩となった。しかし、不時に出火があることは避けられない。その場合、江戸の最初期においては消防組織がなかったので、武家家敷の火災は大名、旗本が、また町屋の火災は町人が、そして江戸城の火災は老中、若年寄が番方の旗本を指揮して当たるほかなかった。したがって、建造物には必ず水桶とその上に手桶が並べられ、常日頃、準備するのが常習となったのである。

一六四一年の「桶町の大火」ではこれでは不充分であることが自覚され、寛永二〇（一六四三）年に幕府による最初の消防制度が確立された。それは六万石以下の小大名一六家を四組に編成し、高一万石につき三〇名の人足を出させて防火に当たらせるものである。この組織は「大名火消」と呼ばれるもので、江戸城および幕府に関わる重要施設の防火に当たった。江戸城の天守閣が焼失した一六五七年の「明暦の大火」のときには江戸城への延焼を防ぐための「方角火消」が設けられ、さらに享保二（一七一七）年には各大名に藩邸のみならず、その近隣の町屋に対しても消火への出動を義務づけた「各自消防」が設置された。

「明暦の大火」以後、「大名火消」程度では対応できないほどの大規模火災を痛感した幕府は、万治一（一六五八）年には「定《じょう》火消」を創設している。この「定火消」は、四名の旗本にそれぞれ火消屋敷を与えて、火消人足を抱えるための役料を給与し、与力六名、同心三〇名を付属させたものである。それは一時、一五組に増えたが、すぐ一〇組に減らされ、そのままこの規模で機能させている。設置された場所は江戸城の北と西で、強風の吹く冬に出火すると江戸城に飛火する恐れがあるのに備えてのものであった。その他、町方の消防組織としては「町火消」があった。これも「名暦の大火」以後いろいろと制度的に改編があったが、大筋として、隅田川以西の町々をおよそ二〇町ごとに四七の小組に分け、主に「いろは」四七文字を組名とすることで落ちついた（小組は後に若干の増加がある）。その火消人足には、当時の破壊消防に役立った鳶人足を充てた。彼らは頭取、纏《まとい》持、梯子持、平人足という附属からなり、町内からの手当等で生活するほか、平素は土木建築や町内の雑業に従事して生活の保証を得ていた。

## ポンプの役割

図41　古代ギリシアのツルベ

図42　水車を使った水揚器

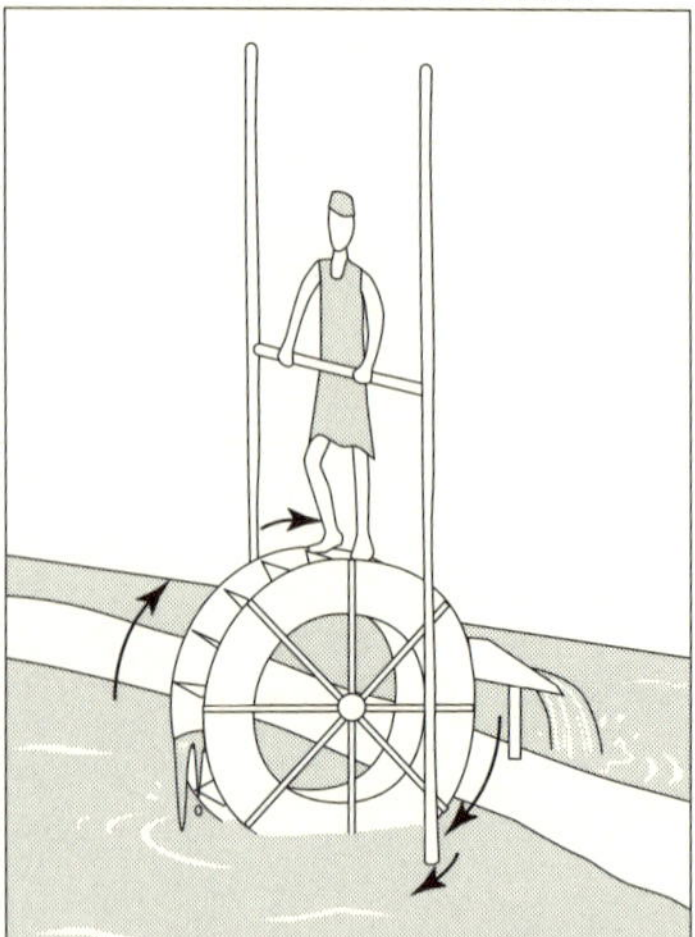

消防が破壊から消火へと発展したのは、水道の整備とポンプの発達以後である。水道の主目的は飲料水の供給にあったが、火災の際の消火

にも使用された。そこで、水を消火に効果的に役立てるためには、水を急速に大量に吹きつけられるポンプが必要であった。すなわち、ポンプとは動力を与えることで連続して液体にエネルギーを与える機械であって、液体を低いところから高いところに引き上げたり、低圧の水を高圧の水へと変えることができるものであった。水を汲み上げる古代からの道具としては、井戸のツルベ（図41）、揚水水車（四四頁、図5参照）、水揚器（図42、六二頁の図7「龍骨車」も参照）など各種あるが、これらは人力や畜力を使って容器に水を入れ、引き上げるものであった（この点水車も同じ）。機械としてはスクリューポンプ（ねじポンプ＝水タービンの逆機能を利用したもの）が古代から存在したが、近代に入ると各種の原理を使った機械ポンプが出現した。それはおおむね〈ターボポンプ〉と〈容積形ポンプ〉と〈特殊型ポンプ〉に大別される（図43）。

図43　機械ポンプ

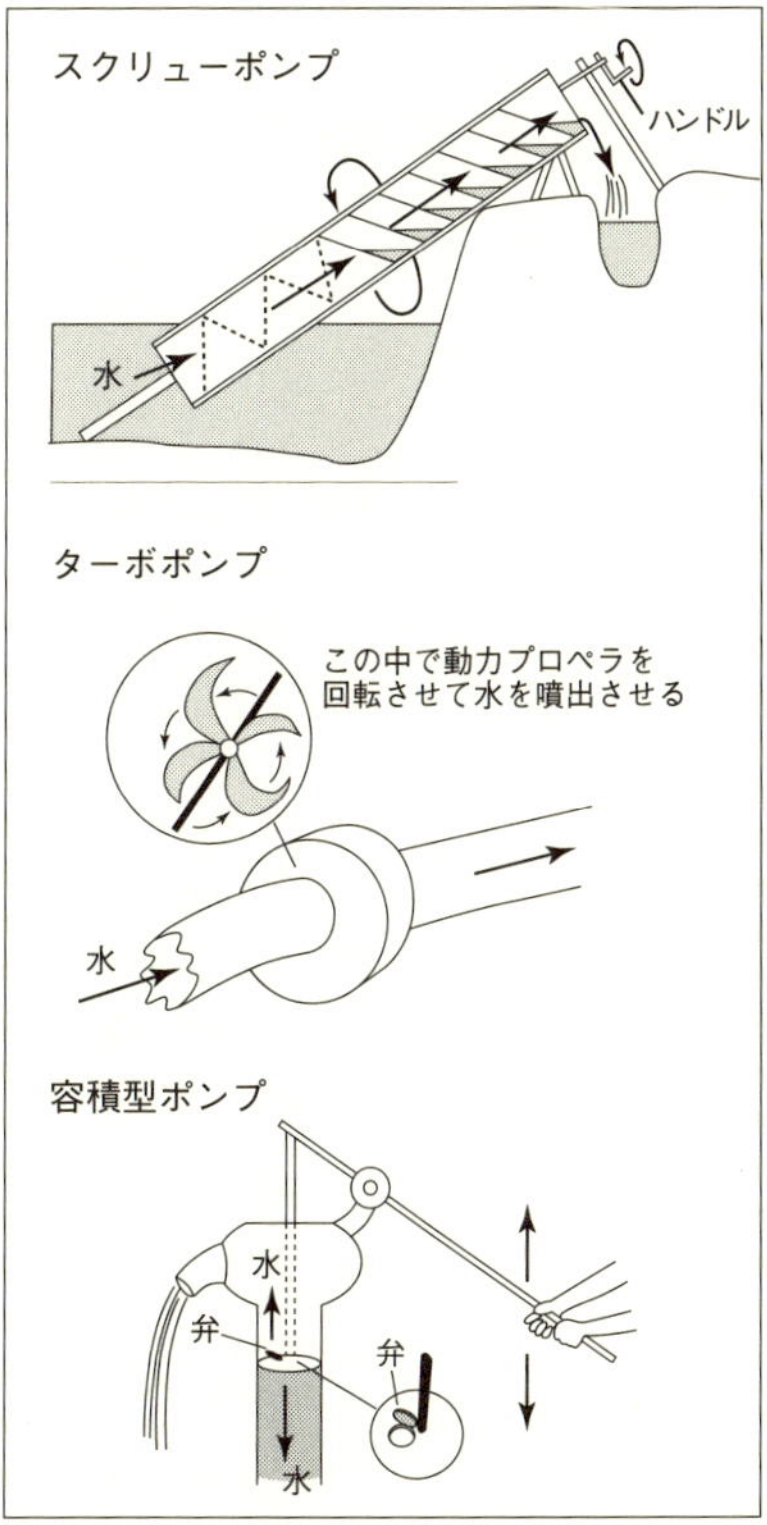


　これらのポンプは単に消火のみならず、地

下水や河水、湖水を汲み上げたり、運河などで水流を堰き止めて水量を調節するために使われたりと、水の文明にとってはなくてはならないものである。このうち、〈ターボポンプ〉にはまた各種あるが、これらは吸込パイプと吐出パイプを持つ容器（ケーシング）内で羽根車を回転させることによって液体にエネルギーを与える形のポンプの総称である。〈容積型ポンプ〉は空間容積を周期的に変化させて、液体を吸い込み、吐き出すポンプである。一八世紀の初めから炭鉱などで排水のために使われたポンプはこの形のものであったが、イギリスの「産業革命」の中で発明されたワットの蒸気機関（一七六五）によって、蒸気動力を利用した往復ポンプ＝容積型ポンプが確立した。このポンプはシリンダーの内でピストンを往復運動させ、これに対応させて吸込管あるいは吐出管への流れを弁によって開閉し、水を吸い込んで、吐き出させるものである。一九世紀にアメリカの技術者ワーシントンにより改良されたこのポンプは、今日でもとくに一八五九年に製作された二シリンダーのものが使われているという。

水道とこのポンプの配備が本格的な消防隊を成立させてゆく。イギリスのロンドン消防隊は、一六六六年のロンドンの大火後に設置された火災保険会社の私設消防隊を一八三三年にロンドン首都消防車会社として統合し、これを一八六六年にロンドン市が引き継いだものである。その他の国の場合もまた、一六七六年のボストン（アメリカ）の大火、一七六三年のパリ（フランス）のオペラ座の火事、一八四二年のハンブルク（ドイツ）の大火などがきっかけとなって、強力な常備消防隊を組織することになった。日本においては、すでに宝暦四（一七五四）年に龍吐水と呼ばれる手押しポンプが長崎に出現し、明和一（一七六四）年に幕府が採用してから急速にこの形のポンプが普及した。また明治八（一八七五）年にはイギリスから輸入した手押しポンプを模倣して国産ポンプが製造され、全国の消防機関で使われるようになった。蒸気力によるポンプも同じくイギリスから輸入したが、試用されたのはそれより早く明治三（一八七〇）年のことで、明治三一（一八九九）年にはこれを模倣して馬引き蒸気消防ポンプが国産されている。さらに大正三（一九一四）年からはガソリンエンジンによる消防ポンプ自動車がイギリス、ドイツから輸入され、以来、国産化されて今日に至っている。

## 3　貯蓄される水

西アジアにせよ、東アジアにせよ、水は生活においても生産においても不可欠なものである。しかし、人間が必要とする水の量と自然が供給する水の量は、必ずしも調和しているわけではない。この無調和を人工的に調和させなければ、人間の生活と生産は成り立たないので、人間は水が豊富なとき、むしろその過剰な水をそのまま海に流し去るのではなく、それを貯蓄する必要に迫られた。それがなされない場合、人間は野獣と同じように自然の年間リズムに従うことを余儀なくされ、人口も抑制されることになる。

文明はいわば、この水の無調和の調整を前提として存続してきたわけであるが、しかし、ユーラシア大陸においては、その方法の基調には相違があるように思われる。それはモンスーン地帯と非モンスーン地帯との違い、湿潤地帯と乾燥地帯の違いである。前者は東アジア、とくにその海岸寄りであり、後者は西アジアからユーラシア大陸のヨーロッパを除いた内陸部である。華北の黄河流域は両者の中間地帯であり、インドは湿潤地帯と乾燥地帯の両方にまたがっている。さらにまた、それぞれの内部においても一様に同様であるわけではない。西ユーラシアでは、オリエントと西ヨーロッパとでは明確に風土的な相違があるし、東ユーラシアでも、同じモンスーン地帯といっても日本と大陸アジア内陸部とでは大きな違いがある。しかし、考察するときの枠組としては、この二分法が便利であろう。

この二分法による水に対する態度の違いの理念型は、乾燥地帯では水は人の外側にあって、人は水と対立せざるをえないのに対し、湿潤地帯では水は人の間にあって、人は水に順応せざるをえないということになろう。もちろん、この二つの型は文明の中心から周辺、亜周辺にゆくに従って、あいまいになり、交雑し、亜周辺では二つの理念型が重なり、それぞれの文明のシッポを残すにしても、共鳴する部分(例えば、近代化に対して)を多く持つまでに至る。とはいえ、文明の血の系譜的な流れは消し去ることはできない。それは水の貯蓄のあり方に端的に表れる。

西アジアにおける水の貯蓄は、堤防による大河の洪水の制御から始まる。これにもティグリス=ユーフラテス河の方式とナイル河の方式との違いはあるが、いずれも水量は巨大であり、多大な労働による作業を必要とする。この方式は東アジアの中でも黄河流域に当てはまるが、ただし、水の氾濫のリズムは違っている。西アジアでは水源は遠方のアナトリアないし東アフリカ山地にあり、水量は長途の流れで調整されて、下流の灌漑地域ではほぼ一定になる。洪水は「大洪水」的に長期のリズムに従って起こる。これに対し、黄河は多大の泥土（水量の約三分の一）を含み、大平原に入ると泥土が沈澱して、河底はたちまち上昇し、天井川となる。しかも、その原因となる水はモンスーンによるものなので洪水はほぼ毎年あり、その水量はきまぐれに変動する。かくて、西アジアにおいては、大ダムが可能であり、必要になるが、東アジアの黄河では不可能であったのである。

### オリエントのダム

オリエントにおいてはダムが可能であり、必要である。人は生産、生活の両面でダムに依存することができたのである。ヘロドトスの『歴史』の第二巻九九節には次のようにある。

「祭司たちの語によれば、エジプトの初代の王ミン［メネスのこと］の事跡としては、先ず堤防を築いて現在のメンフィスの地を安泰にしたことであるという。当時ナイルはその全長にわたって、リビア側の砂質の山脈に沿って流れていたのであるが、ミンはメンフィス南方約百スタディオン［約一八キロメートル］の上流で、河を堰《せ》いて展転させ、元の河床の水を涸らし、河流を転じて山間を流れるようにしたという。ナイルの河流が堰き止められている彎曲部は、今日もペルシア人によって毎年堤の補強工事が行なわれ、厳重に警戒されている。万一ナイルがこの地点で堤防を

図44　オリエント、南アラビアのダム

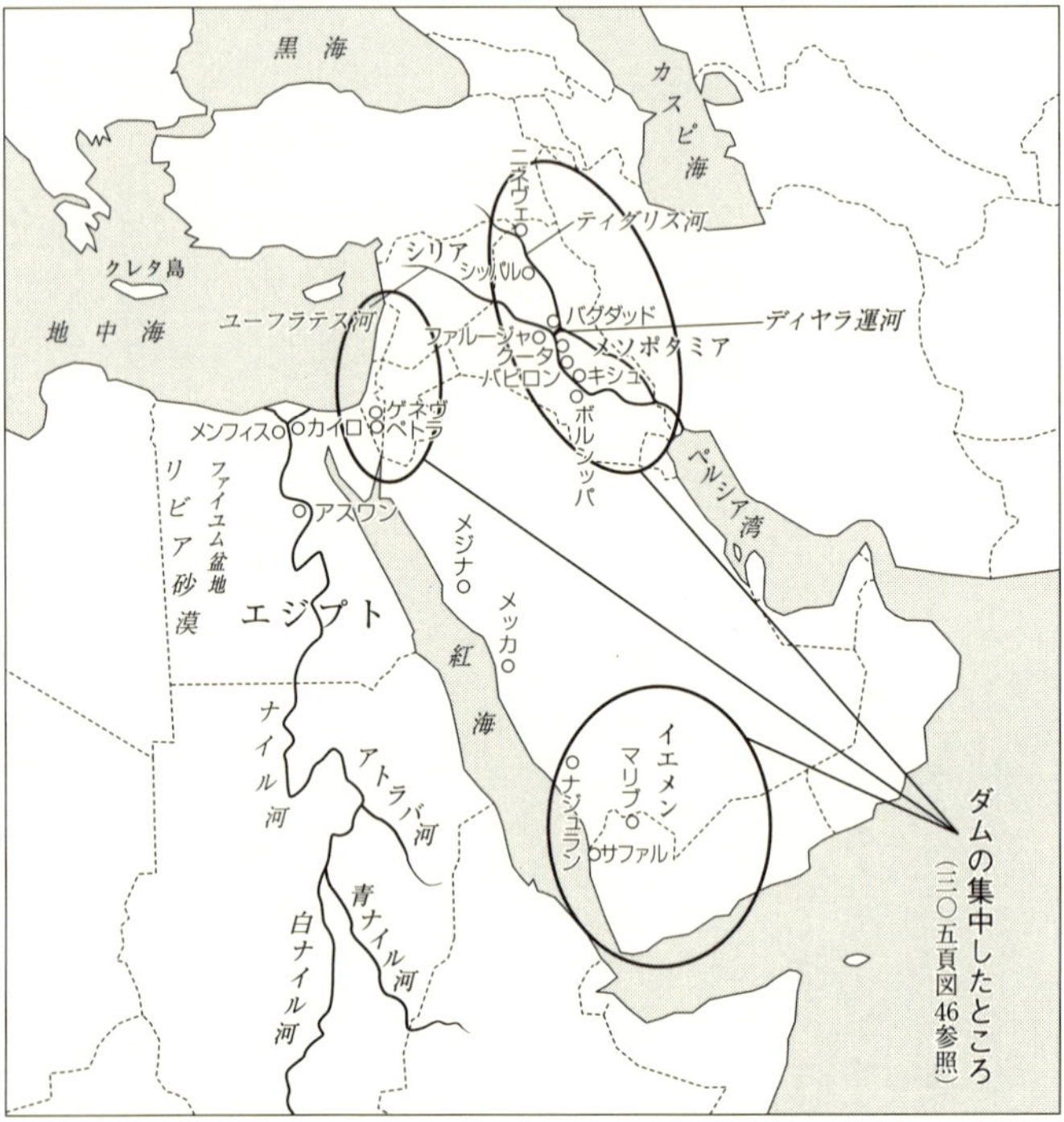


破って氾濫するようなことがあれば、メンフィス全市が水中に没する危険があるのである。[行カエ] さてこの初代の王ミンは、ナイルの河流を堰き止めてここに干拓地を造ると、先ずこの地に町を建てたが、これが今日メンフィスと呼ばれているもので、さらに町の外側の北方および西方にナイルから水をひいて湖をめぐらし、またこの町に最も語るに足る宏壮なヘパイストス神殿を建立したという[17]」。
これが一般的に世界で最初

のダムとされ、定説化されてきたものである。しかし、ノーマン・スミスの『ダムの歴史』[18]（一九七一）はこれを神話にすぎないとする。そして同様に、カイロの西南六〇マイル（約九七キロメートル）にあって、ナイル河から運河で水を引いていたとされるモイリス湖の話もウソだという。なぜなら、その場所に今もあるビルケト・カルン湖はファイユム盆地の底の小さな塩湖であり、技術的にそこに人工的なものを考えることはできないからである。エジプトに関して例外的に言えるのは、一八八五年に考古学者G・シュヴァインフルトによって発見されたカイロの南二〇マイル（約三二キロメートル）、ヘルワン近くに位置する、アラビア語でサッド・エル＝カファラ（異教徒のダム）と呼ばれているダムである。これは今日まで機能しているが、第三王朝、第四王朝の頃（前二九五〇～前二七五〇）に建設されたもので、エジプトで、いや世界で最初のダムであるが、スミスによればそれ以後エジプトについて語られることは少ないという。

これと同様に、西の端のメソポタミアの二つの河、ティグリスとユーフラテスには多くのダムが造られた（三〇五頁、図46参照)。メソポタミアの平原は先史時代から二つの河がゆっくりと土砂を沈殿させてできた。この平原の上を二つの河はそれぞれ流路を移動させてきた。したがってメソポタミアにおける灌漑事業の跡を時代時代によって見分けることはむつかしい。しかし、記録の中には極めて古い時代からダムによってコントロールされる灌漑の技術が記述されていた。

エジプトの場合、氾濫は作物の栽培にちょうどよい季節に起こる。これに対して、ティグリスとユーフラテスの洪水は都合の悪い時期に起こるので、季節に関係なく、いつでも灌漑できるようにしなければならない。そのためには、ダムにより管理された水の供給を灌漑水路のネットワークが適時受けられるよう、一定の技術が必要であった。これこそメソポタミアの生活全体にとって鍵となる技術であり、シュメールもアッカドもこれにより建設できたので、その記録、法規、儀式が残されたのである。

例えば、紀元前第二千年期の中頃、イラクの中部、バグダッドの南にティグリス河を横切るダムが建設された。これは土地の侵蝕を妨げ、洪水を防ぐためのもので、ニムロドのダムと呼ばれており、考古学的な遺跡が残っている。この工事はティグリスの流れを変えたが、紀元前一二〇〇年頃に崩壊し、ティグリスの流れは元に戻った。このダムは石造の跡がないので、土砂と木材によって造られたものと見られている。この時期、バビロン第一王朝のハムラピ王（前一八〇〇頃）の法典にはダムに関する項目が多々見出せる。

とはいえ、紀元前一〇〇〇年以前においては、ダムの現実の詳細については不明な点が多く、今に残る多くの資料はそれ以降からのものである。まずダムに多大な関心をはらったのは、オリエントに統一帝国を作ったアッシリアのセンナケリブ（在位、前七〇四〜前六八一）であった。彼は紀元前七〇五年にアッシリア王となったが、ティグリス河の上流で、メソポタミア平原の北端のニネヴェを都とし、紀元前七〇三年にニネヴェへの水の供給源としてティグリス河の支流のコースル河に注目し、ダムを造って、そこから水を水路に引っぱった。そして紀元前六九四年には、これだけでは水が足りないので、ニネヴェの北東一五マイル（約二四キロメートル）の山岳地帯から水路を引き、その水をコースル河に流し、河の水量を増やし、それを二つのダムに貯めたのである。この二つのダムは現存し、その全貌がわかっている。さらに紀元前六九〇年には、それでももっと水が必要だと考え、ニネヴェから三〇マイル（約四八キロメートル）以上西に離れたバビアンにダムを造っている。このダムは山の尾根を越えて水を流すために、石造であった。かくして、すでにある三つのダムと合わせて、尨大な水を管理することができるようになったが、それは王都ニネヴェの需要を満たすだけでなく、河から河へ水を落とす技術をも含んで、全体的な灌漑体系にも役立つよう造られたのである。

ニネヴェ以外でもセンナケリブはダムによる水の利用の効率化を図っているが、紀元前七世紀にアッシリアはメディアとバビロニアの攻撃を受け、首都ニネヴェは廃墟となる。しかし、ティグリス＝ユーフラテス河がメソポタミアの中心であることは変わらず、紀元前六世紀にはアケメネス朝ペルシアもまた、そこに努力をそそいだ。その結果がティグリス河の東岸に支流として造ったディヤラ運河で、この運河にキロス大王（在位、前五五九～前五三〇）は土と木材による灌漑用ダムを建設したとされていてる。次いでアケメネス朝は、ティグリス＝ユーフラテス両河にダムを造ることを初めて試みる。

この双生児の河の最大の特徴はユーフラテス河がティグリス河より高い土地を流れていることである。このことは古代でもよく理解されていた。すなわち、バビロニア時代（前第二千年期）には、ユーフラテス河が今日よりもずっと東側を流れており、それはバビロンやシッパル、クータ、キシュ、ボルシッパといった都市の位置からも推定できるが、それ故、紀元前第二千年期、紀元前第一千年期には、ユーフラテス河の洪水は時どき堤を破って、水が東流してティグリス河に流入したのである。このことは洪水軽減の水路を二つの河の間に造らせ、やがてユーフラテス河を水源とし、ティグリス河を放水路とし、その水はまず運河によって国内を縦断し、そこからいくつもの用水ネットワークを張りめぐらす方向へと向かった。

このネットワークがいつ機能し始めたかは正確にはわからないが、その最初の運河はファルージャからバグダッドの線だとされている。この運河はもともとユーフラテス河の旧河道の一部を利用して、そこから南へ水路を引き延ばしたものである。かつては、ユーフラテス河にダムを造ることは不可能で、河岸に堰を設け、そこから用水路に配水していた。しかしこの装置では、河から用水路に取り入れるための水量は管理できるけれども、河それ自体の水量は自然の水面次第でしか決めることができなかった。これに対し、新しいシステムとしてのダムは河の水面をある程度高めることができた。このシステムはペンシア帝国の崩壊（前三三一）後、マケドニアのアレクサンドロス大王によって引き継がれ、より発展させられ、続くサーサーン朝ペルシア（三～七世紀）とアッバス朝イスラーム帝国（八～一三世紀）のもとで極限に達するのである。(19)

## 南アラビアのダム

これがメソポタミアにおけるダムの利水の状況であるが、アラビアにはもう一つ、ダムの利水によって生存した文明がある。それはアラビア半島の西南端、今日のイエメンに成立したサバ、聖書にいうシバの王国（前一〇～前五世紀）のそれである。この王国の繁栄のもとは海路と陸路による交易で、紀元前一〇〇〇年以前からその商人はインド、ペルシア湾岸、南アフリカ、さらに中国、エティオピアまで行った。またメッカ、ペトラ経由でエジプト、シリア、メソポタミアに隊商が出発していた。彼らは外国の商品を取り扱ったが、サバ産の商品である香辛料や香料、とくに没薬《もつやく》（ミルラ。アフリカ産の植物から採集したゴム樹脂で、去痰・通経・健胃薬とする）と乳香（古くから西方地域で利用された植物樹脂で作った香）も取り扱った。

彼らの交易路の中心はマリブで、この首都の周りの土地を灌漑するためにマリブ・ダムを造っていた。マリブの町はワディ・ダーナ（溜め池）の北岸に建設されていたが、ワディ・ダーナの水は西イエメンの高山を水浸しにする雨の水であり、町から三マイル（約四・八キロメートル）上流に涸れ川（ワディ）で造った巨大なダムから引いて貯めたものであった。このダムは紀元前八世紀かその直後に造られたと思われるが、それは、サバ王国が強勢になり、マリブが重要な都市となって、人口も増え、それを養うための農業も生まれ、ダムと唯一の水源に頼る灌漑の工事が、その必要を満たす労働力の存在と強力な支配者によって可能となったからである。おそらくこのダムは当初は土盛りで造られ、涸れ川をまっすぐ横切っている。そして堤防が水に抵抗しやすいように、ダムは涸れ川の幅が狭いところではなく、下流のより広いところに造られた。

このダムの水にマリブの住民の生活は支えられていたのであるが、町と人口の拡大にともない、堤防のかさ上げがダム完成から約二五〇年後に行われ、新しいダムが造られる。そして以後いく度も改修が行われ、最終的な工事は紀元後三二五年頃とされている。この間にサバ王国は紀元前一一五年に滅亡し、代わってヒムヤル人が王国（ヒムヤル王国）の支配者となり、首都もマリブからサファル（海岸より）に移された。したがって最終的なダム工事はヒムヤル人によってなされ、この新しいダムは農業を繁栄させた。しかしこの地域はすでに衰退期に入っていた。それは四世紀以降キリスト教が乳香貿易を滅ぼしたことや、ユダヤ教とキリスト教との宗教戦争があったからである。すでに一世紀からローマがインド・地中海貿易に繰り出し、マリブの交易は海陸ともに衰えていた。このサバ＝ヒムヤル王国の状況に対してはアビシニア（エティオピア）が干渉し、その中で南アラビアの文明はダムの補修もおぼつかなくなって、歴史から六世紀に消える（ムハンマドはこのダムの崩壊を記憶していた）。

サバ＝ヒムヤル人のダム文化はこれで終わったが、その文化はアラビア半島に散って、その影響を残している。マリブの周辺にはそれによく似たダムがいくつか発見されている。ナジュランには石造のヒムヤル人のダムがあるし、ずっと北のメジナを越えて一〇〇マイル（約一六〇キロメートル）のところにも四〇〇年頃のユダヤ人共同体が造った六つの小ダムがある。これらは南アラビアの文明の衰退期（四～五世紀）にマリブを去ったサバ人やヒムヤル人がその技術を中央ないし北アラビアに伝えたものと思われる。

ナバタイ人は出自の判然としない遊牧民であるが、彼らは紀元前三世紀の中頃にパレスティナ南部のネゲヴに現れている。彼らはじわじわと支配を拡大し、南アラビア経由で入ってくるインドやアフリカの商品の隊商交易によって富をなし、ペトラに都市を作った。この人口を養うために農業も行ったが、その農耕を可能にしたのが、年に二週間だけ降る雨を蓄えたダムの水である。彼らの水集めの第一の技術は突然の雨を集めて涸れ川（ワディ）の底にダムを造ることであった。その水が耕地に送られたり、石の水槽に貯水されたりした。時にはこの水を一つのワディからもう一つのワディに無駄なく送水することもあった。第二の技術は貯水池そのものの中に肥沃な畑を作り出すことであった。ワディの流れは沈泥を集めるが、ナバタイ人はそれが農耕に適していることを発見したのである。それ故、彼らは多くのワディにそれぞれダムを造り、その水と泥を活用した。かくて、五〇平方マイル（約八〇平方キロメートル）の地域に大小さまざまな一万七〇〇〇ものダムが造られたわけである。[20]

## インドの溜め池

インドはそのほぼ全域が熱帯にあるが、年間の降雨量は東部のカルカッタで一五五二ミリ、北西部のニューデリーで七一五ミリであることからもわかるように、同じ熱帯でも湿潤（モンスーン）地帯と乾燥地帯の両方がある。したがって水に対する人間の態度は単一ではなく、複雑さまざまとなっている。パキスタンを含めてインド亜大陸として考えると、インダス河流域を中心とする西部はオリエントと通じるところがあり、紀元前二五〇〇～紀元前一五〇〇年のインダス河流域の文明

図45　インドの溜め池

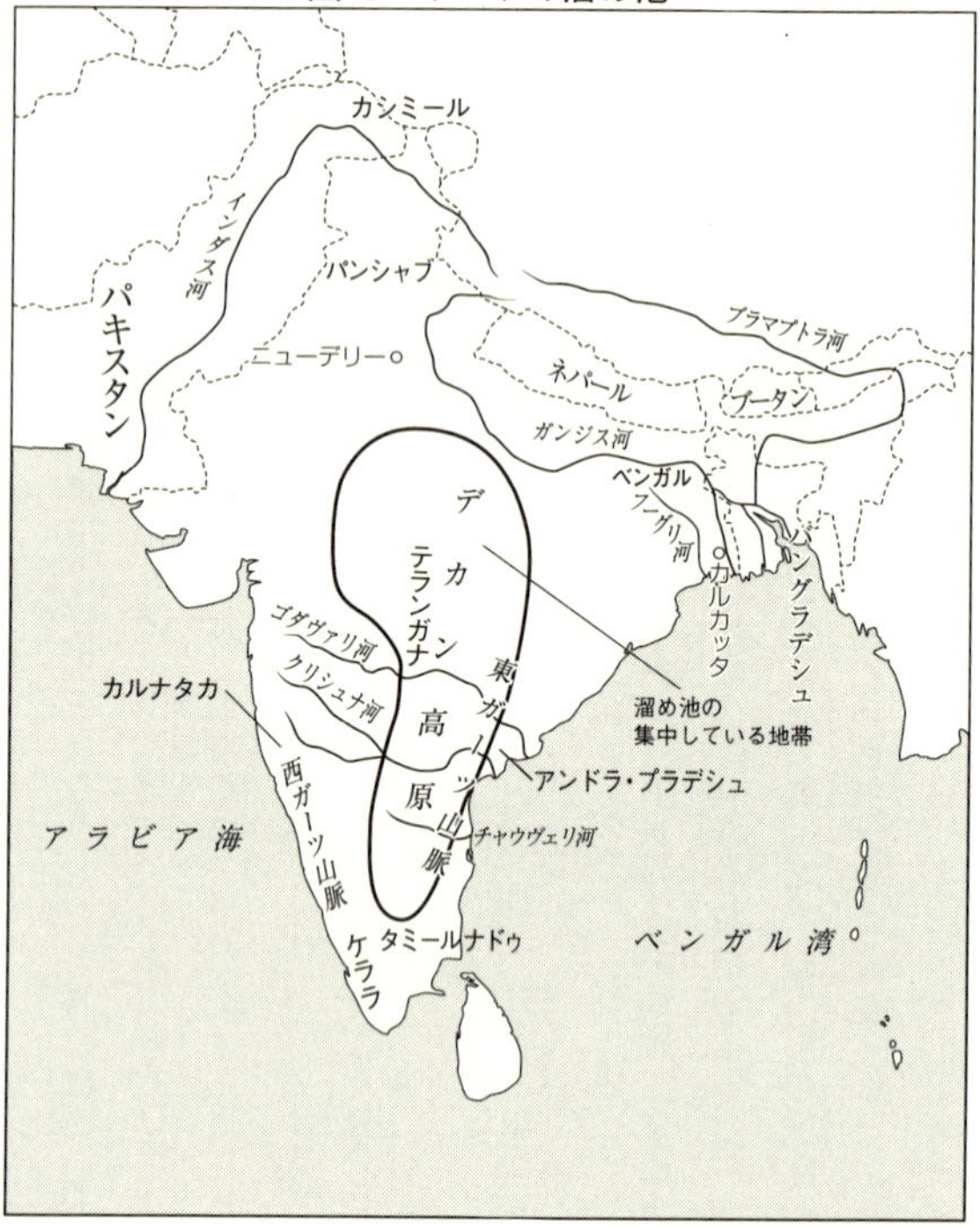


はオリエントの、あえて言えばエジプトの水利用に似た方法の灌漑による農耕に養われていたように思われる。それは、運河からの氾濫水を石造の土台の盛土の堤によって湛えていた跡が発見されていることからもわかる(21)。

しかしながら、紀元前二〇〇〇年頃から北西インドに侵入し始めたアーリア族によって、紀元前一五〇〇年頃、インダス文明は破壊された。アーリア族は始めパンジャブ＝五河地方（インダス河支流の五つの流域）に住んでいたが、紀元前一〇〇〇年頃からガンジス河流域に進出し、流域の森を耕地化しながら多くの都市国家を建設し始める。紀元前八〇〇年頃、ヒンドゥー教の前段階のバラモン教が成立し、カースト制度が生まれ、一六王国併立時代がくる。その後も、統一された大帝国の時代は少なく、紀元前四世紀から紀元後二世紀にかけてのマウリヤ王朝と、一六世紀から一九世紀にかけてのムガール帝国が成立したくらいである。しかしその場合でも、南インドのドラヴィダ族地域はヒンドゥー教的秩序に組み入れられてはいたものの、政治的には独立していたので、インドにおいてはエジプトのナイル河的な灌漑はもちろん、ティグリス＝ユーフラテス河流域のような大規模な治水工事もほとんど行われなかった。

この結果として、西部においても、若干の降雨が見られるところでは溜め池（タンク）が灌漑の水源となっている。そしてこの溜め池は、モンスーン地帯の中で〈水の中の社会〉とは言いがたい地域においても（デカン高原の雑穀の天水農耕に頼る地域は別として）、河から引いた用水路とともに一般的に活用され、インドで最もよく見られる風景となったのである。溜め池のほかに井戸（クチャ）もインド北部では早くから人間と動物の飲用水として広く利用された。『リグ・ヴェダ』（インド最古の聖典）にも、「かわいた雄牛やかわいた人が井戸に急ぐように」とか、「われわれの賞讃はあなたに集中する。畜群が井戸に集まるように」とある[22]。

マウリヤ王朝時代においては、『カーマ・ジャタカ（本生譚）』に、あるブラフマン（梵天《ぼんてん》）が農地のためにジャングルを取り払い、水のための小区画を造ったとある。王朝の開祖チャンドラグプタの宰相とされるカウティリヤによる『アルタシャーストラ（実利論）』には、井戸、灌漑について多くの言及があるが、農業長官の任務として次のようにあるのが注目される。

「自己の灌漑用水から［瓶などを用いて］手で運んだ水の料金として［作物の］五分の一を払うべきである。［牛等の］肩にのせて運んだ場合は四分の一、機械を用いて水を導いた場合は三分の一を［払うべきである］。川や湖や貯水池や井戸から水を汲上げた場合は四分の一を［払うべきである］。［行カエ］その仕事のために得られる水の量に応じて、雨季の穀物・冬の穀物のうちのどれを栽培するかを定むべきである(23)」。

南インドのドラヴィダ族の居住地タミールナドゥは、多少乾いた土地もあるが、ガーツ山脈の西側（ケララ）にしろ東側のベンガル湾側にしろ、一般的には水量の多い地域である。西側には大量の雨が降るし、東側はそれほどないにしても、チャウヴェリ河、クリシュナ河、ゴダヴァリ河といった大河がある。それため、乾季、雨季が明確でありながら、乾季に備えて用水路、溜め池といった形で灌漑を用意することができた。三〇〇～六〇〇年頃のタミール語の詩『サンガム』の詩人たちは、王たちにいかにして水を貯蓄しておくか、土地を改良しておくか、人民の生活を向上させるかを助言しているという(24)。

九世紀から一一世紀にかけてのチョーラ朝のもとでもさまざまな水利工事が行われたが、重要なのは、第一に堰（アニクツ）を設けて河の水を堰き止めたこと、細流をつないで溜め池のチェーンを造ったことである。このアニクツと呼ばれるものは、堰を築いて河の水位を高め、それを越える水だけを下流に流すものである。それはチャウヴェリ河とその支流に重点を置いて建設された。アンドラ・プラデシュ地方やカルナタカ地方では多くの溜め池のチェーンが造られた。テランガナ地方はその地形がふさわしかったので、「千の溜め池の土地」と呼ばれていた。いくつもの小さい河に堰を造り、それを越える水を下流で堰き止め、さらにそれを越える水をその下流で堰き止め、さらにそれを越える水を……という具合に、多くの溜め池を造ったのである。これらの溜め池の水の管理は各村落によって行われ、壊れたところを補修したり、沈泥を掘り上げたり、とりわけ水の分配法を決めたりした[25]。

一方、ベンガルを中心とする東部、ガンジス河、ブラマプトラ河、フーグリ河などの下流デルタ地帯は、まさに〈水の中の社会〉である。そこは猛烈なモンスーンの雨が降るところで、水利施設よりも洪水対策が第一課題の地域であった。その土地利用法は、若干高いところではもっぱら天水利用で、降った雨水を保持する畦畔（あぜみち）が作られるだけでよい稲作地とされた。また、より低い低湿地においては排水が困難なので、水面の上昇下向に従って生育する浮き稲の栽培が行われた。その中間では、増水期には氾濫するが、それ以外のときは水面より現れる土地に浅い用水路を幅広く造って、水田にちょうどよい量の水を配分するようにした。河岸に近いところでは、堤防を周りにめぐらして防水し、増水期には水門から水を導入した。その他、溜め池の掘削によって盛土し、その上に村落を作り、氾濫期にはその溜め池に水を蓄えて、乾季に使うといった方法もとられた。

これらさまざまな水利用にともない、サーキヤ（ペルシア式水車）や踏み車（龍骨車）など、揚水車もまた使われたのである。

## ペルシアのダム

ユーラシア大陸の西へ再び戻ると、古代ローマでは水道事業において顕著な業績を残した一方で、ダムに関しては特筆すべきものはあまりない。もちろん、彼らも水道と付随してダムを造ったが、それはまんべんなく水を集めて一時的に蓄えるためのものであって、その規模の大きさに重点を置いたものではなかった。わずかにローマ時代には二つのダムがスペイン南西部のプロセルピナとコルナルボに残っており、今日でもなお使用されている。また、もう一つ、この時代のダムは同国南部のアルカンタリリャ地方にあるが、すでに崩壊しており、その他いくつかのダムも土砂で埋まっている。プロセルピナ・ダムは一二メートルの扶壁（崩壊を避けるための支え）によって強化されている。崩壊したアルカンタリリャ地方のダムは高さ一四メートル、幅五五〇メートルであったが、壁が破れた。コルナルボ・ダムは以上の二つよりも技術的に進んでいたと思われる。なお、五五〇年にはビザンツ（東ローマ帝国）の技術者によって今日のシリア＝トルコ国境のダーラにアーチ形のダムが造られ、近代のダムの先駆の位置を占めるとされている。[26]

ダムの歴史でローマよりも長い持続的な歴史を持っているのはペルシアである。アケメネス朝（前六～前四世紀）における業績についてはすでにオリエントとの関係で説明したが（二九五頁参照）、サーサーン朝（三〜七世紀）に入るとカルン河（アフワーズ周辺）に造られたダムが重要なものとして挙げられる。このダムはシャープール一世が二二六年にローマ軍を打ち破ることに成功して、ローマ皇帝ヴァレリアヌスほか七万人を捕虜にしたときに、彼らをシューシタルに連行、使役して

図46　中近東の水利

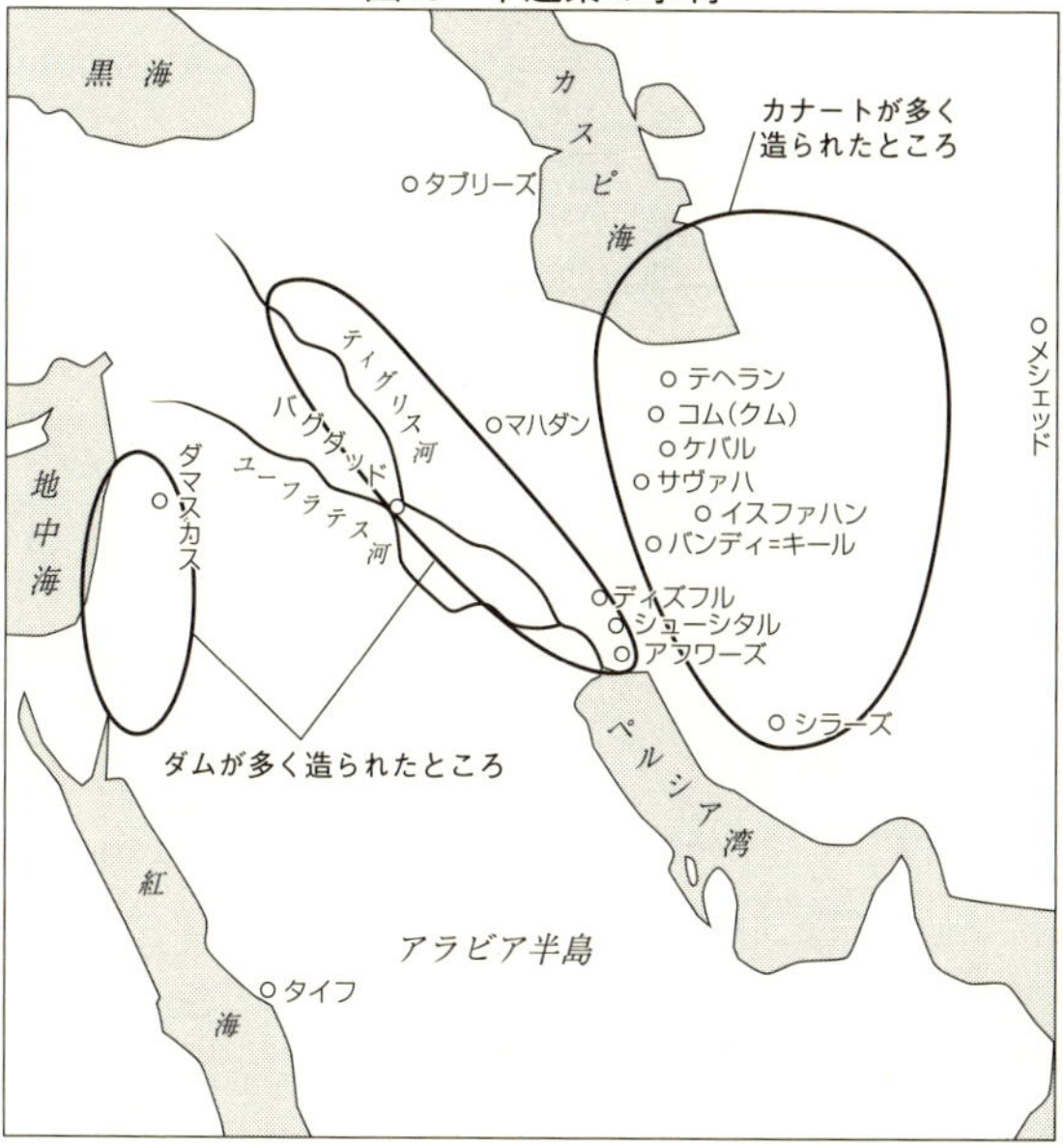


建設したものである。ローマの技術はこのときペルシアに入ったと思われる(27)。この時代、ティグリス河の東側地方では灌漑網の改修のため、さまざまな運河やダムが造られたが、シューシタルのダムはその代表的なものであったといえよう。この地域には小規模の河や涸れ川（ワディ）が多くあり、それらは年間を通じて流れているわけではない河の水をダムでまとめるという機能も持っていた。

　シューシタル・ダムの成功により、同様の試みがいくつか続いた。その一つがアフワーズのそれで、三〇〇〇

フィート（約九〇〇メートル）の長さを持ち、壁の厚さ（幅）も二五フィート（約七・六メートル）あったという。一〇世紀のムスリムの地理学者マクディスィーは次のように記述している。

「ダムは岩の塊で美事に造られて、流れてくる水をせきとめている。そこにはすばらしい水と驚嘆すべき施設がある。ダムは水をせきとめ、それを三つの運河に分水して、近郊に延び、種子に水を与えている。もしダムがなかったら、アフワーズは耕作することができないし、運河を利用することもできない。［行カエ］ダムには水が余りに増水したとき開かれる水門がある。もしこの水門がなかったら、アフワーズは水の底に沈んでしまうだろう。押しよせる水は怒号を上げ、年の大部分を眠れなくしている(28)」。

アフワーズのダムは橋を持っていないけれども、アビ＝ディズ河のディズフル・ダムは一二五〇フィート（約三八〇メートル）の長さで橋を持ち、シューシタルのダムと同型式で、四世紀の後半にシャープール二世かその後継者によって造られている。ただこれは今日ではひどく崩れているので、小規模の灌漑水は石と粗朶《そだ》の粗末なダムから引かれ、そのダムも洪水ごとに造り直しているようである。もう一つ、カルケン河（アフワーズ北西）のパイ＝ポル・ダムはイギリスの探検家オーレル・スタインによって一九三八年に発見されているが、これは一八三七年の崩壊後、使われていない。サーサーン朝のダムではもう一つ名前だけ残されているものがある。それはアビ＝ディズ河とアビ＝ガルガル河がカルン河に合流するところにあるバンディ＝キールのそれである。この名は「アスファルトのダム」の意味である。

サーサーン朝の支配は七世紀にイスラームによって覆される。アラビアにおけるムスリムの最初で唯一のダムはタイフ（サウジアラビア西部）にあるダムである。ここにはヘジラ暦五八（六七七／六七八）年のクーフィー体（アラビア文字の角ばった初期の階書体）のアラビア語の銘文が残っている。[29] また、シリアのダマスカスの水道はローマ時代にさかのぼるが、これもムスリムによって改修、拡大された。そして近くを流れるバラダ河にダムが造られ、七五〇年にウマイヤ朝が打倒されると新しいアッバス朝が始まり、七六二年には第二代カリフのアル＝マンスールによってバグダッドに首都が創設される。この地方はユーフラテス河とティグリス河の流域の中間に位置し、運河によって結びつけられていたが、両河の水位の高低から連絡の流れの調整が繰り返し試みられていた。この際、小型のダムが利用されていたようである。イスラーム帝国時代のバグダッド地方の最も精妙なダムは首都の北方に造られたアドヘイム・ダムである。これは多くの小さな河を集めて湖を造り、水の圧力を強めて灌漑水として使えるようにしたもので、かつてはディヤラ河にいたずらに合流していた水を大きなダムに引き寄せたものである。[30]

一三世紀にはモンゴルがペルシア、イラクに侵入し、領有してイル・ハーン国を作ったが、伝統的にはこのモンゴルの侵入がイラクの治水灌漑事業を荒廃させたとされてきた。しかしノーマン・スミスは、これは正しくないとする。[31] バグダッドのカリフの権力と権威はすでに一一世紀、一二世紀に衰退していたし、この頃からダムや運河の維持は適切さを欠いていたからである。実際、運河やダムへの沈泥の堆積は進行していて、モンゴル襲来以前に放置できない状態になっていたし、一三世紀の初めにはティグリス河の河道が変わって、多くの運河を破壊していた。さらにもう一つの問題は塩化の深刻化である。多年にわたる灌漑によって、水の中の微量な塩分が土地に蓄積していたのである。一三世紀後半、モンゴルがこの地の支配者になったとき、それは手のつけようもない状態に見えたので、彼らは支配地の中心をイラクでなく、ペルシアに移した。これが、モンゴル人がダムを建設するにあたり、ペルシア地域に重点を置いた理由である。一二九五年から一三〇四年までペルシアを統治したイル・ハーン国第七代君主ガザン・ハーンとその大臣ラシド＝アルディンは、農業と土地利用に大きな仕事を残した。

モンゴルのイル・ハーン国の残した初期のダムの所在と特徴は、発見されている二つのダムから見てとることができる。その一つは、テヘラン南西、ハマダンとコム（クム）との間にあり、カラ・チャイ河（中世にはガウマハ河と呼ばれた）に造られたもの、もう一つは、サヴァハの南東、ガウマハ河と他の二つの河とが合流したところの東に造られたものである。後者は、雨のない夏季に灌漑水を提供するために建造された大ダムで、一四世紀のペルシアの地理学者ムスタウフィによれば、イル・ハーンの創始者フラグの息子で第三代のアハマド（在位、一二八一〜八四）の治世にシャムス＝アディンという大臣によって造られたという。その最大の特徴は巨大であったことである。表面の長さは一五〇〇フィート（約四六〇メートル）、その平面的な構造は真っすぐに造られ、ダムの自重《じじゅう》で水力に抵抗するようになっていた。いわゆる重力ダムである。このサヴァハのダムについていえば、大規模で荒々しく組み立てられていながら、七〇〇年の歳月にもかかわらず丈夫であることがわかる。また、水面を見てわかるように、ダムの年齢にもかかわらず、土砂に埋まることなく河水の泥は少ないようである。(32)

イル・ハーン国末期（一四世紀末）のケバル・ダムは、アーチ・ダムの先駆をなすものと言われる。この設計の深い意味は、その立地がこの型に適していることを設計者が知っていたこと、厚みがある壁が物理学的に的確な形を持ち、岩盤に食い込んでいることなどである。それはコム（クム）の南一五マイル（約二四キロメートル）のところにあり、今は土砂によって埋没しているが、狭い石灰岩の谷間に高さ二六メートル、厚さ五メートル、弓状の長さ三八メートルで造られた立派なもので、モンゴル人のペルシア後期における代表的な業績とすることができるものである。

イル・ハーン国は一三五三年に崩壊し、続く一五〇年間は混乱と分裂の時代である。この間にティムール帝国を建設したティムールが出現し、彼の後裔の諸王たちは芸術や科学に関心を持ったが、期間的に短かく、やがてこれも崩壊する。それとともにケバル・ダムも使えなくなったようで、その他のダムについても特筆するものはない。一五〇二年にシーア派のサファヴィ朝が建設されると、シャー・アッバス一世（在位、一五八七〜一六二九）がダムその他の施設に関心を持つものの、主に道路の建設と維持の方に力をそそいだ（多くの隊商宿は彼の名に帰せられている）。シャー・アッバス一世の曾孫のシャー・アッバス二世（在位、一六四二〜六七）もダムに関心を持った。例えば、メシェッド(イラン北東部)近郊の多くのダムは彼によって造られたとされている。その一つがバンディ＝ファリドゥム・ダムで、高さ一二〇フィート(約三七メートル)、幅二八〇フィート(約八五メートル)、厚さ二四フィート(約七メートル)の石造である。今はほとんど埋まっているが、しかし小量だが水が残っており、灌漑用水として使われ続けている。メシェッド近郊の他の二つのダム、トゥルクとグリスタンも同様な状況にある。

シャー・アッバス二世の最も重要なダムはイスファハン市と結びついている。それはザヤンテフ・ルド河畔にあり、この河が水供給源であった。この河はイスファハンの西の山から発しているが、その水源はもう一つのペルシアの河、カルン河の水源と極めて近い。これより以前、一六世紀の中頃には、シャー・タハマスプ一世(在位、一五二四〜七六)がイスファハンの水供給を増やすためにカルン河にザヤンテフ・ルド河を流入させようとする野心的な計画を考えている。また、一六世紀の末にはシャー・アッバス一世がペルシアの首都をタブリーズからイスファハンに移したので、この計画が思い出されたが、中間の山を貫通するトンネル工事がうまくゆかず、結局この計画は放棄されている。(33)

### スペインのダム

ペルシア＝イランはアラビア半島の砂漠の北東にあり、アラビアと同様に高原の真ん中に砂漠が拡がっている乾燥地帯として水が貴重なところであるが、わずかながら雨量もあり、高い山に降雪もあって、その雪どけ水がしみ込んで地下水となり、その水をカナート（三三三頁参照）という大工事によって地上に導いている。これと同じような位置にあるのが、かつてイスラーム世界の西端にあって、レコンキスタ（国土回復運動）によってキリスト教国に復帰したイベリア半島である。

図47　スペインのダム

ここは西ヨーロッパ世界、その地中海世界においても乾燥度が強いところであったので、イスラーム時代からキリスト教時代に引き継がれて水力社会が連続し、灌漑農業や都市水利が発展しており、この伝統はルネサンス以後、西ヨーロッパの流れに合流してゆくのである。

　スペインにおけるローマ支配は五世紀に西ゴート族の支配に取って代わられるが、八世紀まで続いた彼らの支配はダム建設の痕跡を残していない。ただローマ人の遺したものは多少とも維持され、灌漑農法が行われたことは彼らの法典で知ることができる。七一〇年にはイスラーム軍が上陸し、七一二年までに、ガリシア、アストリアス、カンタブリアを除いてスペイン北部まで占領されるが、このときから一四九二年のグラナダ陥落までスペインはヨーロッパとイスラーム圏との重要な接点の一つとしてあり続ける。この間、農業ではコメ、オレンジ、綿、砂糖という四つの作物を導入し、この国の水利事業に影響を与えるのである。(34)

後期ウマイヤ朝（七五六〜一〇三一）の首都はコルドバであるが、それはグアダルキビル河に面していた。そしてこの河の岸には洪水から町を守るための堤防が設けられていたが、河の水はダムによってせり上げられ、勢いのついた水に巨大なノリア（水車）が仕掛けられていた。ノリアは製粉の動力として使われたほか、河水を水道の供給池レヴェルまで汲み上げて市内へゆきわたらせていた。後期ウマイヤ朝の黄金時代は一〇世紀であるが、この時期、スペインの多くの河には数々の小ダムが設けられ、その水は水田を灌漑するために使われていた。この小さなダムの灌漑用揚水器はスペイン語でアスドと呼ばれる。これはアラビア語から取られたものであるが、他の多くの近代の灌漑用語がそうであるように、近代ヨーロッパ語の技術用語はアラビア語起源のものが多い。

グアダルキビル河は大西洋に流入するが、地中海に流入するのはトゥリア河で、ムスリムたちはこれをグアダラビル河と呼んでいた。この河には六マイル（約九・七キロメートル）ごとに八つのダム、すなわちアスドが設けられ、そこから一本の灌漑用水が引かれていた。この水によってバレンシアはヨーロッパ第一のコメ生産地となったのである。(35)

しかし、一〇世紀からキリスト教徒によるレコンキスタが本格化する。イスラーム教徒はじりじりと南へ押される。スペインのイスラーム教徒の最後の砦がグラナダである。グラナダは、一三世紀のレコンキスタによってムスリムが追い込まれたところ、そしてそれから二五〇年後の一四九二年に最終的に彼らによって放棄されたところだが、この間、多くの人——ムスリムとユダヤ人——が流入して人口増大を促進したので、灌漑農業を盛んなものとした。その農業と都市生活が必要とした水は、リオ・ヘニル河とその支流に依拠していた。

ところで、グラナダは海抜二〇〇〇フィート(約六〇〇メートル)、シエラ・ネバダ山脈の西側山中を分け入って、リオ・ヘニル河とリオ・タッロ河の合流する地点にある。(36) このグラナダのアルハンブラ宮殿こそはイスラームのスペインにおける最後のハナレ技であろう。この堂々たる精巧な城塞にはいくつかのダムがともなっていた。この宮殿の建築は一二四八年に始まったが、そこで使われた多くの噴水、水槽、浴槽、庭園の水は最初からリオ・タッロ河の水に拠っていた。アルハンブラ宮殿が建てられている断崖の下四〇〇フィート(約一二〇メートル)のところをリオ・タッロ河が流れており、アルハンブラの庭園のより高いところにこの河水の取水口が設けられていたのである。周辺を流れる運河の一つにも、グラナダから六マイル(約九・七キロメートル)上流のところに取水口が設けてあったが、そのダムの遺跡は今も残っているという。このアルハンブラ宮殿は代表的な例であるが、その他多くの工事の跡がグラナダ地方に残っている。このことはイスラームが灌漑技術のほとんどすべてをスペインに持ち込んだことの証拠である。

## キリスト教スペインのダム

レコンキスタにより一〇八五年にはトレドが陥落する。一二一二年にはベルベル族のアルモハド朝が回復できない打撃を受け、一三世紀の半ばまでにレコンキスタはほぼ完了したが、スペイン人たちは地中海に関心を持ったので、イスラームの王国はなお二五〇年、居残ることができた。また、イスラーム教徒の技術者や灌漑農民はモリスコと呼ばれたが、彼らも一四九二年までスペインにあって活動し続けた。モリスコによって繁栄したのがアンダルシアで、この地域のダム、用水、水車、灌漑農地はキリスト教地主のもとでも機能し続けるのである。しかし、やがて一三世紀に入るとキリスト教徒のスペイン人による仕事が目についてくる。その最初のものがトゥデラ近くのカルデテ・ダムで、七五〇エーカー（三平方キロメートル）の土地に灌漑したという(37)。続いてエブロ河とその支流の流域においてダムによる灌漑が盛んとなるが、これらのダムはムスリムの技術と比べて大きな変化はない。

やがて、スペインのダム技術の特徴としてハイ＝ダム（高い堰堤のダム）が現れる。ハイ＝ダムでムスリムが造ったのはアルモナシド・ダム（スペイン西南部）が唯一例という。一方、スペイン人が造った最初のハイ＝ダムはアルマンサ・ダムで、それは大量の水を貯水するとともに、アーチ・ダムであったことが特徴だと言われている。高さは一七〇フィート（約五二メートル）で、一般的にはようやく一九世紀の初めに可能となる規模を誇っていた。アルマンサはバレンシア地方の町で、ダムは町の西三マイル（約五キロメートル）のところにある。それは極めて機能的で、先行するダムを数百年間も襲ってきた土砂の堆積を避けることができた。ただこのダムはいっきょに造られたのではなく、何回かにわたって追加されたものであり、基本的な形が整ったのは一五八六年のことだという(38)。

このアルマンサ・ダムがスペインのダムの歴史における一つのピークである。そしてティビ（スペイン西南部）のリオ・モネグロ河において一五八〇年から建設され始めたダムは、より巨大な貯水能力を持つように設計された。アルカンタリリャ地方のリオ・モネグロ河は小さな河であるが、そのダムはもっぱら貯水を目的として造られたのである。これが一五九四年に完成したアリカンテ・ダムである(39)。その高さは一三四・五フィート（約四一メートル）で、当時としては恐るべき高さを持ち、以後その容量は三〇〇年近くにわたり世界最高を誇った。続いて、モルチェとレルー（どちらもスペイン西南部）にも有名なダムが建造されたが、これらも灌漑のための貯水を目的に造られた。その意味でこれら一連のダムは、イスラーム文明が持つ灌漑概念に拠っていたものと見られなくもない。しかし、スミスによれば、一〇世紀のムスリムは日々変化する河の流れを管理しきれず、その変化に河水の供給を従属させようと考えたのに対して、後のスペインの技術者は河水の総流量を管理し、その水をより有効に利用しようと考えた。言い換えるなら、前者は河水を単に利用するだけのものとしてとらえ、後者はそれをさらに管理し、抑制すべきものとしてとらえていたのである。しかも、スミスが驚いているのは、最大の貯水量を持つアリカンテ・ダムにしても、古代ローマのメリダ（スペイン南西部）の二つのダムのうちの小さな方、すなわちプロセルピナ・

ダム（三〇四頁参照）と同程度の規模で河水の利用・管理・抑制が行われたことである(40)。

### 西ヨーロッパのダム

スペインのダムは一六世紀まで世界の先頭を走っていたが、一五、一六世紀になるとイタリアで再びダム建設が開始され、さらに西ヨーロッパに広がってゆく。世界最高のアリカンテ・ダムを追い抜いたのは三〇〇年後のフランス中部のグーフル＝タンフェール・ダムである。ヨーロッパでは雨量が適当にあり、年間にあまり片寄りなく降雨があったことから、上述のような灌漑に対する要求はなく、「産業革命」以前までのダム建設は、都市用水の貯蓄、水車の稼働、交通運輸用の運河のための水補給が主体であったのである。したがって、その規模は小さく、限られたものであった。唯一の例外はフランスのトゥルーズ近くのサン＝フェレオールに一六七五年に建設されたもので、一一五フィート（三五メートル）の高さを持ち、以後一五〇年以上現存した世界で最も高いダムであった(41)。

西ヨーロッパでは一九世紀の中頃までダムの設計は全く経験に従って行われていた。ただ、材料の性質や構造についての知識はガリレオ以来二五〇年にわたって蓄積されてきたので、需要が生まれるや、たちまちに理論的、実践的に進歩した。この近代ダム発展の基本にはその目的の多様化がある。乾燥地帯における灌漑用水、都市用水、運河用水のみならず、電気という新しいエネルギー形態の発見にともなって水力発電としても用いられてゆくのである。さらに、乾燥地帯ばかりか適当な降雨と地形のある地域にも建設されて、洪水防止としての機能（貯水のみならず、取水、砂防といった機能）も果たした。やがて工業用水という巨大な需要が生まれ、素材の面でも、岩石、砕石などのほかにセメント、コンクリート、金属といった成形可能な資材が使用できるようになった。これらの要素、使用目的、材料、地形の選定、およびそれらが規定する構造によって、設計のタイプが決まってくる。また、ダムが受けとめる水の容量と重量、ダムが建設される土地の地形と地質、そしてそれとの関連で考慮されなければならないダムの自重は、地殻に多大な負担をかけるだけに、環境面においても極めて重要な事柄となってくる。

ところで、今日ではダムの崩壊にともなう対策、すなわち洪水、地形の破壊、土砂の流動に対する安全対策とともに、ダムが次々と建設されるうちにもう一つの新しい関心も生まれている。ダムの建設は河川を堰き止め、大量の水を滞留させる人口湖を作り出すところから、単に集落の水没といった社会的影響のみでなく、動植物の生態系への打撃、地殻への圧力、気候への影響を生み出しており、それらの事態にも目が向けられるようになったのである。

第7章

# 現段階の水問題

二〇世紀は石油の時代であったが、二一世紀は水（淡水）の世紀であろう。それはこれまでに作られたさまざまな諸要因がさまざまな角度と水準から人類に作用する結果であるが、これらの要因の中で最も強く、他の諸要因を増幅、加速させるものは人類の総人口の増大であろう。人口の増大は当然に彼らに生きるエネルギーを与える食料品の需要を増大させるが、食料は光合成によって生産され、そのために絶対に水を必要とする。しかも尨大に必要とする。

さらにこの人類が生活するためには、これまた尨大な商品を必要とするが、この商品の生産のためには工業用水の供給が不可欠なのである。西ヨーロッパ中世においても家畜や屠殺場は大量の水を必要とした。皮なめし、毛織物製品の原料準備と縮絨染色にも水を使ったので、それらは当時の河川を汚染するものとして警戒され、その立地は規制されていた。「産業革命」以後は工業用水に対する需要は減るどころではなかった。

## 1　工業用水

工業用水の用途は、冷却水、洗浄用水、製品処理用水、温調用水、ボイラー用水、原料用水など多様であって、その中心は製品処理用水、洗浄用水である。商品の製造にあたっては原料、半製品を加熱する必要があるものも多く、水はそれらを冷却するときにも使われるのである。この場合、間接的に冷却する工程においては、純度の低い水で充分に役に立ち、その重点は水温や量に置かれるので、一旦使用してから回収した循環再利用水（いわゆる中水）を使うことが多い。もちろん熱交換装置が腐蝕したり、微生物が付着したりすることが起こっては困るので、水質に無関心であるわけではない。ましてや、直接冷却においては製品そのものが汚れたり腐蝕するおそれがあるので、一定規準以上の水質の維持は不可欠となる。その他、原子炉の冷却水のような特殊な用途のためには、相応の配慮が必要となる。洗浄用水や製品処理用水は製造過程で原料ないし半製品と接触する水であるので、原料用水と等しい水質が必要であろう。例えば、紙＝パルプの製造に使う水はにごりのない軟水でなければならない。

繊維工業や染色工業においては、製品を変色させる鉄、マンガンなどが含まれない水でなければならない。原料用水は、酒類醸造や清涼飲料の製造のように原料の一半ないし大半を占めるものであって、水が水質以前に固有で個性的な成分のものでなければならない。その他、食品加工用水は水の成分によって製造の質を決めるし、とくに医薬品は高度な純水でなければならない。温調用水はエアーコンディショナーに使われる水であるので、ほぼ冷却水と同じ役割を果たすものであるが、デリケートな器機に使われるものだけに、上質の純水に近いものが必要である。このことはボイラー用水についても同様で、ボイラーの腐蝕、石灰分の沈着などを避ける軟水でなければならないであろう。

このように工業用水は多様な用途で、あまり人の眼に触れぬところで使われているのであり、また大量に用いられるので、都市上水道すら必要となる。ただそれほど高度な水でなくても充分な場合が多いので、都市下水の処理水（中水）を給水していることもある。かつての工業用水は地下水の汲み上げによって供給されることが多かった。それはコスト的にも安価であったからであるが、しかし日常的に大量に汲み上げるので、その結果として帯水層が衰弱して、地盤の沈下、あるいは汚れた地上水の滲透、塩水の混入などを引き起こすことが多かった。東京では本所、深川、西ヨーロッパではヴェネチア周辺などがその例である。ヴェネチアの都市自体は地下水を汲み上げてはいないが、対岸の工業地帯が汲み上げていたので、地盤沈下の傾向が現れた。これは砂州の上に構築された水上都市ヴェネチアにとって致命的なことであったので、現在では工業地帯における地下水の利用は禁止されている。それでも、海水面の上昇もあってか、時には都の中心の聖マルコ広場を冠水させることがあり、市民はゴム長靴を常備しているのである。

## 2　中国の水危機

本書「まえおき」にも触れたように、中国、というより漢族国家の水問題は危機的である。国の首都である北京の水需要は貯水池の水のほか地下水に依拠しているのであるが、地下水の水位は異常に低下し続けている。このことは何らかの措置をとらざるをえなくさせるのであるが、しかし、いわゆる中国（中華人民共和国）は広大であって、その状況を簡単にまとめることはできない。とりわけ北方のモンゴル族の居住地（内蒙古）、西方のウイグル族の居住地（東トルキスタン）、ティベット族の居住地（ティベット高原）、インドシナ半島に南を接する貴州・雲南とその周辺のチャン族の居住地、そしてその他の諸族の居住地は、漢族が占める東部とは文化のみならず、地理的環境も全く異にしているため、政治的領有関係以外は漢族の居住地と同一の項目で取り扱うことはできない。さらに漢族の居住地についても、地域によって極めて事情に差異がある。すなわち、北の黄河の流域、揚子江の流域、珠江の流域、その他黄河流域と揚子江流域との中間の淮河流域、揚子江と珠江流域との中間の福建地方、揚子江上流の四川地方などでは事情が違ってくる。中国の水事情は極めて危機的であるが、それはこの国全体の事情が深刻であるということではない。深刻なのはこの中で異常に人口が集中している黄河や淮河の流域においてであって、その他の地域では必ずしも深刻ではないのである。

この事情は石弘之の『地球環境報告Ⅱ』で詳細に報告されているが、(1)ここではマルク・ド・ヴィリエの『ウォーター・世界水戦争』に引用されているレスター・ブラウンとハルウェイルによる論文が手短かにまとめているので、それから引用する。この論文は二人が『ワールドウォッチ』誌に共同で発表したものである。

「二五年前、増大の一途をたどる水の需要のために、いっそう多くの水が汲み上げられた結果、黄河の水は激減した。そして一九七二年には、水位が下りすぎたために、長い中国の歴史で初めて海に到達する前に干上がってしまった。その年は一五日間も流れが途切れ、それから一〇年間のあいだ断続的に涸れている。一九八五年以後は、毎年水が涸れるようになり、渇水期もしだいに長くなった。一九九六年には、一三三日間も水が涸れ、一九九七年には旱魃による影響で二二六日間も海に流出しなかった。黄河は山東省を最後として海に注ぐが、長期間にわたって山東省に到達する前に涸れてしまうことすらあった。中国のトウモロコシの五分の一、小麦の七分の一を生産する山東省は、灌漑用水の半分を黄河に依存している。

黄河の枯渇は中国の水不足を最も端的に示す例だが、実際にはこのような例はほかにもたくさんある。黄河と長江〔揚子江〕のあいだの淮河も一八九七年には涸れ、九〇日間も流れが止まって海に流れこまなかった。近年、地下水面が下がって泉が涸れるにつれて、数百もの湖沼や地方の河川が干上っているのが衛星写真でもわかるようになった。地下水面が低下するにしたがって、中国の多くの農家の井戸は涸れてしまった」(2)。

このようになっている原因は、一つには農業が多くの水を灌漑のために汲み上げているところにある。さらに工業化の進展によって流域の都市(例えば蘭州)の工場が尨大な用水を引き上げているところにある。さらに、これは原因であるとともに、結果でもあるという両面性を持つものだが、黄河流域の乾燥化の進展や砂漠化によるところもあるだろう。このことは、ゴビ砂漠から春の風に乗って舞い上がり、北京から朝鮮半島、そして日本列島を襲う黄砂がより早く、より大規模に飛来することによってもわかるであろう。この乾燥化は黄河流域のみに見られることではない。中央アジア(アラル海付近)、アフリカ(サハラ砂漠の周辺)、南アメリカ西岸のチリ北部(アタカマ砂漠)における気候の急変と一連のものであろう。このうち黄河流域の乾燥化は気候上の変動というより、農工業の急速な発展によるところが多いように思われる。したがって、事情はこの地域のみに限られず、揚子江にも波及しているのである。

## 三峡ダム

いま中国においては、いわゆる三峡ダムが建設進行中である。三峡とは四川・湖北の省境の巫《フ》山を揚子江が浸食して形成した大峡谷であって、その景観は古くから注目され、多くの詩人によってうたわれてきた。そこにはかの白帝城《ハクテイジョウ》などの多くの名勝古跡があるが、ここで揚子江を堰き止めて、高さ一八五メートル、通常水位では一七五メートル、幅は一九八三メートルのコンクリート重力式ダムを建設しようとしているのである。これは一万四七〇〇メガワットの電力を生産し、この国の工業化の進展を維持する尨大なエネルギーを供給するために計画されたものである。そして、洪水防止と航路の改善がダム建設の主要目的とされている。確かに水力発電は火力発電と違って炭酸ガスを撒き散らさないし、燃えかすを生み出さないばかりか、電気エネルギーは消費されても、そのもの自体なんらの灰も残さないので清潔なエネルギーではある。(3) しかし、このダムの建設はすでにナセルのアスワン＝ハイダム（ナイル河）の建設で見たように、多大な経済的、社会的、生態的影響を残すのである。

計画によれば、工期は一七年間が予定されており、二〇〇九年の完成を目指し、工事は三期に分けられている。すなわち、第一期は一九九三〜九七年。第二期は一九九八〜二〇〇二年。第三期は二〇〇三年から始まっている。ダムは宜昌の上流四〇キロメートルに位置する三斗坪と呼ばれる場所に設けられ、逆流水は六六〇キロメートルもさかのぼって、重慶にまで到達する。これによって東京から神戸にまで達する長さの巨大な貯水池が出現するのであるが、そのことによって一〇の都市を完全に、また八つの都市を部分的に、さらに広大な農地を四四〇平方キロメートルにわたって水没させ、直接的には一一三万人、その他予想される関係住民を含めると二五〇万人の移住が必要になるとされている。(4) この移住問題は極めて甚大な社会・経済的インパクトを及ぼす大問題であるが、それのみではない。

ダムへの多量の水の取り込みとその使用はダム下流の水量の減少を引き起こし、とくに河口のデルタ地帯での微妙な水位の低下は海水の侵入をもたらす。またナイル河のアスワン＝ハイダムの例に見られるように、栄養がダムに押し止められて、東シナ海の漁業に打撃を与えることにもなろう。同様にダム湖は歴史・文化遺産を多大に水没させるほか、憂慮されるのは、尨大な水を貯蓄する貯水池の重みが地殻に強烈な圧力を及ぼして、地震などを引き起こすおそれがあることであろう。

政治的には、三峡ダムはアスワン＝ハイダムにおけるナセルの意図（独裁者の栄光のデモンストレーション）と同様の意味を持つと思われる。それにしても、その人類に対する影響は桁外れに巨大なものがある。二〇世紀末からの東アジア、とりわけ漢族国家の高度経済成長に向かっての突撃は、漢族が人類人口の四分の一に近い分量を持っているだけに、国際関係における一つの国の問題と見なし続けることはできない。ヨーロッパとアメリカ、そして近くの日本がすでに実現していることに追いつき、これを追い越すのは民族の権利であるとの主張に他の民族が口をはさむことはできないが、ただそれを目指す動きが引き起こすであろう事態は、ただならぬものとなるはずである。まず第一に、経済成長がもたらす資源（石油その他）の需要は世界経済そのものを大きく変えるであろうし、その資源（とりわけ石油）の消費が放出する炭酸ガスその他の地球環境への影響は人類の生存そのものに多大の圧力を加えることになるであろう。

さらにこの問題は、北京政府のもとにある漢族国家において水問題として内在している。すなわち黄河流域における生態的な危機前的状況である。それは国内のその他の部分によって相殺されるようなものではなく、億単位で数えられる巨大な人間集団の運命に関わるものであるだけに、彼らの動きは「中国」の体制に長期的な圧力をもたらすであろう。水問題の解決のために、ますます巨大になる権力と経済力とによって揚子江の水を水路で北部に送ることも考えられている。それは歴史における「大運河」の前例を見ても、不可能と言い切ることはできないであろう。しかし、その前提になければならない経済力そのものが上述の展望のもとにあるだけに、その計画は進行途上から国家全域のみならず、周辺国家、いや、人類全体に衝撃を与えるものとなろう。

より端的に、レスター・ブラウンは「誰が中国を養うか」と問いかけている。(5) 彼はまず、「食糧輸入大国の出現」という現実を指摘することから始める。その原因を明らかにするために「中国の食糧をめぐる現状」が説明される。その第一は、人口の増加である。彼によれば、二〇一七年までには中国の人口は一五億になっていると見ている。一五億という数字は一九〇〇年頃の世界の全人口に等しい。彼によれば、中国の人口の伸びはこの時期から鈍化し、二〇四五年には一六億六〇〇〇万人というピークに達したのち、徐々に減少すると見ている。毛沢東は中国のこの人口増大の恐怖を抹殺し、人口抑制を主張する人口学者、馬寅初《バインショ》らを弾圧したが、毛の死後、抑制への転換が行われた。(6) しかし、人口構成の難問である高齢化という展望の中で、再び舵の取り直しが行われようとしているので、レスター・ブラウンのこの予測は大きく外れることはないであろう。人口増は当然に食物に対する需要を増大する。しかも、市場経済の受け入れ後の経済発展により、中国人は「食物連鎖の段階を上が」ろうとしている。一言にすれば、肉を食べ始めたのである。のみならず、工業化の進展によって「耕地も縮小」している。単位当たりの土地の生産性の上昇も限界にぶつかっている。それは、決定的には水不足の深刻化である。

「中国北半分が深刻な水不足に陥っている理由の一つは、水の分布と耕地の分布が不均衡なことである。中国の地表水の五分の四以上は、南部の揚子江その他の流域にある。しかし、この地域には中国の耕地のわずか三七パーセントしかない。揚子江の北の広大な地域には、地表水の五分の一しかないが、耕地の三分の二近くがある(7)」。

この問題を解決するために、揚子江の水を黄河の北に輸送すること（南水北調）が考えられているのである。これは、揚子江の支流にある丹江口《タンコウコウ》ダムを拡張し、水位を一五メートル持ち上げれば、北京との間に九〇メートルの落差ができ、一四〇〇キロメートルの水路の中の水を主として重力によって移動させることが可能となるというものである。一つの河の流域からもう一つの河の流域に水を移送するというこのシステムによって、現在ニューヨーク市で使われている七倍もの水量を運ぶことができると言われている。しかし、それを実現するためには、尨大なコストの問題のみならず、土木技術上の難題も解決しなければならない。すなわち、その水路が丹江口ダムから北京に行くまでには、黄河を含め二一九もの河川を横断しなければならないということである(8)。

## 3　水の所有・占有をめぐる問題

人間の数が増え、彼らの生活に必要な水の供給の限度が明らかになるとき、人間と人間との衝突は不可避である。これを防止しなければ、相互にあい攻撃し、果ては殺し合いに至り、いずれが勝つにしても、その精神は殺伐、荒涼たるものとなるであろう。何としてもそこに秩序をもたらさなければ、人間の平安な生活は保証されないであろう。

秩序をもたらすこと、これを作り出さなければ、人間、いや少なくとも人間らしさが自滅することは承知していても、しかし、現に、わが民族の栄光、強大隆盛のためには地球が破壊されてもよいと豪語する支配者がいるのが現実である。それは単なる誇張と軽視してはならないであろう。すでに世界史は近代に入ってもなお、一民族による他の民族の絶滅の試み（ホロコースト）すら見てきた。そしていまだに地球上の各地で「民族浄化」が主張されているのである。いや、六〇億を越える人類のうち、ともかくも議会制民主主義のもとに秩序づけられている人口は今日においてすら四、五億人であって、さまざまな自称ブランドのもとにあろうとも、実質的に他のほとんどは専制独裁の下にあるか、混乱そのものの中にあるのである。それもそれぞれの国の内政には踏み込まないという配慮のもとで、世界的には覇権国の力量によって国際秩序はからくも維持されているのであって、もし、その中の戦略物資が高度な文明の血液である石油から人間の生存になくてはならぬ食料、さらに水そのものに移行したときの危機は、言うまでもないことであろう。

長い人類の歴史のいかなる時点においても、水をめぐる危機は常にあった。気候の不順、旱魃ということはしばしばである。そのとき人間は渇に苦しみ、時に水をめぐりあい争った。農耕や遊牧が始まると問題はより大型になったので、争いも深刻となり、その解決も複雑なものとならざるをえなかった。その史実は世界全体に見られるところであるが、ここでは対照的な地域として、水をめぐる掟を持った世界の中で最も乾燥した文明地域の一つであるオリエントの事例と、モンスーン地帯の中で最もデリケートな掟を持った日本の事例を比較してみよう。

## イスラームにおける水の掟

『クルアーン』（イスラームの聖典）には〈水の掟〉と言いうるものは見られない。ラクダと人間とが水場を共同して使わなければならないこと、ラクダ・人間とが必ず水を分け合わなければならないこと、同時にではなく交替で飲むこと（第五四章二八節等）といった言及は見られるが、これは遊牧民の行動への教えであって、どちらかといえば、彼らが住む乾燥した風土における倫理を示したものである。

しかしイスラーム法としては、水に関する法規がその体系の中で特別な地位を占めている。シャハトの『イスラーム法序説』では、(9)契約法的分野の一つとして特筆されている。シャハトはこれをアラビアではなく、イラクの灌漑の問題であると見ている。すなわち、ユーフラテス、ティグリスのような大河は私的所有の対象にはならないが、用水路や運河はあい接する土地の所有者同士の共同所有であるから、この権利は浚渫による維持の義務や一方的な流れの変更の禁止などをともなうものである。既存の権利の変更においては、共同所有者全員の同意を必要とする。また所有者同士の間で行われる用水の配分は、メカニカルな装置（配水器や小水路）によるか、流入時間の割り当てによってなされる。この用水の権利は購入によってではなく、遺贈によって、その所有する土地から切り離すことができる。この運河の水は私有できるが、誰でもその水を飲んだり、礼拝のための洗浄に使ったりする権利がある。しかし、緊急の場合を除いて、所有者の許可なしに他の人の土地に侵入することは禁止されている。水の完全な私的所有はそれが容器に入れられている場合だけである。

このシャハトの説明は即物的＝技術的な側面からのものであるが、これに対し、現代イラクのシーア派の理論的指導者であったバーキルッ＝サドルは、原理的な視野から水の所有について論じている。彼は『イスラーム経済論』の第三章「生産に先行するものの配分に関する考察」の第三節「天然の水」において、天然の水を二種類に分類する。その一つは「アッラーが人間のために地上に授けられた地上の水源」である。もう一つは「水源にたどりつくために掘削を行なわなければならない井戸水のように奥深く隠されている水源」[10]である。

このうち第一に分類される水は共有財である。それはその私有を個人に認めず、誰でも利用することができるもので、例えば、海や自然の河川、泉などがそれである。これらは何びとであれ利用できるのである。しかし、この共有された水も、そこから容器に汲み入れた場合や、機械や合法的手段で掘った水路によって取水した場合は、いくらでも私有化できる。ただしそれは、実際に汲み取り、労働を加えたものでなければならない。「労働こそ、個人が支配する水源地の水を所有することの基礎である」。

次の第二に分類される水は、水源が地下に隠されている水である。これを利用するためには、人間は発見したり、労働したりしなければならないが、この労働によって得た水は所有することができ、他人の利用を排除することもできる。ただこの場合でも、労働を加える以前からすでに地中奥深くにあった水源そのものを所有できるわけではない。したがって、この水の所有者が自分の必要を充分に満足させたのちは、その余剰分は他人に分け与えなければならない。しかも、他人に水を飲ませたり、家畜に水を与えたりする代償として金銭を請求することはできない。何となれば、水そのものは依然として共有されている財産だとされているからである。

この第二の分類における地下に隠されている水とは、具体的にはカナート（二八頁、図1参照）の水である。カナートはフォガラシ、カレーズ、漢語で坎児井《カンアルチン》と呼ばれているもので、山嶽のふもとの地下帯水層の水（例外として河川の水のこともある）を必要に応じて地下道を通して導くものである。地下道を造るためには穴を掘らなければならないし、地下道の維持には人がその穴に下りなければならない。この穴は数メートル置きにあるが、その周辺には掘り出した土壌や保守のときに引き上げた泥によって土の山ができているので、地下道の位置はすぐ見つけることができる。このカナートを掘るためには莫大な費用がかかる。しかし、それに充てられた資金は、導き出された水によって容易に回収することができる。イスラーム法では当然にこのカナートとそれが導く水は出資者の私有財産であるから、これを分売するための用具（分水器）もまた用意されているわけである。

かくして、そのほとんどがイスラーム諸国である北アフリカ、オリエント、中央アジアの乾燥地帯では、基本的に国家事業である大河川の治水灌漑の水は国有財産的に管理され、一方のカナートの水は私有財産的に管理されることになる。このような二元的構造の中で乾燥地の遊牧民的権力は専制支配の蔽いを拡げたが、そのもとで民衆が頼りうるのは部族的組織しかありえなかった。しかし、カナートを所有する商人たちのリゾーム（根茎）的ネットワークの外側に置かれた人たちは、共同体的にまとまる余裕を持たないまま、数千年の間、放置されてきたのである。

## 東アジア・日本の水秩序

この東トルキスタンからイラン高原、アナトリアをへてマグレブ、モロッコに至る大乾燥地帯の水に対して性格を異にするのが、東アジア、江南、インドシナ半島から日本列島にかけてのモンスーン地帯の水である。この地帯においては、毎年一定の季節（日本の梅雨期など）に降雨がある。もちろん、黄河流域のようなモンスーンの末端では降雨が極めて不安定であるが、日本の日本海沿岸では梅雨は不充分でも豪雪地帯であるから、春と夏にかけての豊富な雪どけ水で河川はうるおう。

それでも不足の時期ができる地域では小河川の水を貯蓄した溜め池が利用されることもある。このような地帯での水をめぐる権利・紛争は、大河の治水やカナートの水からイメージされるものとは違ったものとならざるをえない。

モンスーン地帯での農耕は焼畑から始まったが、それが大展開するきっかけは水田の工夫であった。小河川の流域の氾濫地、葦原の「火耕水耨《かこうすいどう》」によって水田が造成され、生産の中軸となるのである。この場合、水をめぐる規制は小河川の水の取水の秩序をめぐって作られる。すなわち、河水は上流から下流へと常に流れているので、その河からの取水は上流か下流か、左岸か右岸かと対立する取水口の間で秩序が必要となるのである。この取水口の位置によって、例えば、上流の場合は水の取水において極めて有利で、河水の重要な部分を独占することすら可能となる。それ故、下流としては上流の取水を制限させなければならないので、上流の取水にはあえて漏水が出るよう堰を作らせなければならないところが紛争点となる。この場合、堰の造り方においてか、あるいは下流側が上流側に代償を支払う場合においてか、それぞれの領主による判断、裁定が求められる。堰の造り方をめぐっては、その素材の精粗や、河岸を深く掘って素面では見つからない河表面下の流水を取水する〈川浚《かわざら》え〉における距離も、交渉すべき点である。また、同一の取水口より取水するときには、引水の時間、順序を決める番水制が必要であるが、引水の切り換えにともなう隙間の水の帰属なども問題となりうるのである。

これら日本における水問題の展開は歴史に見られるものである。まず、日本における水の本源的開発にあたっては、小河川での中規模な作業が必要であるが、それは共同体によってあたることができたであろう。大和朝廷以降の律令体制のもとでは公地公民制がとられていたから、こうした問題は法的に官僚が処理すべきものであった。しかし実態はすでに奈良時代から形成され始めた荘園という私的なものとの間で、当然に紛争があったに違いない。したがって、律令体制が解体し始める平安初期に至ると対立が顕在化する。その代表的なものが境界論である。これは、土地は動かないものであり、紛争は一過性に終わりえないものであるから、執拗に再現するのである。この紛争は武力闘争に容易に発展しうるもので、一三世紀から一五世紀にかけての荘園文書には、この手の武力闘争に関する記述が枚挙にいとまがないほど散見される。

一五世紀から戦国大名により荘園体制が破壊されるようになると、彼らの力量によって、それまで村の規模では開墾が不可能であった海岸平野＝大河川の下流域にまで、用水による新田開発が行われるようになった。この段階になると、中世的な自力救済による実力行使が不可能になってゆく。豊臣政権のもとでは〈喧嘩御停止〉令が下され、例えば、文禄一（一五九二）年の摂津国の北郷《きたごう》水樋《みずひ》（北郷の用水）をめぐる紛争では、武力行使の禁止にそむいたとして八三名が処刑されている。幕藩体制のもとでは、処刑者を出すおそれのある用水をめぐる紛争は、隠蔽されることもあったにしろ、その数は少なくなったであろうし、水配分の規定が整備されることもあった。しかし、日本の稲作においては村レヴェルでの用水管理が徹底しており、官僚的支配は比較史的に薄弱であったから、多くは底辺農民の自治管理によって処理されていたのが特色であろう(11)。

## 国際化しようとする水紛争

西アジアと東アジアとは以上のような類型的相違があるが、二一世紀の今日、水をめぐる紛争は国際化しようとしている。二〇世紀後半においても、水の巨大な需要に応えるために、世界中において水力発電を含めたダムの建設をめぐって地域住民と建設者との間で紛争が頻発した。二一世紀には水は国家間の紛争の焦点になろうとしているのである。それはすでに始まっているが、世紀の進行とともにこの問題はますます深刻化してゆくであろう。

図48　イスラエル周辺図

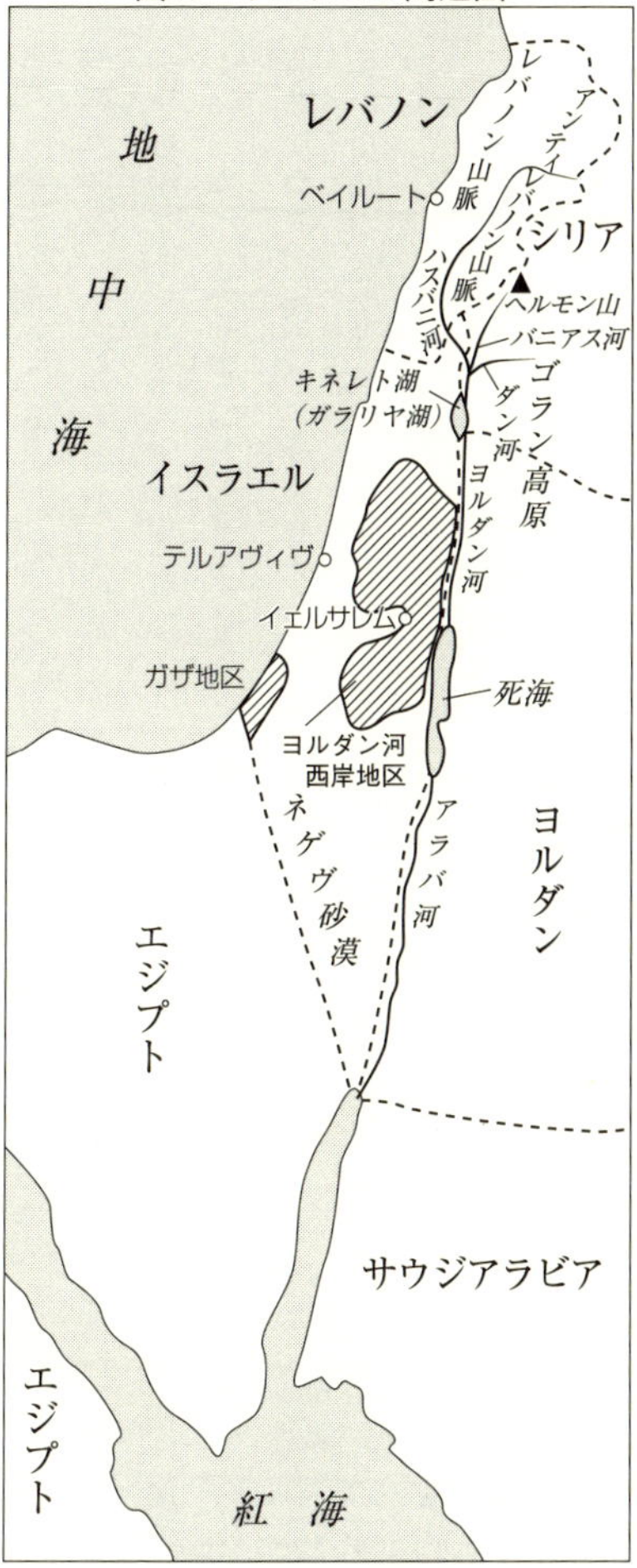

いや、ずっと以前から極めて重要な問題になっている例として、ヨルダン河の水が挙げられよう。この河の水源は、一つはハスバニ河で、シリアの西の国境地帯（アンティレバノン山脈）から発し、レバノンを流れる。さらにダン河とバニアス河は、ゴラン高原から発し合流して南へ流れ、地図の上ではシリアとイスラエルとの国境にあるキネレト湖（ガリラヤ湖）でまとまり、さらに南へヨルダン河となって、地図の上ではヨルダン領内を流れて死海に入るのである。このキネレト湖の水でイスラエルは用水の半部以上をまかなっている。テルアヴィヴやイェルサレムの二つの都市もこの水によって生活している。イスラエルの南部のネゲヴの荒野を開発しようにも、この水の限界まで使っているので、今のところ不可能である。イスラエル国家の死命を制しているのは、明らかにこのキネレト湖の水なのである。そこから南流するヨルダン河の流域の地方には帯水層があるが、このヨルダン河の西側はヨルダン領ではあってもイスラエル軍が占領したままになっている。おそらくここから彼らが撤退することはまずないであろう。

一九四八年にイスラエルの独立が承認されたとき、パレスティナが分割されたのであるが、言うまでもなく、それはパレスティナ人の反対を押し切ってのことであり、アラブ諸国もまた決して容認できないことであった。第一次中東戦争（一九四八〜四九）でアラブ軍はイスラエルに侵入したが逆に反撃され、四九年の停戦のときのイスラエルの占領地が事実上のイスラエル領となったのである。この結果はパレスティナ人にとって苛酷なものであるが、イスラエルにとっても国家の生命が関わっている現実なのである。この抜きさしならぬ対立の中で、一九六七年に第三次中東戦争が勃発し、イスラエルはヨルダン河西岸地区、ゴラン高原、ガザ地区を占領した。こうしてイスラエルはヨルダン河の水源であるヘルモン山まで確保し、ようやく国の安全を確保したが、以後、今日に至るまでイスラエル人とパレスティナ人との潜在的戦争状態は続いている(12)。

この解きほぐしがたい対決の土台にあるのは何よりもまず水問題である。イスラエルと中東のアラブ諸国を巻き込んでいるこの水問題は、二一世紀における国際的な水「戦争」の原点であり、原型となるものではなかろうか。ことは隣国エジプトでも起ころうとしている。エジプトは中東でも突び抜けて人口の多い国で、中東の漢族国家とたとえることができよう。九カ月ごとに一〇〇万人増えている国なのである。このエジプトの生命の柱に

図49　エジプト、エティオピア周辺図

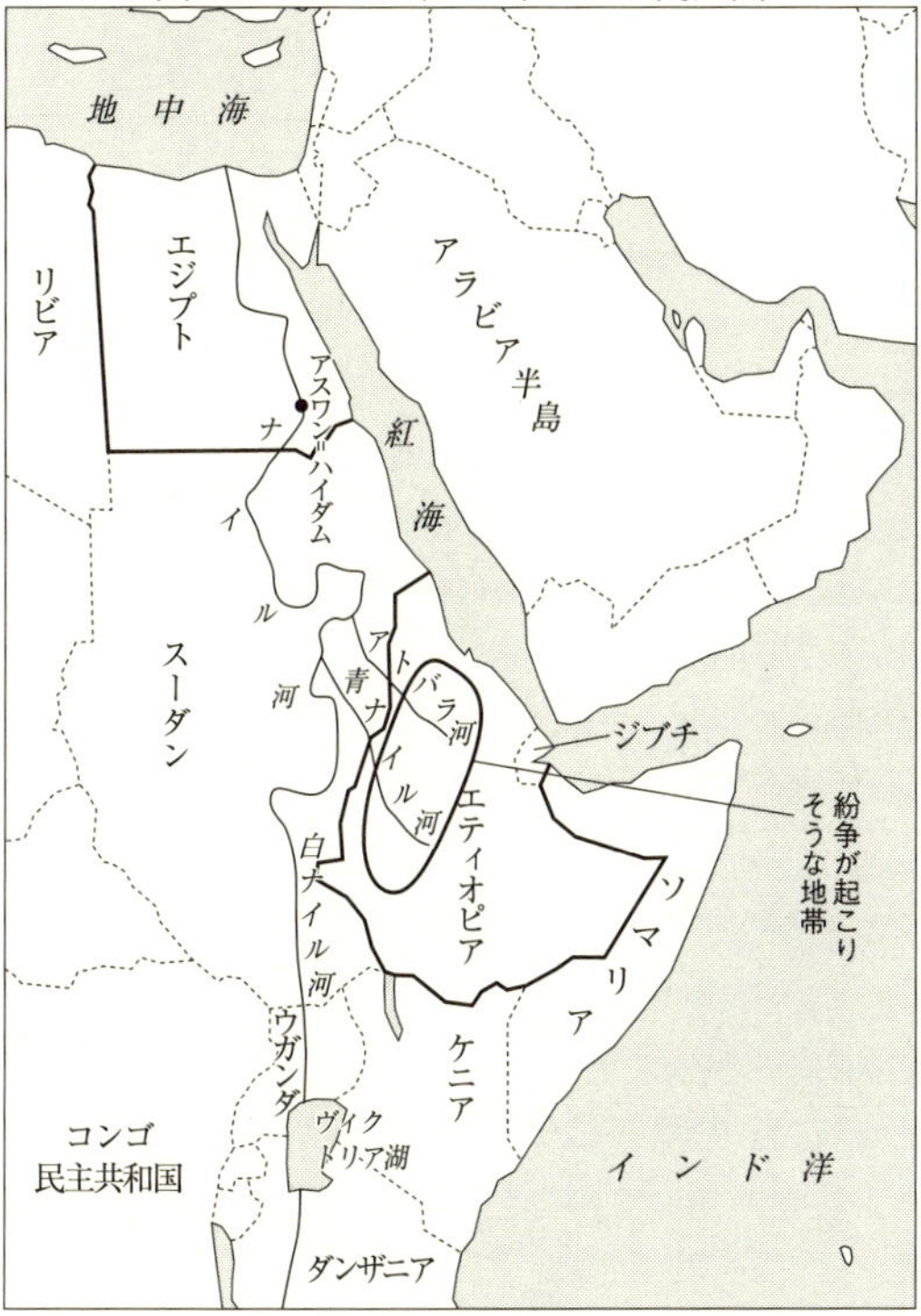

なっているのがナイル河で、全長六六九〇キロメートル、流域面積三〇〇万平方キロメートルのスケールは、長さでは世界第一、広さでも世界有数を誇る。最大の水源は白ナイル河で、タンザニアのヴィクトリア湖から流れている。他は青ナイル河とアトバラ河であるが、いずれもエティオピアの山脈から出発している（白ナイルの支流であるゾバト河の水源もエティオピア領にある）。まだ紛争は起こっていないが、エティオピアは領内の河水の開発計画を進めたことがあり、将来エジプトとの紛争の可能性は大きい。ナイル河がエジプトにとって大事なものであることは、先にもアスワン＝ハイダムの件で見たとおりであり、すでに極限までナイル河の水を使っているのであるから、ド＝ヴィリエが言うように[13]、エティオピアが人口増の結果として開発計画に着手したとき、紛争が起こり、問題が国際化するのは不可避である。

インド亜大陸においても紛争は起こっているし、これからも起こるであろう。それはインドとパキスタン、そしてインドとかつてパキスタンの東の部分だったバングラデシュ（一九七一年独立）との間においてである。国家と言ってもおかしくないほど大きなインドの州境間においては言うまでもない。これらの諸国における人口は今日でも巨大であるが、今後さらに爆発的に増大すると見られる。毎年、二〇〇〇万を超える人口が増大しているのである。インドとバングラデシュの間ではかつてガンジス河をめぐって紛争があったが（一九七七年暫定協定調印）、深刻となるのはこれからであろう。また、インドとパキスタンの間を流れるインダス河に関わる紛争は、今はおさまってはいるが、かつては激しかった。この地域で紛争がいち早く起こったのは、インド亜大陸北西部において「緑の革命」が成功したからである。「緑の革命」とは一九六〇年代からアメリカにより進められた低開発国における農業発展政策で、多収量品種の普及を中心に、大量の肥料、農薬、農業機械の充用、そして言うまでもなく灌漑の拡大による、伝統農業の革新を推進するものであった。それはとくにパキスタンとインドのインダス河の流域において成功したのである。インダス河の主流はパキスタンを縦断しているけれども、その支流であるサトレジ河、ベアーズ河、ラービ河はインド領内から発している。それ故、インドはこれら諸河の水をダムで囲い込み、ラジャスタン州、パンジャブ州、ジャム・カシミール州の農地で利用したのである。それは当然にインダス河の流量を減らし、パキス

図50　インド、パキスタン、バングラデシュ周辺図

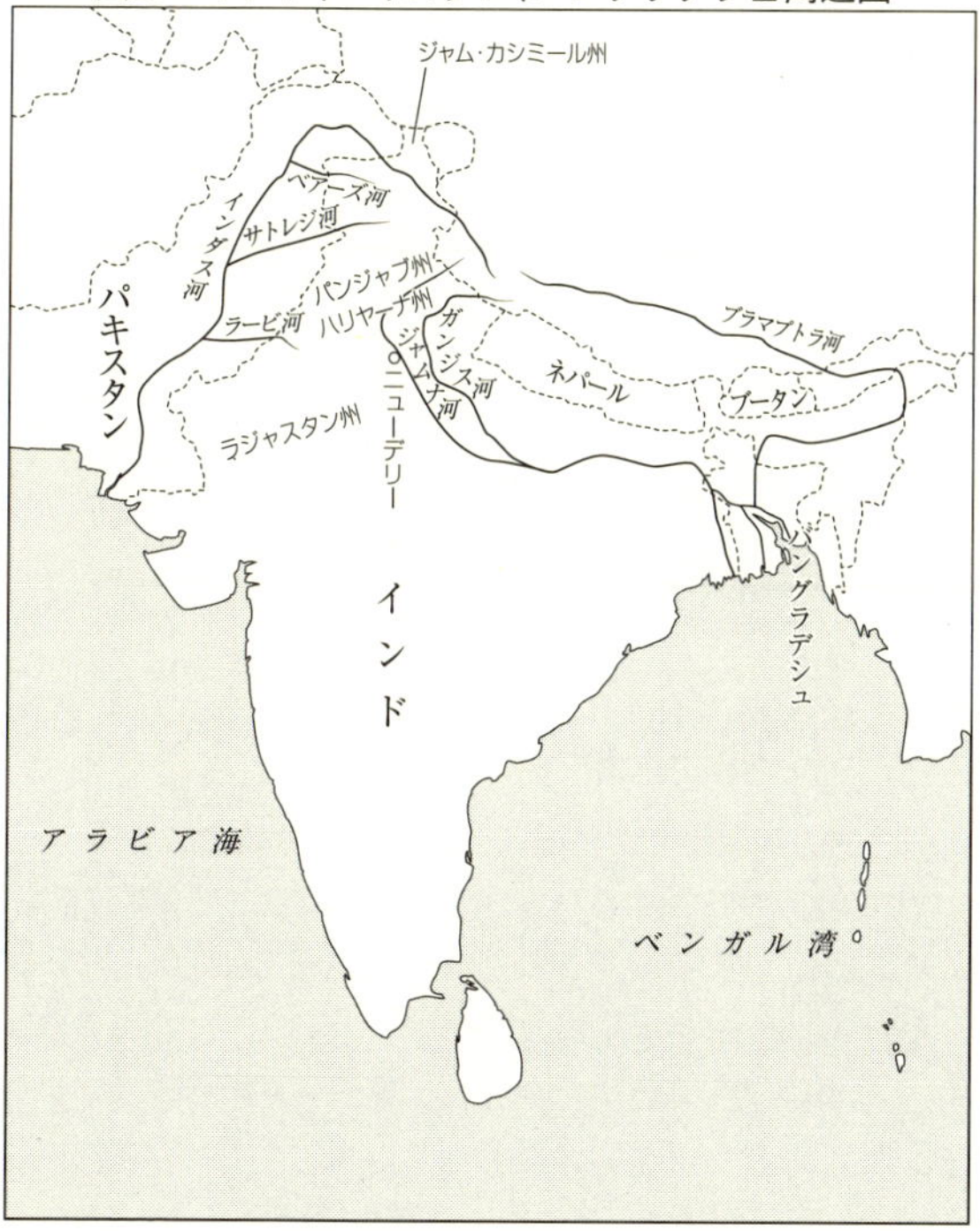

タンの利用できる水に打撃を与えるはずのものであるが、今問題はそれ以前にとどまっている。ここで紛争がおさまっているかに見えるのは、この地域のインド領内の住民であるシーク教徒が自国政府の政策に反対しているからである。実際、一九八二年には、ハリヤーナ州（ヒンドゥー教徒が多数を占める）に送水するサトレジ河とジャムナ河（ガンジス河の支流）との連結運河の起工式で、当時のインド首相インディラ・ガンジーがシーク教徒によって暗殺されている。まだまだ局地的で萌芽段階であるが、これは水問題が民族政治や民族主義と解きがたくもつれ合って国際情勢の不安定要因になりつつあることを教えるものである(14)。

二〇世紀においては石油が戦略物資となり、それが地球上偏在している資源であるところから、その相当量を保有している中東地域のイスラーム諸国に多大な富を集中させることとなった。これは、とりわけオスマン・トルコ帝国の解体（一九二二）に象徴される二〇世紀前半までにおけるイスラーム圏の衰退に歯止めをかけ、ムスリムを精神的に高揚させ、いくつかのムスリム国家を欧米と正面から衝突させるエネルギーとなった。かくして、イスラーム諸国の保持するエネルギー資源は国際情勢を決定する要因となったのであるが、この情勢は二一世紀においても引き続くのであろうか。

おそらく続くであろう。それはエネルギー源としての石油の役割が大きなものである限り、続くであろう。しかし、もしエネルギー問題が石油以外の資源によって解決される目途がついたなら、そのとき石油は第二次的な域に引き下がることになるかもしれない。ただ、これが国際問題の解決の一道程とはいささかもなりえないのは、二一世紀にはこれに水問題という大問題がかぶさってくるからである。しかもすべての人間の苦難のベースには人類の過剰人口がある。これは生物学的に必然の到達線ではあるが、人間の心理と精神を絶望的にまで険悪化させるおそれを持つものである。もちろん、これは必ずしも人類の絶滅ということではない。暴力の応酬、偽計、陰謀、妄想、錯乱、狂乱、自爆など、あらゆる悲惨と残虐はこれまでの人類史と同様であり、いささか規模を大きくするにすぎない。いくつかの人間集団（おそらくその主要なるものは民族であろうが）は、生き残りの道を発見するであろう。それが、ラクダが針の穴を通るようにむつかしいことであろうとも。

しかし、水という素材の重要性を軽く見てはいけない。人間は動物として成立して、まずその生活の場をテリトリー（領域）とした。ここから人間の相互関係の内外、裏表が生まれてくる。このテリトリーは人口の稠密化とともにだんだんと区分けされ、それぞれが占有、独占、所有されてゆくが、その歴史上の画期が水の利用の制度化であった。この制度のあり方で人間集団の構造まで決められたのである。最後にはこの水も商品化され、売買されたのであるが、さまざまな集団の内部では水の取り扱いには緩急があった。『日本人とユダヤ人』（一九七〇）の著者イザヤ・ベンダサンをして、日本人は水と安全をタダだと思っていると言わしめたくらいである（これは誤り。きびしい水争いはほんのこの間まであった）。ところが今や、水は世界的な戦略商品となろうとしている。

人間は賢明なリアリストにならなければならない。それも自らの浅はかな「美わしき」心情を誇りたい下心から、他人が必死にやっていることを「愚かな」とあざける程度のレヴェルの精神ではとうていものの役には立たないであろう。人間の心理には〈天使〉（愛）と〈悪魔〉（エゴイズム）とが共存している。自分が〈天使〉になったと感情が高揚したとき、背中にはぴったりと〈悪魔〉がはりついているのである。賢明であるとは、この人間の心理の両義性を直視することである。自動車のハンドル操作ように、道の左右の極限をはみ出さないことである。判断が左であれ、右であれ、一方にはみ出すことは側壁にぶつかって対極へと反転することになるのである。今日ほど判断におけるバランスが必要となっているときはない。

# 注

記述にあたっては、多くの先学の業績に学ぶところが多かった。とりわけ百科全書、なかでも平凡社版『百科全書』とEncyclopaedia Britanica（とくにそのMacropaedia の中の Public Works の項）に多大な恩を受けているが、若干の例を除いて注記しなかった。これは無視したということではなく、あまりに多くを学んだということであり、そのことをあらかじめ感謝の意をこめて明らかにしておく。その他は主に引用の出所の明示を中心に注記した。

**まえおき**

（1）石弘之『地球環境報告・Ⅱ』一九九八、岩波書店、四〇—四九頁。

（2）G・バシュラール（小浜俊郎・桜木義行訳）『水と夢——物質の想像力についての試論』一九六九、国文社、二四頁。

（3）同前書、二六頁。

**第1章　生命を支える水**

（1）H・クマー（水原洋城訳）『霊長類の社会』一九七八、社会思想社、一〇八頁。

（2）中村運『生命にとって水とは何か』一九九五、講談社。

（3）田中二郎『砂漠の狩人』一九七八、中公新書、六四—六五頁。

（4）Aran A. Yengoyan, "Demographic and Ecological Influences on Aboriginal Australian Marriage Sections", in Richard B. Lee and Invore (ed.), *Man the hunter*, 1972, Aldine Publishing, New York, p. 180.

（5）James Woodburn, "An Introduction to Hadza Ecology", in Lee & Devore (ed.), *op. cit.*, p. 50.

（6）森浩一『考古学入門』一九七〇、保育社、一一四—一三〇頁。

（7）各地のカナートについては、小堀巌『乾燥地域の水利体系』一九九六、大明堂。

## 第2章　生産のための水

（1）鈴木秀夫『風土の構造』一九八八、講談社学術文庫、二二一―四一頁。
（2）鈴木秀夫・山本武夫『気候と文明・気候と歴史』一九七八、朝倉書店、一八頁。
（3）同前書、一九頁。
（4）K. A. Wittfogel, *Oriental Despotism. A Comparative Study of Total Power*, 1957, Yale Univ. Pub.（拙訳『オリエンタル・デスポティズム』一九九一、新評論）。
（5）中島健一『古代オリエント文明の発展と衰退』一九七三、校倉書房、六一頁。
（6）同前書、八九頁。
（7）同前書、九四頁。
（8）拙著『環境と文明』一九九三、新評論、五五―六二頁。
（9）中島健一『灌漑農法と社会＝政治体制』一九八三、校倉書房、八〇―九〇頁。
（10）上野登『人類史の原風土』一九八五、大明堂、九五―一〇五頁。
（11）同前書、九四頁。K. W. Butzer, *Early Hydraulic Civilization in Egypt*, 1976, Chicago よりの引用。
（12）岡田英弘『倭国の時代』一九七六、文藝春秋社、一九七―二〇四頁。同じく「東アジア大陸における民族」『民族の世界史』第五巻、一九八三、山川出版社。
（13）西山武一『アジア的農法と農業社会』一九六九、東京大学出版会、九―一四頁。
（14）中島健一『河川文明の生態史観』一九七七、校倉書房、一六五―一七一頁。
（15）上野前掲『人類史の原風土』一七〇―一七三頁。
（16）中島前掲『灌漑農法と社会＝政治体制』一八二―一九五頁。
（17）冀朝鼎（佐渡愛三訳）『支那基本経済と灌漑』一九三九、白楊社。
（18）貝塚茂樹『中国古代再発見』一九七九、岩波書店。
（19）渡辺忠世『稲の道』一九七七、ＮＨＫブックス。
（20）飯塚勝彦『長江物語』一九九九、大修館書店。

(21) 安田喜憲『古代日本のルーツ・長江文明の謎』二〇〇三、青春出版社。ほか多数。

(22) 宮川省志「南方の開発」一九五二、新講座『地理と世界の歴史』「アジア篇」上、雄洋社、一二一頁。

(23) 高木桂蔵『客家』一九九一、講談社。

(24) W・H・マクニール(佐々木昭夫訳)『疫病と世界史』一九八六、新潮社、八三―八九頁、二八二―二八三頁。

(25) 天野元之助『中国農業史研究』一九六二、御茶の水書房、九三頁。

(26) 北田英人「唐代江南の自然環境と開発」一九八九、「シリーズ世界史への問い」第一巻『歴史における自然』岩波書店、一四一―一七四頁。

(27) 河上光一『宋代の経済生活』一九六六、吉川弘文館、三二―七五頁。

(28) 中国研究所編『中国の環境問題』一九九五、新評論、二七五―二七八頁。

(29) 北支那開発株式会社調査課訳編『支那の水利問題』下巻、一九三八、興中公司大阪出張所、七八―一七八頁。

(30) 栗原藤七郎『東洋の米、西洋の小麦』一九六四、東洋経済新報社、四三―一一一頁。この問題を詳論したのが安田喜憲である。例えば、安田喜憲『環境考古学事始』一九八〇、日本放送出版協会、とりわけ二三八～二四二頁。

## 第3章　天水農法の展開

(1) 中尾佐助『現代文明のふたつの源流――照葉樹木文化・硬葉樹木文化』一九七八、朝日新聞社、三八頁。

(2) この問題は拙者が脱稿(二〇〇〇年)した仕事『言葉による世界史』(仮題、東洋書林・予定)で取り扱っている。

(3) G. E. Russell, "Farming systems of the Classical Era", *Technology and Culture*, vol. 8, 1967, pp. 19 sq..

(4) J. D. Hughes, *Ecology in Ancient Civilizations*, 1995, Albuquerque, pp. 133–134.

(5) J. D. Hughes & J. V. Thirgood, "Deforestation in

Ancient Greece & Rome, A Cause of Collapse", *The Ecologist*, vol. 12, 1982, p. 197–199.
（6）プラトン（種山恭子訳）『クリティアス』（『プラトン全集』第一二巻）一九七五、岩波書店、二三〇頁。
（7）Livius, 9. 36. 1.
（8）H. C. Darbey, "The Clearance of the Woodland in Europe", In W. L. Thomas (ed.), *Man's Role in Changing the Face of the Earth*, 1956, Chicago, pp. 184–186.
（9）Vitruvius, *De Architectura*, 8. 1. 6-7.
（10）J. D. Hughes & J. V. Thirgood, *op. cit.*, pp. 202 sq..
（11）佐々木博『ヨーロッパの文化景観——風土、農村、都市』一九八六、二宮書房、一八—二五頁。
（12）カエサル（田中秀央訳）『ガリア戦記』一九四二、岩波書店。
（13）タキトゥス（田中秀央・泉井久之助訳）『ゲルマーニア』一九五三、岩波書店、三二頁。
（14）W. M. S. Russell, *Mas, Nature and History*, Aldus Books, London, 1967, p. 36–42.
（15）W. M. S. Russell, *op. cit.*, pp. 168 sq..
（16）リン・ホワイト（内田星美訳）『中世の技術と社会変動』一九八五、思索社、六八—九三頁。
（17）M. Bloch, *Les caractéres originaux de l'histoire rurale française*, 1931, A. Colin, Paris（河野健二・飯沼二郎訳『フランス農村史の基本的性格』一九五九、創文社）。
（18）遠山茂樹『森と庭園の英国史』二〇〇二、文藝春秋社、一〇四—一〇五頁。
（19）川崎寿彦『森のイングランド』一九八七、平凡社、六二—六六頁。
（20）今野国雄『修道院』一九七一、近藤出版社、二一八頁。
（21）W. M. S. Russell, *op. cit.*, p. 193–194.
（22）J・スタインベック（大久保康雄訳）『怒りの葡萄』一九五三、新潮社、一六頁。
（23）アメリカ農務省編（唯是・篠原訳）『食糧超大国の崩壊』一九八二、家の光協会、一六六—一六九頁。

(24) F・M・ラッペ&J・コリンズ（鶴見宗之介訳）『世界飢餓の構造』一九八八、三一書房、七一頁。
(25) アメリカ農務省編前掲『食糧超大国の崩壊』一七四頁。
(26) K・A・ウィットフォーゲル（拙訳）『オリエンタル・デスポティズム』一九九一、新評論、四六八―四七六頁。
(27) G. L. Ulmen, The Science of Society, Toward on Understanding of the Life and Works of Karl August Wittfogel, 1978, Columbia Univ. Press, p. 245（亀井兎夢監訳『評伝ウィットフォーゲル』一九九五、新評論、三六五頁）。
(28) 拙著『経済人類学序説――マルクス主義批判』一九八四、新評論。
(29) 増田精一『古代オリエントの神々』一九九四、弥呂久、一二一―一五三頁。
(30) ウィットフォーゲル前掲『オリエンタル・デスポティズム』二五三頁。
(31) 高谷好一「アジア稲作の生態的構造」高谷編『アジア稲作文化の展開』（渡部忠世責任編集『稲のアジア史』第二巻所収）一九八七、小学館、三五〇―三五三頁。
(32) 海田能宏「〈水文〉と〈水利〉の生態」福井捷朗編『アジア稲作文化の生態基盤』（渡部忠世責任編集同前書第一巻所収）七七―一〇〇頁。
(33) 同前論文、八四頁。
(34) E. R. Leach, "Hydraulic Society in Ceylon", *Past and Present*, no. 15, April 1959, p. 9.
(35) 海田前掲「〈水文〉と〈水利〉の生態」九〇―九五頁。
(36) 同前論文、九三頁。
(37) 後藤章「カンボジア・アンコール地域の灌漑水利様式」藤田和子編『モンスーン・アジアの水と社会環境』二〇〇二、世界思想社、一五頁。
(38) 海田前掲「〈水文〉と〈水利〉の生態」八九頁。
(39) 石澤良昭「アンコール朝水利都市を考察する」藤田編前掲『モンスーン・アジアの水と社会環境』二五―五五頁。
(40) 同前論文、五一頁。

(41) 田中耕司「稲作技術の類型と分布」渡部責任編集前掲『稲のアジア史』第一巻所収、二一三―二七六頁。
(42) 応地利明「犂の系譜と稲作」同前書第一巻所収、一六七―二一二頁。
(43) 古島敏雄『土地に刻まれた歴史』一九六七、岩波書店。
(44) 同前書、三二―三三頁。
(45) 田中前掲「稲作技術の類型と分布」二二四頁。
(46) 古島前掲『土地に刻まれた歴史』四一―四二頁。
(47) 同前書、四六―四七頁。
(48) 同前書、五二頁。
(49) 同前書、六七頁。
(50) 同前書、七二―七三頁。
(51) 内藤湖南『日本文化史研究』下、一九七六、講談社学術文庫。例えば、次のような文章を見よ。「応仁時代というものは、今日過ぎ去ったあとから見ると、そういう風ないろいろの重大な関係を日本全体の上に及ぼし、ことに平民実力の興起においてもっとも肝腎な時代で、平民のほうからはもっとも謳歌すべき時代であるといっていいのであります。［行かえ］それと同時に日本の帝室というような日本を統一すべき原動力からいっても、たいへん価値のある時代であったということはこれを明言して妨げなかろうと思います」（下、八六頁）。
(52) 佐藤常雄・大石慎三郎『貧農史観を見直す』一九九五、講談社現代新書、二八―二九頁。
(53) 同前書、二八頁。
(54) 農業土木歴史研究会編『大地への刻印――この島国は如何にして我に生存基盤となりうるか』一九八八、公共事実通信社、一三八―一三九頁。
(55) 古島前掲『土地に刻まれた歴史』一六三―一六四頁。
(56) 農業土木歴史研究会編前掲『大地への刻印』一七〇頁。
(57) 菅洋『稲』一九九八、法政大学出版会、一一三頁。
(58) 同前書、一一三頁。
(59) 同前書、一一四頁。

(60) 佐藤洋一郎「日本におけるイネの起源と伝播に関する一考察──遺伝学の立場から」『考古学と自然科学』二二三号、一九九〇（管同前書、一一三─一一五頁より引用）。

(61) 菅前掲『稲』四〇頁。

## 第4章　都市の水

(1) 岡崎正孝「カナート」板垣雄三・後藤明編『事典イスラームの都市性』一九九二、亜紀書房、三九〇─三九一頁。

(2) M. Petit, "L'irrigation à Goumrân", dans J. Metral et P. Sanlamlaville (ed.) *L'Homme et l'Eau en Mediterranée et au Proche Orient*, 1981, Presses Universitaires de Lyon. p. 85–101.

(3) 河野与一訳『プルターク英雄伝』第一巻、一九五二、岩波書店。

(4) J. D. Hughes, *op. cit.*, p. 77–88；Albert Argoud, "L'Alimentation en eau des villes grecques", dans J. Metral et P. Sanlamlaville (ed.) *op. cit.*, pp. 69–82. イバン・イリイチ（伊藤るり訳）『$H_2O$と水』一九八六、新評論、八五─八六頁。

(5) 鯖田豊之『水道の思想』一九九六、中公新書、二六─三五頁。川添登『裏側からみた都市──生活史的に』一九五二、日本放送出版協会、八八─八九頁。

(6) N. A. Ziadeh, *Urban Life in Syria under the early Mamluks*, 1953, West Point, p. 91.

(7) S・フンケ（高尾利数訳）『アラビア文化の遺産』一九八一、みすず書房、一一三頁。

(8) G. T. Scalon, "Housing and sanitation：Some Aspects of Medieval Isramic Public Service", In A. H. Hourani & S. M. Stern (ed.), *The Islamic City. A Colloquium*, 1970, Oxford U. P., pp. 188–192.

(9) 内藤正典「シリアの給排水」板垣・後藤編前掲『事典イスラームの都市性』三八八─三八九頁。

(10) 同前書、六七九頁。

(11) 那波利貞「支那既往の都市と上下水道の問題」『歴史教育』二七巻、一九三一、三・四号。

(12) 小竹文夫『支那の自然と文化』一九四七、弘文堂、九六─九七頁。

（13）伊藤好一『江戸上水道の歴史』一九九六、吉川弘文館、一〇四頁。
（14）山本豪「日本の水道史」ＫＢＩ出版編『水の生活文化史・水の博物館』一九九四、ＫＢＩ出版。
（15）川添前掲『裏側からみた都市』一七―三七頁。
（16）上野前掲『人類史の原風景』一〇六―一三頁。cf. G. F. Dales, "The decline of the Harappans", *Scientific American*, vol. 214, no. 5. May 1966, pp. 93-100.
（17）川添前掲『裏側からみた都市』三八―四八頁。
（18）同前書、五八頁。
（19）同前書、五六―六七頁。
（20）鈴木・山本前掲『気候と文明・気候と歴史』三四―四八頁。
（21）川添前掲『裏側からみた都市』六七―六八頁。
（22）アリストテレス（村川堅太郎訳）『アテナイ人の国制』一九八〇、岩波書店、八五頁。
（23）J. D. Hughes, *op. cit.*, p. 83-84.
（24）川添前掲『裏側からみた都市』八五―九三頁。
（25）同前書、九五頁。cf. Alain Malissard, *Les Romains et l'Eau*, 1994, Les Belles Lethes.
（26）ジェルネ（栗木一男訳）『中国近代の百万都市』一九九〇、平凡社、四六頁。
（27）南和男『江戸っ子の世界』一九八〇、講談社、一八―一九頁。石川英輔『大江戸リサイクル事情』一九九四、講談社、一二八―一四六頁。
（28）鯖田前掲『水道の思想』三九―七五頁。
（29）三浦豊宏『快適環境のフォークロア』一九九三、労働科学研究所出版部、一一六―七頁。
（30）拙著前掲『環境と文明』二〇五―二〇六頁。
（31）同前書、二〇七頁。
（32）イギリス、ロンドンについての詳細な記述は、ヒックス（岩城英夫訳）『土と水と文明』一九七七、紀伊國屋書店、四四―五五頁。
（33）鯖田前掲『水道の思想』六八頁。
（34）鯖田豊之『都市はいかにしてつくられたか』一九八八、朝日選書、三六―三九頁。
（35）同前書、四六―四七頁。
（36）同前書、一四五―一四七頁。
（37）鯖田前掲『水道の思想』一七五頁。

(38) 同前書、一〇九―一一〇頁。
(39) 鯖田前掲『都市はいかにしてつくられたか』一一九頁。
(40) 同前書、九二―九三頁。
(41) 同前書、九四―九五頁。

## 第5章　水によるアメニティ

(1) ジャック・ブノア＝メシャン(河野・横山訳)『庭園の世界史』一九九八、講談社学術文庫、一九頁。
(2) 関口鍈太郎監修『造園技術大成』一九七八、養賢堂、一二二頁。岡崎文彬『ヨーロッパの造園』一九六九、鹿島出版会、九―四五頁。
(3) イー・フートゥアン(片岡しのぶ・金利光訳)『愛と支配の博物史』一九八八、工作舎、七〇―七一頁。
(4) 同前書、六八頁。
(5) 伊原弘『中国中世都市紀行』一九八八、中央公論社、一八六―二一〇頁。
(6) 伊原弘『蘇州』一九九三、講談社、一八六―一九一頁。
(7) 片倉もとこ『イスラームの日常世界』一九九一、岩波新書、五五―五六頁。
(8) 杉田英明『浴場から見たイスラーム文化』一九九四、山川出版社。
(9) 江夏弘『お風呂考現学』一九九七、TOTO出版、一八―二五頁。
(10) 大場修『物語ものの建築史――風呂のはなし』一九八六、鹿島出版会、五九―六二頁。
(11) ウラディミール・クリチェク(種村季弘・高木万里子訳)『世界温泉文化史』(原名は『世界癒しの湯文化史』)一九九四、国文社。
(12) 同前書、三一八頁。
(13) 同前書、三二九頁。
(14) 同前書、三八五―三八六頁。
(15) 同前書、三八六頁。
(16) フックス(安田徳太郎訳)『風俗の歴史』第九巻、一九五九、光文社、一六九頁。
(17) 拙著『フランス料理を料理する』二〇〇二、洋泉社、五九―六一頁。

## 第6章　利用される水

(1) Maurice Daumas, "A History of Technology & Invention, Pregress through the Ages", *translated by E. B. Hennessy*. vol. I, 1962, p. 106.
(2) M. Daumas, *op. cit.*, p. 107.
(3) 平田寛『失われた動力文化』一九七六、岩波書店、一三〇頁。
(4) 同前書、一三八―一四〇頁。
(5) A・パーシー（林武監訳・東玲子訳）『世界文明における技術の千年史』二〇〇一、新評論、七四―七六頁。
(6) 平田前掲『失われた動力文化』一四八頁。平凡社『大百科事典』第七巻、富岡倍雄論文、一四二頁。
(7) 西嶋定生『中国経済史研究』一九六六、東京大学出版会、二三五―二七五頁。
(8) 同前書、二四四―二五二頁。
(9) 天野前掲『中国農業史研究』八八七―八九三頁。
(10) 平田前掲『失われた動力文化』一六七―二〇〇頁。パーシー前掲『世界文明における技術の千年史』八八頁。
(11) 門脇重道『技術発達史とエネルギー・環境汚染の歴史』一九九〇、山海堂、八九―九四頁。
(12) 「大運河」の全貌は、星斌夫『大運河――中国の漕運』一九七一、近藤出版社で知ることができる。
(13) 拙著前掲『環境と文明』一三六―一三八頁。
(14) R. Y. Rummel, *China's Bloody Century*, 1991, Transaction Pub., pp. 116–117.
(15) 拙稿「アスワン・ハイダムの教訓――文明の発展と文化遺産」講座『文明と環境』第一二巻、一九九五、朝倉書店、二〇九―二一三頁。
(16) 拙著前掲『環境と文明』一〇〇―一〇一頁。
(17) ヘロドトス（松平千秋訳）『歴史』上、一九七一、岩波書店、二二〇頁。
(18) Norman Smith, *A History of Dams*, 1971, Peter Davis, pp. 5–6.
(19) N. Smith, *op. cit.*, pp. 8–14.
(20) N. Smith, *op. cit.*, pp. 15–20.

（21） M. S. Randhawa, "A History of Agriculture in India", *Indian Council of Agricultural Research*, New Delhi, vol. I, 1980, p. 259.
（22） M. S. Randhawa, *op. cit.*, p. 286.
（23） カウティリヤ（上村勝彦訳）『実利論』上、一九八四、岩波書店、一八九―一九〇頁。
（24） M. S. Randhawa, *op. cit.*, p. 406.
（25） M. S. Randhawa, *op. cit.*, pp. 437–446.
（26） *Macropaedia Britannica* の Public Works の項（P. 357）。
（27） N. Smith, *op. cit.*, pp. 56–57.
（28） N. Smith, *op. cit.*, p. 59.
（29） N. Smith, *op. cit.*, p. 76.
（30） N. Smith, *op. cit.*, pp. 79–98.
（31） N. Smith, *op. cit.*, pp. 63–64.
（32） N. Smith, *op. cit.*, p. 64.
（33） N. Smith, *op. cit.*, pp. 71–72.
（34） N. Smith, *op. cit.*, p. 89.
（35） N. Smith, *op. cit.*, p. 97.
（36） N. Smith, *op. cit.*, pp. 99–100.
（37） N. Smith, *op. cit.*, p. 104.
（38） N. Smith, *op. cit.*, p. 108.
（39） N. Smith, *op. cit.*, p. 112.
（40） N. Smith, *op. cit.*, p. 115.
（41） Macropaedia Britanica の Public Works の項（pp. 357–358）。

### 第7章　現段階の水問題

（1） 石弘之『地球環境報告Ⅱ』一九九八、岩波書店、四〇―四九頁。
（2） マルク・ド・ヴィリエ（鈴木主税・佐々木ナンシー・秀岡尚子訳）『ウォーター――世界水戦争』二〇〇二、共同通信社、四二二頁。
（3） 拙稿前掲「アスワン・ハイダムの教訓」二〇九頁。
（4） 鷲見一夫・胡暐婷『三峡ダムと移民移転問題』二〇〇三、明窓出版に詳細に説明されている。
（5） レスター・R・ブラウン（今村奈良臣訳）『だれが中国を養うか』一九九五、ダイヤモンド社。
（6） 拙著『文明の人口史』一九九九、新評論、三九三―三九四頁。
(7) ブラウン前掲『だれが中国を養うか』八一頁。
(8) ブラウン前掲『だれが中国を養うか』八一―八二頁。
(9) Joseph Schacht, *Introduction to Islamic Law*, 1964, Oxford, Clarendon Press, pp. 142-143.
(10) ムハンマド・バーキルッ＝サドル(黒田寿郎訳)『イスラーム経済論』一九九三、未知谷、二七〇―二七三頁。
(11) 土田啓志『水争い』一九七八、講談社現代新書。
(12) ド・ヴィリエ前掲『ウォーター』三〇三―三二八頁。
(13) 同前書、三二九―三四一頁。
(14) 同前書、四〇〇―四一八頁。

# あとがき

まだまだいくつも仕上げたいテーマがあるし、それをやりとげたい執念はあるのだが、やりおえた仕事が、いつ人生最後の仕事となってもおかしくない年齢になったので、あえて書いておく。著者は自著の解説をすべきではないという心構えよりすれば、それはみっともないことであるのは承知のうえで、この仕事『文明の中の水』が意図したところを端的にメモしておきたいのである。

この本は、人間が地球のうえで、地球によって生きている事実に人類を覚醒させるために書いた。こんな当たり前のことを一冊を使って説明する必要があるかという疑問が出てくるかもしれないが、私にとっては〈必要〉だったのだし、いま本書を書きおえてのちも、気がかりなことが残るのだから、この「あとがき」を書いているわけである。

この気がかりなことは一九九三年に『環境と文明』を発表し、さらに九九年に『文明の人口史』を書いてから、ふつふつと沸きあがってきたものである。この二冊で人類と環境との関係を取り扱ったけれども、結局、環境の中での文明の型を説明したにすぎなかったのではないか。次の一歩を進めるとすれば、文明に閉じ込められた地球が、象徴的には水が、文明を突き破るだけのエネルギーを備えているものとして明示されねばならないのではないか。この気がかりに結着をつけるために構想し、山田さんに見てもらったプランが「水の歴史」（仮題）である。かくて書き始めたのであるが、どうしても書き続けられなくて、この提案から一度は下りざるをえなくなったのである。

あれから数年、しかし私は〈水〉のテーマを捨てたわけではない。実はこの間、叙述の仕方で七転八倒の思いをしていたのである。ウェーバーの宗教社会学論集に学んだ前二者を越えるためにブローデルの方法を検討したり、ヌーヴォー＝ロマンやポストモダンの哲学に学ぼうとしたり、いろいろやってみたが、なかなか編別構成にまとめるに至らなかった。最後にしがみつくこととなったのは『資本論』である。本書第Ⅰ章から第Ⅲ章までは『資本論』の第一巻、第Ⅳ章と第Ⅴ章は第二巻、第Ⅵ章と第Ⅶ章は第三巻と言うと、自分でもコジ付けと思われるのではないかという不安が残るが、これで私の気持を落ち着けることができ、とにかくも書きおえることができたというのが現実である。方法論論議は絶対にかくしておきたいという気持から、このことは本文ではまったく伏せられている。水をめぐる雑談集として気軽に読みながらしてもらっても結構という思いで書いた。それでレトリックもそのように使ったし、イラストを書くというコッパズカしいことも気楽にできたのである。

ここまで打ちあけた以上、もう少し書く。この本の方法は、気取っていえば、アルテュセール（グラムシ）の「重層的決定」の概念を適用したものである。とはいえ、このことを揚言するだけの自信があるわけではない。これを私の方法として押し出すためには、別の対象に適用して確かめることも必要であろう。例えば、〈食物―環境―人口史〉といった三角形などは〈重層的決定〉の切れ味をもっと積極的に明らかにしてくれるかもしれない。

さらにここで付言しておきたいのは、〈人間と環境との関係〉を対象として考えるためには、事実を正確に観測しておかなければならないが、何を観測するかは人間の視点で決まることである。つまり、観測されたデータは人間の視点によって決まる。しかも、この視点は「世界の認識像」（鈴木秀夫）によって作られるのである。

この「世界の認識像」はフーコー流に裏返せばエピステーメーということになろうが、鈴木氏のこの言葉は『氷河時代』（一九七五）に出てくるものである。この本で鈴木氏は一九六〇年代から七〇年代にかけて流行していた「小氷期の第四波」説に左袒されることなく、長期的には地球は確実に次の氷河時代に向かっていると主張されている。それはいま流行の「地球温暖化」説といっけん対立しているかのように見えるが、「地球温暖化」を短期あるいは中期のこととすれば競合するわけではない。そもそも鈴木氏の所説の焦点は、確実な資料だけではなく、「世界の認識像」が重要であるとするところにある。それに、氏自身が世界（地球）の当面する将来についての認識像を仮説として提出されているのである。あえて仮説と念を押したうえで認識像を組み立てられているのである。それはスリルいっぱいの仕事であり、いま求められているのはこの種の言説である。

私としては、氷河時代が近いという地球の認識像の中で地球温暖化を考える複眼的イメージに魅力を感じているところである。もちろん、いま始まったばかりの温暖化対策に反対するわけではないが、より一歩、視野を深めるとき、対策もスリルいっぱいなものとなるべきではないかと考えている。すなわち、大勢はまだそれほど本気ではなく、周囲の「切実」な要求に押しながされそうなものでしかないとしても、とにかくこの路線をいつまでも真面目に（愚直に）やっていると、突如として仰天するような新事態にぶつかることもあるのではないかということである。

これに対しては、抽象的に言えば、時の流れのレヴェルを短期、中期、長期と峻別したうえでその相互連関を考える思考と、転回点に立ったときに機敏に大胆に対応する決断力が求められることになろう。より具体的に言えば、いま「温暖化」はエネルギー源（石油、天然ガス、原子力など）の問題としてとらえられているが、そのかぎりでは文明はこれに技術的に対応することで持ちこたえることができよう。しかし、もっと事態が深刻化して、ことにエネルギー源どころではなくなる時代がくるかもしれない。それは「大地が裂け、水が噴出する」ときである。そもそも温暖化によって極地の氷河が融けて、海水面が上昇するということは土地の問題ではなく、水の問題である。当然そこに至るまでの気候の激烈な変化は、文明の時間の秩序をメチャメチャにしてしまっているはずである。

「地球温暖化」は気候の問題である。近代文明は人間の手にはこれまでとどかなかった気候という次元の事柄に、二酸化炭素という温室効果を持ったガスをテコに制御しようとしている。しかし、省エネといった策だけで気候を動かすことができるであろうか。エネルギー源がいつまでも環境問題の主役であるわけにはいかないのである。やがて水の問題が噴き出すであろう。そのとき、気候の問題のレヴェルが、あっと言う間に、長期的なレヴェルのものになっているという可能性が充分にある。

鈴木氏によれば、ヴュルム氷期は一万年前に終わり、六〇〇〇年前から高温期（ヒプシサーマル期）に入り、それが二〜三〇〇〇年続いて、この間に文明が生まれたという。それ以後、地球は寒暖を繰り返しながら、近世の寒冷期をすごして現代に向かい、アメリカ的生産様式を生み出したのであるが、その近代の文明の手法で気候の大きな変化を切り抜けることはむつかしい。この難題に対処するためには、少なくとも『気候変化と人間——一万年の歴史』（鈴木、二〇〇〇）ぐらいの展望がいるのではないか。いや、氷河時代を視野に入れれば、耕地が砂漠になり、砂漠が緑地になり、熱帯林が草地になり、温帯が寒帯になり、熱帯が温帯になるといった変化を人類史は経験してきたし、おそらくこれからも経験するであろう。したがって、オリエント→地中海世界→西ヨーロッパ→アメリカ→世界という文明の継承関係を、そのまま間氷期の人類の文化的進化の王道であるとは言いかねるのである。〈人間と環境との関係〉を考える以上はここまで踏み込むべきであったが、私の非力からできなかった。後学が課題として受け取ってくだされば、幸甚の至りである。

なお、本書を発表することができたのは、（株）新評論、山田洋さんのひとかたならぬ御尽力のおかげである。この場をかりて、あつく御礼申上げたい。

二〇〇四年八月末日

湯浅赳男

| メソポタミア | ペルシア | インド | 東南アジア | 中　国 | 日　本 |
|---|---|---|---|---|---|
| | 時 | | 代 | | ） |
| | 到 | | 来 | | ） |
| 始 | ま | | る | ） | （ |
| | | | | | 縄 |
| シュメール王朝 | | インダス文明<br>アーリア族の侵入 | | 周殷文明 | 文<br>時 |
| | メディア独立 | マガダ国 | | | 代 |
| （アケメネス朝）<br>時代） | | マウリア朝 | | 秦漢帝国始まる | ）<br>（<br>弥 |
| | サーサーン朝 | | | 漢滅亡 | 生<br>時<br>代 |
| | | グプタ朝 | 越人の南下 | | ） |
| | | | | 南北朝時代 | 古代国家 |
| イスラーム化 | イスラーム化 | | | | |
| | | | | 唐全盛 | 日本国成立 |
| | | 半分イスラーム化 | | 宋時代 | |
| | イル・ハーン国 | | | 元時代 | |
| | | | タイ族の南下 | 明時代 | |
| | | | | | 荘園制度の崩壊 |
| | サファヴィ朝 | ムガール朝 | | | |
| ルコ朝） | | | | | |
| | | | | 清時代 | 江戸時代 |
| | | ムガール朝滅亡 | タイを除き植民地化 | | 明治維新 |

## 世界文明史年表（本書の視点から見た大筋の流れ）

| | 北アメリカ | 西ヨーロッパ | イベリア半島 | 地中海世界 | エジプト |
|---|---|---|---|---|---|
| | （ | | 氷 | | 河 |
| | （ | | 人 | | 類 |
| 前12000 | | （ | 農 | | 耕 |
| 前5000 | （南北アメリカに諸文明生まれる） | | | | |
| 前3000 | | | | | 古王国時代<br>中王国時代<br>新王国時代 |
| 前1000 | | ガリア・ローマ化 | ローマ化 | ギリシア二圃制<br>ギリシア古典期<br>ローマ始まる | （ヘレニズム |
| 0 | | | | 西ローマ帝国滅亡 | |
| 500 | | カロリンガ時代 | イスラーム化 | ビザンツがんばる | イスラーム化 |
| 800 | | 三圃制農法の推進 | | | |
| 1000 | | 十字軍始まる<br>13世紀ルネサンス | | | |
| 1300 | コロンブス・アメリカ到着 | ペスト流行<br>ルネサンス | レコンキスタ終了 | ビザンツ帝国滅亡<br>イタリア・ルネサンス | |
| 1500 | | 絶対王制 | イベリア諸国全盛 | | （オスマン・ト |
| 1600 | 合衆国建国 | 近代的輪作農法<br>↓<br>産業革命 | | | |
| 1800 | フロンティア消滅 | ↓<br>ヨーロッパ時代 | | イタリア王国成立 | |
| 1900 | アメリカ的生産様式 | | | | オスマン朝滅亡 |
| 2000 | | | | | |

# 人名索引

マ行



ヤ行



ラ行

# 地名索引

（民族・宗教名を含む）

タ行



ナ行



ハ行



マ行



ヤ行



ラ行

# 事項索引

## 著者紹介

湯浅赳男（ゆあさ・たけお）

1930年、山口県岩国市生まれ。

1953年、東京大学文学部仏文科卒業。約９年間のサラリーマン生活ののち大学院に帰り、東京大学大学院経済学研究科 MC 修了。新潟大学名誉教授。現在、常磐大学コミュニティ振興学部教授。比較文明史、環境経済学、経済人類学、コミュニティ論など多様な分野に関心を持ち、既成の学問領域にとらわれない創造的な研究・著述活動を行っている。

著書に『第三世界の経済構造』(1976、以下すべて新評論)、『経済人類学序説』(1984)、『文明の歴史人類学』(1985／『増補新版　世界史の想像力』1996)、『ユダヤ民族経済史』(1991)、『環境と文明』(1993)、『日本を開く歴史学的想像力』(1996)、『増補新版　文明の「血液」』(1988／1998)、『文明の人口史』(1999)、『日本近代史の総括』(2000)、『コミュニティと文明』(2000) ほか多数。訳書にK・A・ウィットフォーゲル『オリエンタル・デスポティズム』(新評論、1991) 等がある。



文明の中の水
——人類最大の資源をめぐる一万年史　　（検印廃止）

2004年10月30日初版第１刷発行

著　者　湯　浅　赳　男
発行者　武　市　一　幸

発行所　株式会社　新　評　論

〒169-0051　東京都新宿区西早稲田3—16—28
http://www.shinhyoron.co.jp

TEL 03 (3202) 7391
FAX 03 (3202) 5832
振　替 00160-1-113487

定価はカバーに表示してあります
落丁・乱丁本はお取り替えします

装　幀　山田英春
印　刷　新　栄　堂
製　本　河上製本




INBN4-7948-0638-8 C0020

Printed in Japan